数控加工工艺与编程

（第3版）

》主编　石从继

》参编　周志鹏　蒋慧琼　周俊荣　马　丽　黄　丽

華中科技大學出版社

http://press.hust.edu.cn

中国·武汉

内容简介

本书结合应用型高校对数控技术人才培养目标要求，以 FANUC 和 HNC 系统为蓝本，以零件的数控编程与仿真加工、数控加工工艺为主线，全面介绍了数控车床、铣床、加工中心的编程、工艺及仿真操作。全书总共分五章，内容包括数控加工技术基础、数控车床加工工艺与编程、数控铣床加工工艺与编程、加工中心加工工艺与编程、数控仿真加工系统与机床操作。本书紧密结合生产实际，力求学生在学完五章内容后，对一般零件能够独立制订加工工艺和正确编写数控加工程序，仿真加工出合格零件。

本书是新形态教材，对数控编程中的重点和难点及典型加工案例设置了二维码，扫码可以观看相应微课视频，方便读者随时随地学习。本书可作为本科、高职高专院校相关课程的教材，也可供工程技术人员参考。

图书在版编目(CIP)数据

数控加工工艺与编程/石从继主编. —3 版. —武汉：华中科技大学出版社，2022.12(2025.1 重印)
ISBN 978-7-5680-8922-7

Ⅰ.①数…　Ⅱ.①石…　Ⅲ.①数控机床-加工-教材　②数控机床-程序设计-教材　Ⅳ.TG659

中国版本图书馆 CIP 数据核字(2022)第 229833 号

数控加工工艺与编程(第 3 版)　　石从继　主编
Shukong Jiagong Gongyi yu Biancheng(Di-san Ban)

策划编辑：袁　冲
责任编辑：史永霞
责任监印：朱　玢
出版发行：华中科技大学出版社(中国·武汉)　　电话：(027)81321913
武汉市东湖新技术开发区华工科技园　　邮编：430223
录　　排：武汉创易图文工作室
印　　刷：武汉市洪林印务有限公司
开　　本：787mm×1092mm　1/16
印　　张：13
字　　数：341 千字
版　　次：2025 年 1 月第 3 版第 2 次印刷
定　　价：38.00 元

第3版前言

近几年，信息技术广泛地应用到日常课堂教学中，信息化教材建设趋势明显。加上数控技术的迅猛发展和数控系统的升级换代，让我们觉得对第2版的教材进行修订迫在眉睫。在修订过程中，我们的主要工作如下：

(1)教材作为课程教学的载体，随着教育信息化的不断深入发展，其形式和内涵也在不断变化和创新。本书根据教学实际需求，针对重要知识点录制了微课视频，以"纸书＋二维码"形式进行讲解，方便学生课前自主预习和课后复习巩固。

(2)目前很多高校数控实训设备采用华中数控系统，为方便后续数控实训或实践教学，我们在讲述FANUC数控系统编程指令的基础上，特意增加了华中数控系统编程指令的内容，详细介绍了华中数控系统的数控车床、铣床、加工中心的编程指令及使用方法。

(3)更换了部分数控程序例题，使其更有针对性和实践性，且与微课视频保持一致。

(4)修订了个别错误。

本次修订工作，由主编石从继提出修订原则和思路，录制了课程的微课视频，并最后统稿。周志鹏老师参与了华中数控系统的资料收集和整理工作。本次修订工作得到了华中科技大学出版社袁冲同志及其他相关编辑的大力支持，在此深表感谢。

限于编者水平，修订后的本书存在错误与不妥之处仍在所难免，恳请读者不吝指教。

编　者

2022年7月

第2版前言

《数控加工工艺与编程》自2012年12月出版以来，受到了广大读者的普遍欢迎，在多所高校中使用，反响良好。近几年，数控技术迅猛发展，新技术、新工艺和新系统层出不穷，为适应这一趋势，我们对《数控加工工艺与编程》进行了修订，主要工作如下：

(1) 一段好的数控程序与其所采用的合理的数控加工工艺是密不可分的，数控程序与程序运行所采用的数控系统、刀具、毛坯等直接关联，为了让读者更好地理解书中例题的编程思路和独立仿真出程序运行效果，对书中所有的数控程序例题增加了工艺说明。

(2) 更换了部分数控程序例题及部分概念等，更加注重实践性、启发性，做到基本概念清晰、重点突出、简明扼要，在讲清基本知识的基础上，注重能力的培养，并努力做到理论联系实际，体现面向生产实际。

(3) 修订了个别错误，增加了每章的习题量，便于学生理解和掌握基本内容，培养学生的思维方法。

本次修订工作，由主编石从继老师提出修订原则和思路，具体由河南工程学院王鹤老师执笔，最后由主编审定，同时也得到了华中科技大学出版社袁冲同志及编辑们的大力支持，在此深表感谢。

限于编者水平，修订后的本书，错误与不妥之处仍在所难免，切望读者不吝指教。

编　者

2017年4月

前言

数控技术及数控机床在当今机械制造业中的重要地位和巨大效益，显示了其在国家基础工业现代化中的战略性作用，已成为传统机械制造工业提升改造和实现自动化、柔性化、集成化生产的重要手段和标志。大量数控机床的爆发式增长，导致了数控技术应用型人才的紧缺，尤其是具有数控加工工艺相关知识又熟练掌握数控机床编程与操作的应用型人才。

本书根据国内数控技术及数控机床的应用情况，以数控机床加工工艺和程序编制为核心，突出数控技术的实用性和数控机床的操作性，力求做到理论与实践的最佳结合。本书着重介绍 FANUC 数控系统编程及其操作，内容包括数控加工技术基础、数控车床、数控铣床及加工中心的加工工艺与编程，书中还介绍了南京斯沃数控仿真系统的使用，力求学生在学完教材五章内容后，对一般零件能够独立制定加工工艺和正确编写数控加工程序，仿真加工出合格零件。

合理的工艺是保证数控加工质量、发挥数控机床效能的前提条件，书中将数控机床必备的数控加工工艺规程的制定与数控编程有机联系在一起，紧扣国家数控操作工职业资格鉴定的要求，所选实例具有较强的实用性和代表性，所有实例都经过模拟仿真加工验证，读者可以举一反三。

本书由武昌首义学院石从继担任主编。参加编写的有武昌工学院蒋慧琼、黄丽，湖北工业大学工程技术学院周俊荣、马丽；全书由石从继统稿。在本书编写过程中，编者得到武昌首义学院机电与自动化学院徐盛林院长、孙立鹏副院长，数控实训创新基地肖书浩、周严主任，以及机电教研室李硕、刘海、李平等同事的大力支持；同时还得到了华中科技大学出版社袁冲同志及编辑们的大力支持，在此一并表示感谢。

本书在编写过程中参阅了大量相关文献与资料，在此向有关作者一并表示谢意。

本书虽然经反复推敲和校对，但由于编者水平有限、时间仓促，书中难免存在错误或不足之处，恳请读者批评指正，以便我们及时改进。

编　者

2011 年 9 月

目录

第 1 章　数控加工技术基础

1.1　数控加工技术概述

1.1.1　数控机床的产生及发展

随着科技与生产的发展，机械产品日益精密复杂，更新换代日趋频繁，这就要求加工设备具有更高的精度和效率。另外，在产品加工过程中，单件小批量生产的零件占机械加工总量的 80%以上，加工这种品种多、批量少、形状复杂的零件也要求通用性和灵活性较高的加工设备。数控机床就是一种灵活、通用、高精度、高效率的“柔性”自动化生产设备，数控机床是为了解决复杂型面零件加工的自动化而产生的。

1946 年，诞生了世界上第一台电子计算机，这表明人类创造了可增强和部分代替脑力劳动的工具。它与人类在农业、工业生产中创造的那些只是增强体力劳动的工具相比，有了质的飞跃，为人类进入信息社会奠定了基础。

1949 年，美国 Parson 公司与麻省理工学院开始合作，历时三年研制出能进行三轴控制的数控铣床样机，取名 Numerical Control。

1953 年，麻省理工学院开发出只需确定零件轮廓、指定切削路线，即可生成 NC(数控)程序的自动编程语言。

1959 年，美国 Keaney&Trecker 公司成功开发了带刀库，能自动进行刀具更换，即一次装夹就能进行铣、钻、镗、攻丝等多种加工功能的数控机床，这就是数控机床的新种类——加工中心。

1968 年，英国首次将多台数控机床、无人化搬运小车和自动仓库在计算机控制下连接成自动加工系统，这就是柔性制造系统(FMS)。

1974 年，微处理器开始用于机床的数控系统中，从此 CNC(计算机数控)系统软线数控技术随着计算机技术的发展得以快速发展。

1976 年，美国 Lockhead 公司开始使用图像编程。利用 CAD(计算机辅助设计)绘出加工零件的模型，在显示器上“指点”被加工的部位，输入所需的工艺参数，即可由计算机自动计算刀具路径，模拟加工状态，获得 NC 程序。

DNC(直接数控)技术始于 20 世纪 60 年代末期。它是使用一台通用计算机，直接控制和管理一群数控机床及数控加工中心，进行多品种、多工序自动加工的技术。DNC技术是FMS柔性制造技术的基础，现代数控机床上的DNC接口就是机床数控装置与通用计算机之间进行数据传送及通信控制用的，也是数控机床之间实现通信的接口。随着DNC技术的发展，数控机床已成为无人控制工厂的基本组成单元。

20世纪90年代初，出现了包括市场预测、生产决策、产品设计与制造和销售等全过程均由计算机集成管理和控制的计算机集成制造系统(CIMS)。其中，数控是其基本控制单元。

20世纪90年代，基于PC-NC的智能数控系统开始得到发展，它打破了原数控厂家各自为政的封闭式专用系统结构模式，提供开放式基础，使升级换代变得非常容易。充分利用现有PC的软、硬件资源，使远程控制、远程检测诊断能够得以实现。

我国虽然早在1958年就开始研制数控机床，但由于历史原因，一直没有取得实质性成果。20世纪70年代初期，曾掀起研制数控机床的热潮，但当时采用的是分立元件，性能不稳定，可靠性差。1980年北京机床研究所引进日本FANUC 5、FANUC 7、FANUC 3、FANUC 6数控系统，上海机床研究所引进美国GE公司的MTC-1数控系统，辽宁精密仪器厂引进美国Bendix公司的Dynapath LTD10数控系统。在引进、消化、吸收国外先进技术的基础上，北京机床研究所开发出BS03经济型数控系统和BS04全功能数控系统，航天部706所研制出MNC864数控系统。“八五”期间国家又组织近百个单位进行以发展自主知识产权为目标的“数控技术攻关”，为数控技术产业化奠定了基础。20世纪90年代末，华中数控自主开发出基于PC-NC的HNC数控系统，达到了国际先进水平，增强了我国数控机床在国际上的竞争实力。

1.1.2 数控机床的加工原理与特点

1. 数控机床的加工原理

当使用机床加工零件时，通常都需要对机床的各种动作进行控制，一是控制动作的先后次序，二是控制机床各运动部件的位移量。采用普通机床加工时，开车、停车、走刀、换向、主轴变速和开关切削液等操作都是由人工直接控制的。采用自动机床和仿形机床加工时，上述操作和运动参数则是通过设计好的凸轮、靠模和挡块等装置以模拟量的形式来控制的，它们虽能加工比较复杂的零件，且有一定的灵活性和通用性，但是零件的加工精度受凸轮、靠模制造精度的影响，而且工序准备时间也很长。

采用数控机床加工零件时，只需要将零件图形和工艺参数、加工步骤等以数字信息的形式，编成程序代码输入到机床控制系统中，再由其进行运算处理后转成伺服驱动机构的指令信号，即可控制机床各部件协调动作，自动地加工出零件来。当更换加工对象时，只需要重新编写程序代码，即可完成由数控装置自动控制加工的全过程，制造出任意复杂的零件。数控加工过程总体上可分为数控程序编制和机床加工控制两大部分。数控机床工作原理如图1-1所示。

数控机床的控制系统一般都能按照NC程序指令控制机床实现主轴自动启停、换向和变速；能自动控制进给速度、方向和加工路线，进行加工；能选择刀具并根据刀具尺寸调整吃刀量及行走轨迹；能完成加工中所需要的各种辅助动作。

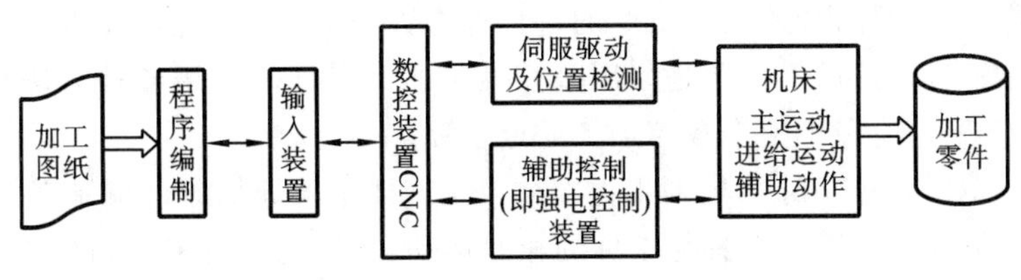

图 1-1　数控机床工作原理

2. 数控机床的加工特点

1）自动化程度高，具有很高的生产效率

除手工装夹毛坯外，其余全部加工过程都可由数控机床自动完成。若配合自动装卸手段，则成为无人控制工厂的基本组成环节。数控加工减轻了操作者的劳动强度，改善了劳动条件，省去了划线、多次装夹定位、检测等工序及其辅助操作，有效地提高了生产效率。

2）对加工对象的适应性强

改变加工对象时，除了更换刀具和解决毛坯装夹方式外，只需重新编程即可，不需要做其他任何复杂的调整，从而缩短了生产准备周期。

3）加工精度高，质量稳定

加工尺寸精度在 0.005～0.01 mm 之间，不受零件复杂程度的影响。由于大部分操作都由机器自动完成，因而消除了人为误差，提高了批量零件尺寸的一致性，同时精密控制的机床上还采用了位置检测装置，提高了数控加工的精度。

4）易于建立与计算机间的通信联络，容易实现群控

由于机床采用数字信息控制，易于与计算机辅助设计系统连接，形成 CAD/CAM 一体化系统，并且可以建立各机床间的联系，容易实现群控。

5）具有良好的经济效益

数控机床虽然设备昂贵，加工时分摊到每个零件上的设备折旧费较高，但在单件小批量生产的情况下，数控机床可节省划线工时，减少调整、加工和检验时间，节省直接生产费用。数控机床加工精度稳定，降低了废品率，使生产成本下降。此外，数控机床可实现一机多用，节省厂房面积和建厂投资。因此使用数控机床可获得良好的经济效益。

1.1.3　数控加工常用术语及典型数控系统

1. 数控加工常用术语

数字控制（numerical control）技术：简称数控（NC）技术，指用数字化的信息对机床运动及加工过程进行控制的一种方法技术。计算机数控技术称为 CNC 技术。

数控机床（numerical control machine tool）：数控机床是采用数字控制技术的机械设备，是一种以数字量作为指令信息形式，通过专用的或通用的电子计算机控制的机床。数控机床是一种具有高质、高效、高度自动化、高度灵活性，适合加工精度要求高、形状复杂的零件的工具。现在，制造业已广泛采用数控机床，几乎所有的加工机械都已数控化。

数控系统（numerically controlled system）：采用数控技术的控制系统，包括数控装置、可编程控制器、主轴驱动及进给装置等。

数控程序（NC program）：输入 NC 或 CNC 机床，执行一个确定的加工任务的一系列指

令,称为数控程序或零件程序,编写指令的过程称为数控编程(NC programming)。

数控加工工艺:数控加工工艺是采用数控机床加工零件时运用各种方法和技术手段的总和。数控加工工艺应用于整个数控加工的全过程。

数控加工(NC machining):根据零件图样及工艺要求等原始条件编制零件NC程序,输入数控系统,控制数控机床中刀具与工件的相对运动,从而完成对零件的加工。数控加工是制造业实现自动化、柔性化、集成化生产的基础。数控加工技术是将金属切削加工(包括机床、刀具、切削、工艺等相关知识)、数控编程、数控加工、数控加工工艺、CAM等技术综合在一起的先进加工技术。

2. 典型数控系统

数控系统由数控装置、伺服系统和反馈系统组成。在数控机床中,数控系统采用数字代码形式的信息指令控制机床运动部件的速度和轨迹,以实现对零件给定形状的加工。

数控机床配置的数控系统不同,其功能和性能有很大差异。目前,数控系统应用较多的有国外的FANUC(日本)、SIEMENS(德国)、FAGOR(西班牙),以及国内的华中数控、广州数控、航天数控等系统。

1) 日本FANUC系列数控系统

FANUC公司是生产数控系统和工业机器人的著名厂家,该公司自20世纪60年代生产数控系统以来,已经开发出40多种的系列产品。

1979年,FANUC公司研制出数控系统FANUC 6,它是具备一般功能和部分高级功能的中档CNC系统,FANUC 6M适合于铣床和加工中心,FANUC 6T适合于车床。与过去机型比较,该系统使用了大容量磁盘存储器,专用于大规模集成电路,元件总数减少了30%。它还备有用户自己制作的特有变量型子程序的用户宏程序。

1980年,在系统FANUC 6的基础上同时向低档和高档两个方向发展,研制了系统FANUC 3和系统FANUC 9。系统FANUC 3是在系统FANUC 6的基础上简化而形成的,体积小,成本低,容易组成机电一体化系统,适用于小型、廉价的机床。系统FANUC 9是在系统FANUC 6的基础上强化而形成的具备高级性能的可变软件型CNC系统。通过变换软件可适应任何不同用途,尤其适合加工复杂而昂贵的航空部件及要求高度可靠的多轴联动重型数控机床等。

1984年,FANUC公司又推出新型系列产品:数控系统FANUC 10、系统FANUC 11和系统FANUC 12。该系列产品在硬件方面做了较大改进,凡是能够集成的都做成了大规模集成电路,其中包含了8 000个门电路的专用大规模集成电路芯片有3种,其引出脚竟多达179个;其他的专用大规模集成电路芯片有4种,厚膜电路芯片22种;还有32位的高速处理器、4 MB的磁泡存储器等,元件数比前期同类产品又减少30%。该系列采用了光导纤维技术,使过去在数控装置与机床以及控制面板之间的几百根电缆大幅度减少,提高了抗干扰性和可靠性。该系统在DNC方面能够实现主计算机与机床、工作台、机械手、搬运车等之间的各类数据的双向传送。它的PLC装置使用了独特的无触点、无极性输出和大电流、高电压输出电路,能促使强电柜的半导体化。此外,PLC的编程不仅可以使用梯形图语言,还可以使用PASCAL语言,便于用户自己开发软件。数控系统FANUC 10、FANUC 11、FANUC 12还充实了专用宏功能、自动计划功能、自动刀具补偿功能、刀具寿命管理、彩色图形显示CRT等。

1985年,FANUC公司推出了数控系统FANUC 0,它的目标是体积小、价格低,适用于机电一体化的小型机床,因此它与适用于中、大型的系统FANUC 10、FANUC 11、FANUC 12一起组成了这一时期的全新系列产品。在硬件组成上,以最少的元件数量发挥最高的效能为宗旨,采用了最新型高速高集成度处理器,共有专用大规模集成电路芯片6种,其中4种为低功耗CMOS专用大规模集成电路,专用的厚膜电路有3种。三轴控制系统的主控制电路包括I/O接口、PMC(programmable machine control)和CRT电路等都在一块大型印制电路板上,与操作面板CRT组成一体。系统FANUC 0的主要特点:彩色图形显示、会话菜单式编程、专用宏功能、多种语言(汉、德、法)显示、目录返回功能等。FANUC公司自推出数控系统FANUC 0以来,得到了各国用户的高度评价,成为世界范围内使用用户最多的数控系统之一。

1987年,FANUC公司成功研制出数控系统FANUC 15,被称为划时代的人工智能型数控系统,它应用了MMC(man machine control)、CNC、PMC的新概念。系统FANUC 15采用了高速度、高精度、高效率加工的数字伺服单元,数字主轴单元和纯电子式绝对位置检出器,还增加了MAP(manufacturing automatic protocol)、窗口功能等。

另外,近些年,FANUC公司成功研制出了具有网络功能的超小型、超薄型CNC16i/18i/21i系列数控系统及高性能的运动控制器PM系列。

2) 德国SIEMENS公司的SINUMERIK系列数控系统

SIEMENS公司凭借在数控系统及驱动产品方面的专业思考与深厚积累,不断制造出机床产品的典范之作,为自动化应用提供了日趋完美的技术支持。SINUMERIK不仅仅意味着一系列数控产品,其目标在于生产一种适于各种控制领域不同控制需求的数控系统,其构成只需很少的部件。它具有高度的模块化、开放性及规范化的结构,适于操作、编程和监控。

SINUMERIK 802D——NCK、PLC、HMI集成一体。通过PROFIBUS连接各部件SIMODRIVE 611U数字驱动系统。可控制四个进给轴、一个数字或模拟主轴;集成大量CNC功能;提供编程模拟及图形循环支持功能,PC卡备份数据,可实现一次编程批量安装。

SINUMERIK 810D——性能优越,操作简单。SINUMERIK 810D是一个全数字化构造的控制器,高集成数字化数控系统,它的出现给车床、铣床和磨床带来了一次真正意义上的革新,使操作更简单,编程更直观。它可将CNC和驱动系统集成在一块板子上;可控制五轴或四个进给轴和一个主轴;可实现四轴线性插补;有RS-232通信接口,编程可采用固定循环及自动子程序等。

SINUMERIK 840D——数字NC系统,是SIEMENS公司数控产品的杰出代表。SINUMERIK 840D是德国SIEMENS公司20世纪90年代推出的一种数控系统。840D系统的特点是计算机化、驱动的模块化及控制与驱动接口的数字化。它与以往数控系统的不同点是伺服与驱动的接口信号是数字量的,它的人机界面建立在Flex Os基础上,更易操作,更易掌握,MMCl02和MMC103带有硬盘,可储存大量的数据。另外,它的硬件结构更加简单、紧凑、模块化;软件内容更加丰富,功能更强大。

SINUMERIK 802S/C——经济型方案的最佳选择。该系统用于车床、铣床等,可控制三个进给轴和一个主轴。802S适用于步进电动机驱动,802C适用于伺服电动机驱动,都具有数字I/O接口。

3) 华中数控系统 HNC

华中"世纪星"系列数控系统包括世纪星 HNC-18i、HNC-19i、HNC-21 和 HNC-22 四个系列产品,均采用工业微机(IPC)作为硬件平台的开放式体系结构的创新技术路线,充分利用 PC 软、硬件的丰富资源,通过软件技术的创新,实现数控技术的突破,通过工业 IPC 的先进技术和低成本保证数控系统的高性价比和可靠性。同时还充分利用通用 PC 已有软、硬件资源和分享计算机领域的最新成果,如大容量存储器、高分辨率彩色显示器、多媒体信息交换、联网通信等技术,使数控系统可以伴随 PC 技术的发展而发展,从而长期保持技术上的优势。

4) 广州数控系统

广州数控设备有限公司(GSK)成立于 1991 年,拥有国内最大的数控系统研发生产基地。其产品主要有 GSK980TB/TB1 系列车床数控系统、GSKTD1 系列车床数控系统、GSK218M 系列加工中心数控系统和 GSK983M-S/V 系列加工中心数控系统等。

1.1.4 数控加工技术的发展趋势

1. 数控加工技术的发展趋势

现代数控加工正在向高速化、高精度化、高柔性化、高一体化、网络化和智能化等方向发展。

1) 高速切削

受高生产率的驱使,高速化已是现代数控机床技术发展的重要方向之一。高速化首先要求计算机系统读入加工指令数据后,能高速处理并计算出伺服系统的移动量,并要求伺服系统能高速做出反应。高速切削可通过高速运算技术、快速插补运算技术、超高速通信技术和高速主轴等技术来实现。高主轴转速可减少切削力,减小切削深度,有利于克服机床振动,传入零件中的热量大大减低,排屑加快,热变形减小,加工精度和表面质量得到显著改善。因此,经高速切削加工的工件一般不需要再进行精加工。

2) 高精度控制

高精度化一直是数控机床技术发展追求的目标。它包括机床制造的几何精度和机床使用的加工精度控制两方面。提高机床的加工精度,一般是通过减小数控系统误差,提高数控机床基础大件结构特性和热稳定性,采用补偿技术和辅助措施来达到的。目前精整加工精度已提高到 0.1 μm,并进入了亚微米级,不久以后超精度加工将进入纳米时代(加工精度达 0.01 μm)。

3) 高柔性化

柔性是指机床适应加工对象变化的能力。目前,在进一步提高单机柔性自动化加工的同时,正努力向单元柔性化和系统柔性化方向发展。数控系统在 21 世纪将具有最大限度的柔性,能实现多种用途,具体是指具有开放性体系结构,通过重构和编辑,视需要系统的组成可大可小;功能可专用也可通用,功能价格比可调;可以集成用户的技术经验,形成专家系统。

4) 高复合化

高复合化包括工序复合化和功能复合化等两方面。工件在一台设备上一次装夹后,通

过自动换刀等各种措施，来完成多种工序和表面的加工。在一台数控设备上能完成多工序切削加工的加工中心，可替代多个机床的加工能力，减少半成品库存量，又能保证和提高形位精度，从而打破了传统的工序界限和分开加工的工序规程。

5）网络化

实现多种通信协议，既满足单机需要，又能满足 FMS（柔性制造系统）、CIMS（计算机集成制造系统）对基层设备的要求。配置网络接口，通过 Internet 可实现远程监视和控制加工，进行远程检测和诊断，使维修变得简单。建立分布式网络化制造系统，可便于形成“全球制造”。

6）智能化

21 世纪的 CNC 系统将是一个高度智能化的系统。具体是指系统应在局部或全部实现加工过程的自适应、自诊断和自调整；多媒体人机接口使用户操作简单，智能编程使编程更加直观，可使用自然语言编程；加工数据的自动生成及带有智能数据库；智能监控；采用专家系统以降低对操作者的要求等。

2．先进制造技术简介

加工中心、网络控制技术、信息技术的发展，为单机数控向计算机控制的多机控制系统发展创造了必要的条件。已经出现的计算机直接数控系统（DNC）、柔性制造系统（FMS）及计算机集成制造系统（CIMS），就是以数控机床为基础的自动化生产系统。

1）计算机直接数控系统（DNC）

计算机直接数控系统：用一台中央计算机直接控制和管理一群数控设备进行零件加工或装配的系统，因此，也称为计算机群控系统。在 DNC 系统中，各台数控机床都各自有独立的数控系统，并与中央计算机组成计算机网络，实现分级控制管理。中央计算机不仅用于编制零件的程序以控制数控机床的加工过程，而且能控制工件与刀具的输送，同时还具有生产管理、工况监控及刀具寿命管理等能力，形成了一条由计算机控制的数控机床自动生产线。

2）柔性制造单元（FMC）和柔性制造系统（FMS）

FMC 主要由加工中心（MC）与工件自动交换装置（AWC）组成，同时，数控系统还增加了自动检测与工况自动监控等功能，如工件尺寸测量补偿、刀具损坏和寿命监控等。FMC 既可作为组成柔性制造系统的基础，也可用作独立的自动化加工设备，如图 1-2 所示。

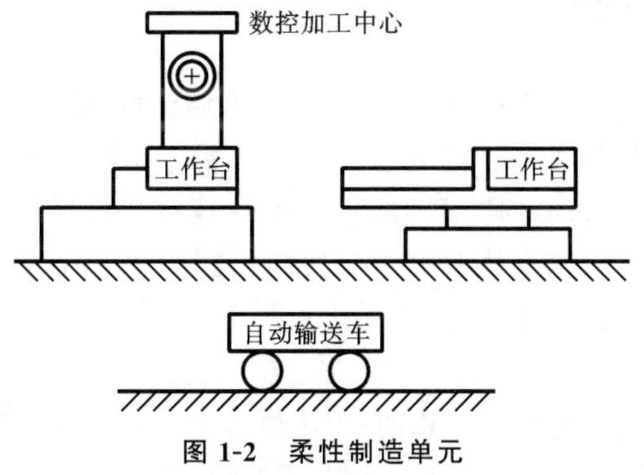

图 1-2　柔性制造单元

FMS 是在计算机直接数控系统基础上发展起来的一种高度自动化加工生产线，由数控机床、物料和工具自动搬运设备、产品零件自动传输设备、自动检测和试验设备等组成。这些设备及控制分别组成了加工系统、物流系统和中央管理系统。FMS 的构成如图 1-3 所示。

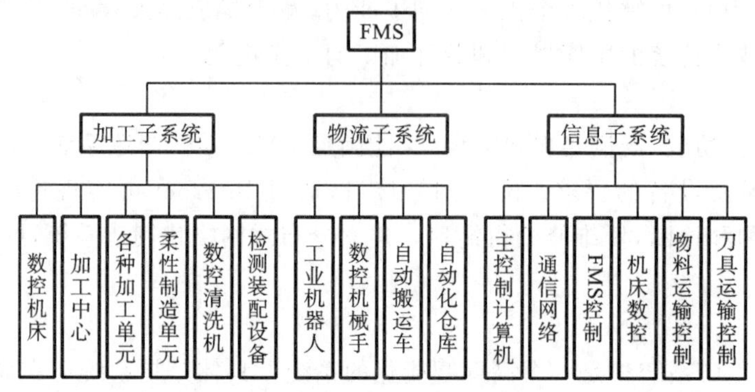

图 1-3　FMS 的构成

FMS 是当前机械制造技术发展的方向,它能解决机械加工中高度自动化和高度柔性化的矛盾,使两者有机地结合于一体。

3) 计算机集成制造系统(CIMS)

CIMS 是一个公用的数据库,对信息资源进行存储与管理,并与各个计算机系统进行通信。在此基础上,需要有三个计算机系统,一是进行产品设计与工艺设计的计算机辅助设计与计算机辅助制造系统,即 CAD/CAM 系统;二是计算机辅助生产计划与计算机生产控制系统,即 CAPP/CAC 系统,此系统对加工过程进行计划、调度与控制,FMS 是这个系统的主体;三是计算机工厂自动系统,它可以实现产品的自动装配与测试、材料的自动运输与处理等。在上述三个计算机系统外围,还需要利用计算机进行市场预测、编制产品发展规划、分析财政状况和进行生产管理与人员管理。虽然 CIMS 涉及的领域相当广泛,但数控机床仍然是 CIMS 不可缺少的基本工作单元。

1.2　数控机床概述

1.2.1　数控机床的组成

数控机床是典型的机电一体化产品,是集现代机械制造技术、自动控制技术、检测技术、计算机信息技术于一体的高效率、高精度、高柔性和高自动化的现代机械加工设备。数控机床一般由 I/O 设备、CNC 装置、伺服单元、驱动装置(或称执行机构)、可编程控制器 PLC 及电气控制装置、辅助装置、机床本体及测量装置组成。图 1-4 所示为数控机床的组成框图,其中除机床本体之外的部分统称为 CNC 系统。

1) 机床本体

数控机床的机床本体与传统机床相似,由主轴传动装置、进给传动装置、床身、工作台及辅助运动装置、液压气动系统、润滑系统、冷却装置等组成。但数控机床由于切削用量大、连续加工发热量大等因素对加工精度有一定影响,加之在加工中是自动控制的,不能像在普通机床上那样由人工进行调整、补偿,所以其设计要求比普通机床更严格,制造要求更精密,采

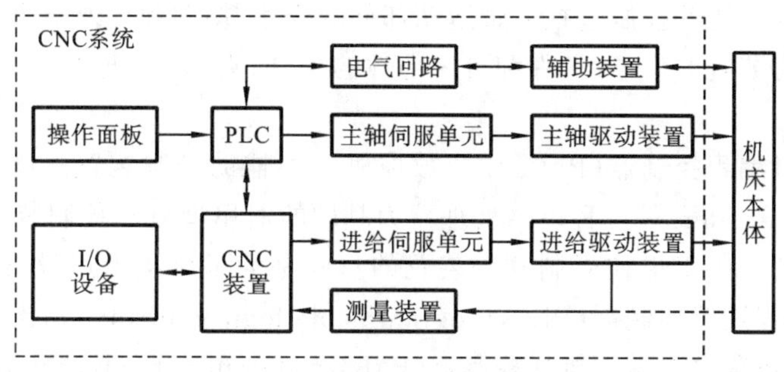

图 1-4　数控机床的组成框图

用了许多新的加强刚性、减小热变形、提高精度等方面的措施。

2）CNC 装置

计算机数控装置(CNC 装置)是 CNC 系统的核心,也是现代数控机床的中枢。CNC 装置从内部存储器中取出或接受输入装置送来的一段或几段数控加工程序,经过数控装置的逻辑电路或系统软件进行编译、运算和逻辑处理后,输出各种控制信息和指令,控制机床各部分的工作,使其进行规定的有序运动和动作。CNC 装置主要包括微处理器 CPU、存储器、局部总线、外围逻辑电路及与 CNC 系统的其他组成部分联系的接口等。数控机床的 CNC 系统完全由软件来处理数字信息,因而具有真正的柔性化,可处理逻辑电路难以处理的复杂信息,使数字控制系统的性能大大提高。

3）I/O 设备

键盘、磁盘机等是数控机床的典型输入设备。数控系统一般配有 CRT 显示器或点阵式液晶显示器,显示的信息比较丰富,并能显示图形。数控加工程序可通过键盘,用手工方式直接输入数控系统,也可由编程计算机用 RS232C 或采用网络通信方式传送到数控系统中。

零件加工程序输入过程有两种不同的方式:一种是边读入边加工;另一种是一次性将零件加工程序全部读入数控装置内部的存储器,加工时再从存储器中逐段调出进行加工。

4）伺服单元

伺服单元是 CNC 和机床本体的联系环节,它把来自 CNC 装置的微弱指令信号放大成控制驱动装置的大功率信号。根据接收指令的不同,伺服单元有脉冲式和模拟式之分,而模拟式伺服单元按电源种类又可分为直流伺服单元和交流伺服单元。

5）驱动装置

驱动装置把经放大的指令信号变为机械运动,通过简单的机械连接部件驱动机床,使工作台精确定位或按规定的轨迹做严格的相对运动,最后加工出图纸所要求的零件。和伺服单元相对应,驱动装置有步进电动机、直流伺服电动机和交流伺服电动机等。

伺服单元和驱动装置可合称为伺服驱动系统,它是机床工作的动力装置。CNC 装置的指令要靠伺服驱动系统付诸实施,所以,伺服驱动系统是数控机床的重要组成部分。从某种意义上说,数控机床功能的强弱主要取决于 CNC 装置,而数控机床性能的好坏主要取决于伺服驱动系统。

6）PLC

辅助控制装置的主要作用是接收数控装置输出的开关量指令信号,经过编译、逻辑判别和运算,再经功率放大后驱动相应的电器,带动机床的机械、液压、气动等辅助装置完成指令规定的开关量动作。这些控制包括主轴运动部件的变速、换向和启停指令,刀具的选择和交换指令,冷却、润滑装置的启停,工件和机床部件的松开、夹紧,分度工作台转位分度等开关辅助动作。

现广泛采用可编程控制器(PLC)作为数控机床的辅助控制装置。可编程控制器(PC,programmable controller)是一种以微处理器为基础的通用型自动控制装置,专为在工业环境下应用而设计的。由于最初研制这种装置的目的是为了解决生产设备的逻辑及开关控制,故称它为可编程逻辑控制器(PLC,programmable logic controller),当 PLC 用于控制机床顺序动作时,也可称之为编程机床控制器(PMC,programmable machine controller)。

PLC 已成为数控机床不可缺少的控制装置。CNC 装置和 PLC 协调配合,共同完成对数控机床的控制。用于数控机床的 PLC 一般分为两类:一类是 CNC 的生产厂家为实现数控机床的顺序控制,而将 CNC 和 PLC 综合起来进行设计,称为内装型(或集成型)PLC,内装型 PLC 是 CNC 装置的一部分;另一类是以独立专业化的 PLC 生产厂家的产品来实现顺序控制功能,称为独立型(或外装型)PLC。

7) 测量装置

测量装置也称反馈元件,相当于普通机床的刻度盘和人的眼睛,它的功能是将数控机床各坐标轴的实际位移量检测出来,经反馈系统输入到机床的数控装置中。数控装置将反馈回来的实际位移量值与设定值进行比较,控制驱动装置按指令设定值运动。测量装置通常安装在机床的工作台或丝杠上,它把机床工作台的实际位移转变成电信号反馈给 CNC 装置,供 CNC 装置与指令值比较产生误差信号,以控制机床向消除该误差的方向移动。

1.2.2 数控机床的分类

数控机床的品种很多,根据其加工、控制原理、功能和组成,可以从以下几个不同的角度进行分类。

1. 按加工工艺方法分类

1) 金属切削类数控机床

与传统的车、铣、钻、磨、齿轮加工相对应的数控机床有数控车床、数控铣床、数控钻床、数控磨床、数控齿轮加工机床等。尽管这些数控机床在加工工艺方法上存在很大差别,具体的控制方式也各不相同,但机床的动作和运动都是数字化控制的,具有较高的生产率和自动化程度。

在普通数控机床上加装一个刀库和换刀装置就成为数控加工中心机床。数控加工中心机床进一步提高了普通数控机床的自动化程度和生产效率。例如,铣、镗、钻加工中心,它是在数控铣床基础上增加了一个容量较大的刀库和自动换刀装置形成的,工件一次装夹后,可以对箱体零件的四面甚至五面大部分加工工序进行铣、镗、钻、扩、铰及攻螺纹等多工序加工,特别适合箱体类零件的加工。数控加工中心机床可以有效地避免工件多次安装造成的定位误差,减少了机床的台数和占地面积,缩短了辅助时间,大大提高了生产效率和加工质量。立式加工中心如图 1-5 所示。

2) 特种加工类数控机床

除了切削加工数控机床以外,数控技术也大量用于数控线切割机床(如图 1-6 所示)、数

图 1-5　立式加工中心

图 1-6　数控线切割机床

控电火花成形机床、数控等离子弧切割机床、数控火焰切割机床及数控激光加工机床等。

3）板材加工类数控机床

常见的应用于金属板材加工的数控机床有数控压力机、数控剪板机和数控折弯机（如图 1-7 所示）等。

近年来，其他机械设备中也大量采用了数控技术，如数控三坐标测量机（如图 1-8 所示）、自动绘图机及工业机器人等。

图 1-7　数控折弯机

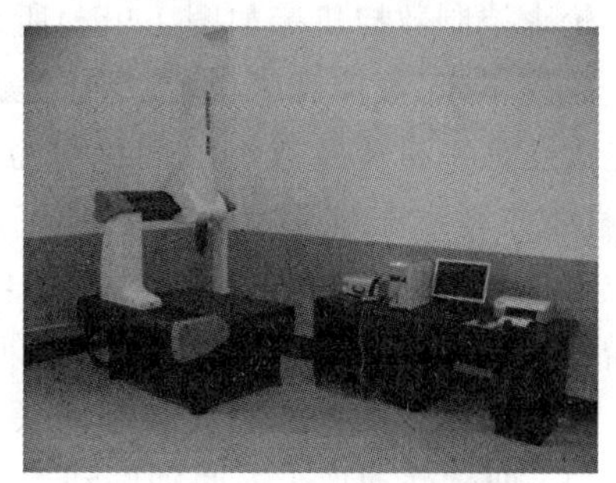

图 1-8　数控三坐标测量机

2. 按控制运动轨迹分类

1）点位控制数控机床

点位控制数控机床的特点是机床移动部件只能实现由一个位置到另一个位置的精确定位，在移动和定位过程中不进行任何加工。机床数控系统只控制行程终点的坐标值，不控制点与点之间的运动轨迹，因此几个坐标轴之间的运动无任何联系。可以几个坐标同时向目标点运动，也可以各个坐标单独依次运动。点位控制数控机床如图 1-9（a）所示。

这类数控机床主要有数控镗床、数控钻床、数控冲床、数控点焊机等。点位控制数控机床的数控装置称为点位数控装置。

2）直线控制数控机床

直线控制数控机床可控制刀具或工作台以适当的进给速度，沿着平行于坐标轴的方向进行直线移动和切削加工，进给速度根据切削条件可在一定范围内变化。直线控制数控机床如图 1-9（b）所示。

直线控制的简易数控车床只有两个坐标轴，可加工阶梯轴。直线控制数控铣床有三个坐标轴，可用于平面的铣削加工。现代组合机床采用数控进给伺服系统，驱动动力头带动多轴箱的轴向进给进行钻镗加工,它也可算是一种直线控制数控机床。

数控镗铣床、加工中心等机床,它们的各个坐标方向的进给运动的速度能在一定范围内进行调整,兼有点位和直线控制加工的功能,这类机床应该称为点位/直线控制的数控机床。

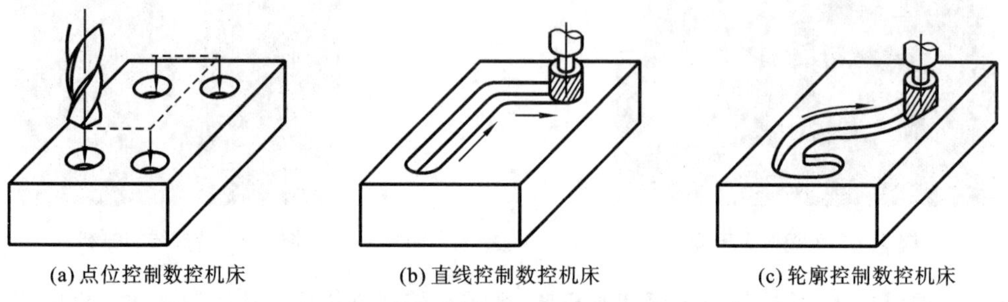

(a) 点位控制数控机床　(b) 直线控制数控机床　(c) 轮廓控制数控机床

图 1-9　按控制运动轨迹分类的各种机床

3) 轮廓控制数控机床

轮廓控制数控机床能够对两个或两个以上运动的位移及速度进行连续相关的控制,使合成的平面或空间的运动轨迹能满足零件轮廓的要求。它不仅能控制机床移动部件的起点与终点坐标,而且能控制整个加工轮廓每一点的速度和位移,将工件加工成要求的轮廓形状。轮廓控制数控机床如图 1-9(c)所示。

数控车床、数控铣床、数控磨床就是典型的轮廓控制数控机床。数控火焰切割机床、数控电火花加工机床及数控绘图机等也采用了轮廓控制系统。轮廓控制系统的结构要比点位/直线控制系统的更为复杂,在加工过程中需要不断进行插补运算,然后进行相应的速度与位移控制。现在 CNC 装置的控制功能均由软件实现,增加轮廓控制功能不会带来成本的增加。因此,除少数专用控制系统外,现代 CNC 装置都具有轮廓控制功能。

轮廓数控机床根据它所控制的联动坐标轴数不同,可以分为以下几种形式。

(1) 两轴联动加工。两轴联动主要用于数控车床加工曲线螺旋面或数控铣床加工曲线柱面,如图 1-10(a)所示。

(2) 两轴半联动加工。对于任何曲面,以平行于某坐标平面的平面连续剖分,都可得到一系列平面曲线。加工曲面时,采用球头铣刀,刀具中心在剖分坐标平面(X、Y、Z 中的任意两轴)内作平面曲线的插补运动,第三轴作周期进给,就可加工出该曲面,俗称行切法,如图 1-10(b)所示。

(3) 三坐标联动加工。刀具作空间曲线插补运动,可加工空间曲线轮廓(如回珠器滚道),还可加工曲面轮廓。加工曲面时,也可采用行切法。与两轴半联动加工不同的是,刀具作空间曲线插补运动,从而使刀具在工件上切出的轨迹是平面曲线,切痕规则,容易得到较低的表面粗糙度,如图 1-10(c)所示。

(4) 四坐标联动加工。从理论上讲,有三轴联动且使用球头铣刀,可加工任意空间轮廓。但从加工效率和加工表面粗糙度考虑,对很多曲面采用三坐标联动加工是不合适的,需要采用更多的坐标联动来加工。这时就需要采用四坐联动加工的方式进行加工,如图 1-10(d)所示。

飞机大梁是一个直纹扭曲面。若采用圆柱铣刀进行切削,因是直纹,在加工中,刀具与加工型面应始终保持贴合,这样不仅能加工能光洁表面,而且效率高。为了实现这种加工方

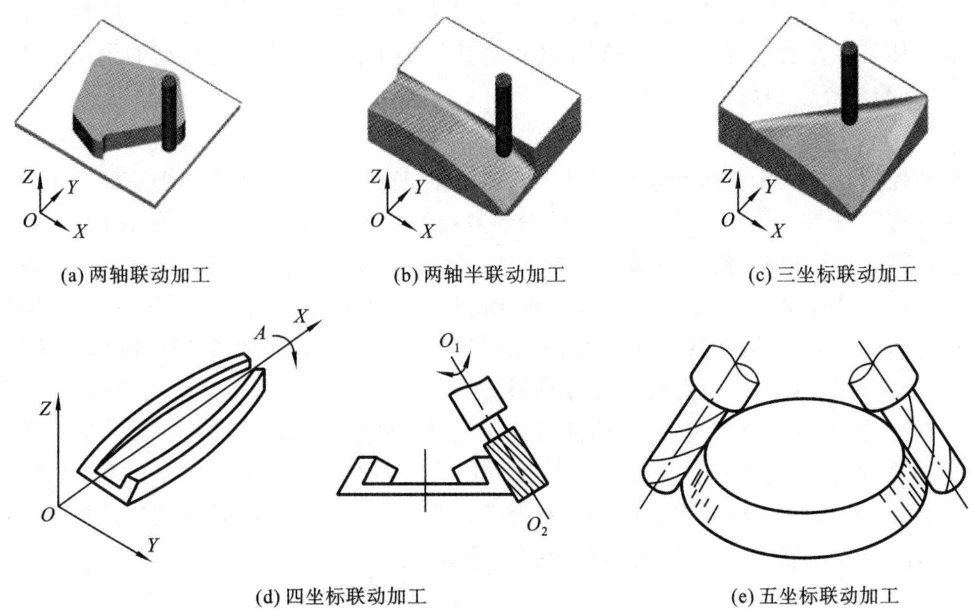

图 1-10　不同联动坐标轴数的各种加工形式

式，不仅要 X、Y、Z 三坐标联动控制刀具刀位点在空间的位置，而且要同时控制刀具绕刀位点的摆角，使刀具始终贴合工件，且还要补偿因摆角所引起的刀位点的改变。

(5) 五坐标联动加工。对于大型曲面轮廓，零件尺寸和曲率半径比较大，可用端面铣刀进行加工，以提高生产率和减少加工残留量。加工时，铣刀端面应与切削点的切平面重合(凸面)或与切平面成某一夹角(凹面，避免产生刀刃干涉)。这时，切削点的坐标和法线方向是不断变化的，那么，刀具的刀位点和轴线也要相应变化。故需要 X、Y、Z 三坐标和绕两个坐标的角度联动控制，即五坐标联动控制，如图 1-10(e)所示。

3. 按进给伺服系统的特点分类

1) 开环控制数控机床

如图 1-11 所示为开环控制数控机床的系统框图。

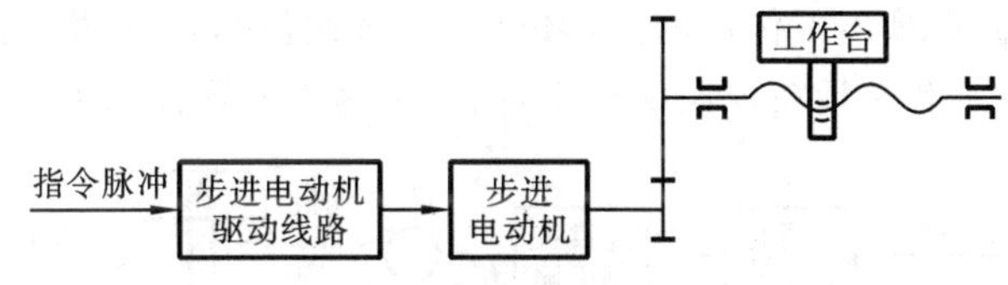

图 1-11　开环控制数控机床的系统框图

这类控制的数控机床的控制系统没有位置检测元件，伺服驱动部件通常为反应式步进电动机或混合式伺服步进电动机。数控系统每发出一个进给指令，经驱动电路功率放大后，驱动步进电动机旋转一个角度，再经过齿轮减速装置带动丝杠旋转，通过丝杠螺母机构转换为移动部件的直线位移。移动部件的移动速度与位移量是由输入脉冲的频率与脉冲数所决定的。此类数控机床的信息流是单向的，即进给脉冲发出去后，实际移动值不再反馈回来，所以称为开环控制数控机床。

开环控制数控机床结构简单、成本较低。但是，系统对移动部件的实际位移量不进行监测,也不能进行误差校正。因此,步进电动机的失步、步距角误差、齿轮与丝杠等传动误差都将影响被加工零件的精度。开环控制系统仅适用于加工精度要求不是很高的中小型数控机床,特别是简易经济型数控机床。

2）闭环控制数控机床

闭环控制数控机床在机床移动部件上直接安装直线位移检测装置,直接对工作台的实际位移进行检测,将测量的实际位移值反馈到数控装置中,与输入的指令位移值进行比较,用差值对机床进行控制,使移动部件按照实际需要的位移量运动,最终实现移动部件的精确运动和定位。从理论上讲,闭环控制数控机床的运动精度主要取决于检测装置的检测精度,与传动链的误差无关,因此其控制精度高。图1-12所示为闭环控制数控机床的系统框图,图中,A为速度传感器,C为直线位移传感器。当位移指令值发送到位置比较电路时,若工作台没有移动,则没有反馈量,指令值使得伺服电动机转动,通过A将速度反馈信号送到速度控制电路,通过C将工作台实际位移量反馈回去,在位置比较电路中与位移指令值相比较,用比较后得到的差值进行位置控制,直至差值为零时为止。这类控制的数控机床因把机床工作台纳入了控制环节,故称为闭环控制数控机床。

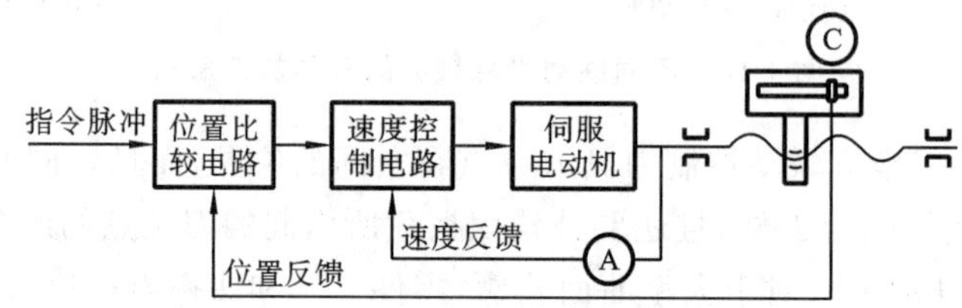

图1-12　闭环控制数控机床的系统框图

闭环控制数控机床的定位精度高,但调试和维修都比较困难,系统复杂,成本高。

3）半闭环控制数控机床

半闭环控制数控机床在伺服电动机的轴或数控机床的传动丝杠上装有角位移电流检测装置(如光电编码器等),通过检测丝杠的转角来间接地检测移动部件的实际位移,然后反馈到数控装置中去,并对误差进行修正。图1-13所示为半闭环控制数控机床的系统框图,图中,A为速度传感器、B为角度传感器。通过测速元件A和光电编码盘B可间接检测出伺服电动机的转速,从而推算出工作台的实际位移量,将此值与指令值进行比较,用差值来实现控制。由于工作台没有包括在控制回路中,因而称为半闭环控制数控机床。

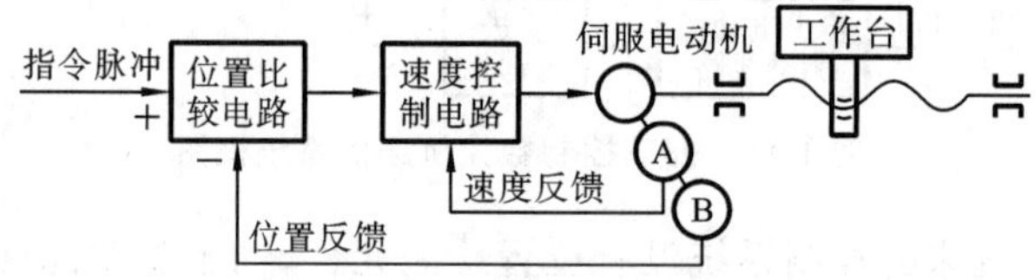

图1-13　半闭环控制数控机床的系统框图

半闭环控制数控系统的调试比较方便,并且具有很好的稳定性。目前大多将角度检测装置和伺服电动机设计成一体,这样会使结构更加紧凑。

4）混合控制数控机床

将以上三类数控机床的特点结合起来,就形成了混合控制数控机床。混合控制系统特

别适用于大型或重型数控机床，因为大型或重型数控机床需要较高的进给速度与相当高的精度，其传动链惯量与力矩比较大，如果只采用全闭环控制，则机床传动链和工作台将全部置于控制闭环中，闭环调试会比较复杂。混合控制系统又分为以下两种形式。

(1) 开环补偿型。图 1-14 所示为开环补偿型控制方式。它的基本控制选用步进电动机的开环伺服机构，另外附加一个校正电路。用装在工作台的直线位移测量元件的反馈信号校正机械系统的误差。

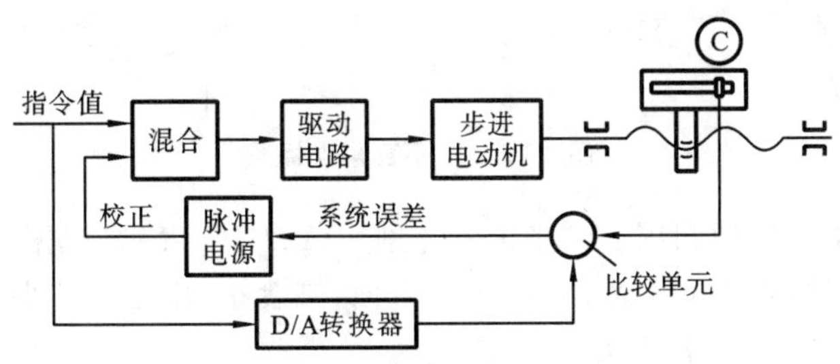

图 1-14　开环补偿型控制方式

(2) 半闭环补偿型。图 1-15 所示为半闭环补偿型控制方式。它是用半闭环控制方式取得高精度控制，再用装在工作台上的直线位移测量元件实现全闭环修正，以获得高速度与高精度的统一。其中 A 是速度测量元件(如测速发电机)，B 是角度测量元件，C 是直线位移测量元件。

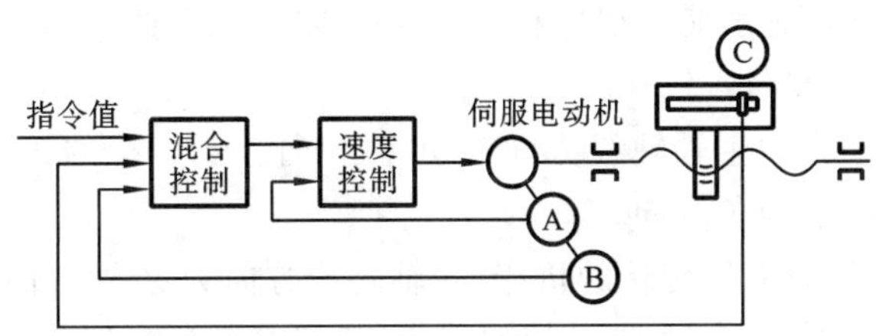

图 1-15　半闭环补偿型控制方式

1.2.3　数控机床的坐标系

数控加工必须准确描述进给运动。在加工过程中，刀具相对工件运动的轨迹和位置决定了零件加工的尺寸、形状。在数控机床上加工零件时，刀具到达的位置信息必须传递给 CNC 系统，然后由 CNC 系统发出信号并使刀具移动到这个位置，这个位置通常以坐标值的形式给出。

为了确定机床的运动方向和移动的距离，就要在机床上建立一个坐标系，这个坐标系就是机床坐标系，也称为机械坐标系。

1. 坐标系及运动方向的规定

为了简化编制程序的方法和保证记录数据的互换性，需要对数控机床的坐标和方向进行命名，国际上很早就制定有统一标准，我国于 1982 年制定了 JB 3051—1982《数字控制机床坐标和运动方向的命名》标准。在标准中统一规定采用右手直角笛卡儿坐标系对机床的坐标系进行命名。用 X、Y、Z 表示直线进给坐标轴，X、Y、Z 坐标轴的相互关系由右手法则

决定,如图 1-16 所示。图中大拇指指向为 X 轴的正方向,食指指向为 Y 轴的正方向,中指指向为 Z 轴的正方向。

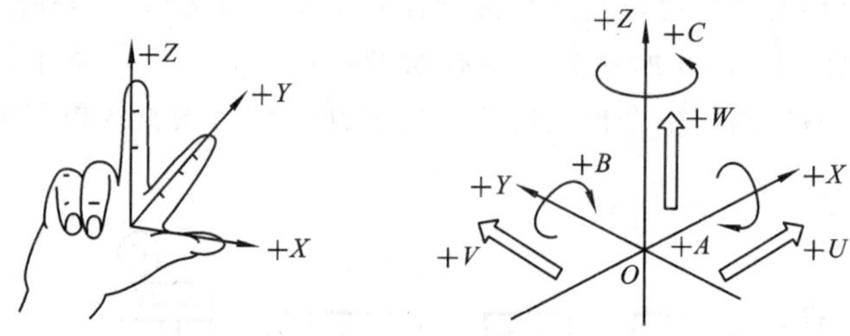

图 1-16　右手直角坐标系

围绕 X、Y、Z 轴旋转的圆周进给坐标轴分别用 A、B、C 表示,根据右手螺旋定则,如图 1-16 所示,以大拇指分别指向 $+X$、$+Y$、$+Z$ 方向,则食指、中指等弯曲指向分别就是圆周进给运动的 $+A$、$+B$、$+C$ 方向。

数控机床的进给运动,有的由主轴带动刀具运动来实现,有的由工作台带着工件运动来实现。通常在编程时,不论机床在加工中是刀具移动,还是被加工工件移动,都一律假定被加工工件相对静止不动,刀具移动,并规定刀具远离工件的方向作为坐标的正方向。

2. 坐标轴及方向的确定

机床往往有多个直线运动坐标轴的方向,在具体确定某机床各直线运动的坐标轴具体名称(或 X 或 Y 或 Z)时,一般是先确定机床 Z 轴,再确定 X 轴,最后确定 Y 轴。

1) Z 轴坐标的运动方向

一般取产生切削动力的主轴轴线方向为 Z 轴方向。Z 坐标的正方向是增加刀具和工件之间距离的方向;反之,为负方向。

CNC 车床是主轴带动工件旋转的机床,主轴轴线方向为 Z 轴方向,如图 1-17(a)所示。

CNC 铣床、加工中心是主轴带动刀具旋转的机床,主轴轴线方向为 Z 轴方向,如图 1-17(b)所示,在钻镗加工中,钻入或镗入工件的方向是 Z 轴的负方向。

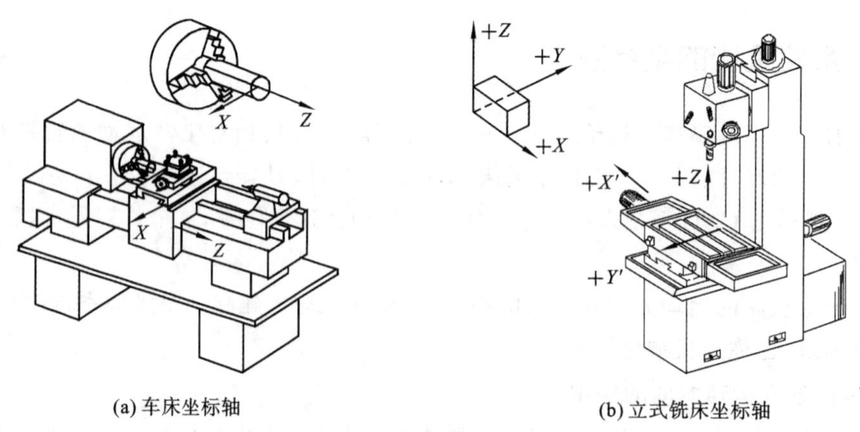

(a) 车床坐标轴　　(b) 立式铣床坐标轴

图 1-17　机床的坐标轴

2) X 轴坐标的运动方向

对工件做回转切削运动的车床,X 向为工件的直径方向且平行于横向导轨,如图 1-17

(a)所示。

对刀具做回转切削运动的机床(如铣床、镗床),有下列两种情形。

(1) 当 Z 轴竖直(立式)时,人从刀具主轴向立式机床的立柱面向时,他的右手方向为正 X 方向,如图 1-17(b)所示。

(2) 当 Z 轴水平(卧式)时,人从刀具主轴向工件面向时,他的右手方向为正 X 方向,如图 1-18 所示的卧式铣床的正 X 方向。

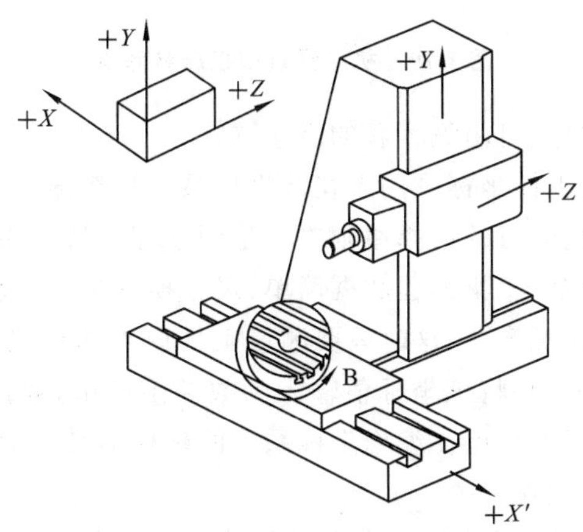

图 1-18　卧式铣床的坐标轴

3) Y 轴坐标的运动方向

当 X、Z 的运动正向确定后,可根据已知的 X 和 Z 的运动正向,按照右手直角笛卡儿坐标系规定的 X、Y、Z 三者关系,来确定 Y 坐标的正运动方向,如图 1-16 所示。

4) 机床的附加坐标系

若在机床上除 X、Y 和 Z 坐标的直线进给运动之外,还有其他的直线进给运动,则需建立第二坐标系。其直线坐标轴为 U、V、W,回转坐标轴为 P、Q、R。

3. 机床原点、参考点和工件原点

机床坐标系的原点也称机床原点或零点,常用“M”表示,其位置在机床上是固定不变的。机床零点在机床经过设计制造和调整后这个原点便被确定下来,它是固定的点。

机床参考点(P 点)也是机床坐标系中一个固定不变的位置点,通过机床回参考点操作,确认某进给运动方向的坐标测量初始点。机床参考点相对机床原点的坐标是一个已知定值,当已知机床参考点的位置时,可以根据机床参考点在机床坐标系中的坐标值间接确定机床原点的位置。

如图 1-19 所示的数控车床参考点设在机床的 X、Z 向的行程终点,而机床零点设在主轴端面中心,有些数控机床的参考点可与机床原点设定为同一点。

数控机床在接通电源后,通常都要做回参考点操作,利用机床操作面板上的有关按钮,控制机床测量目标定位到机床参考点。在返回参考点的工作完成后,显示器即显示出机床参考点在机床坐标系中的坐标值,表明机床坐标系已自动建立。

在数控编程的过程中,我们通常是先在零件图纸上规划刀具相对工件的运动轨迹,这就需要在零件图纸上也设定一个坐标系,通常称为编程坐标系或工件坐标系,其原点称为编程原点或工件原点,工件坐标系各坐标轴的名称和方向应与所选用机床的坐标系各坐标轴的

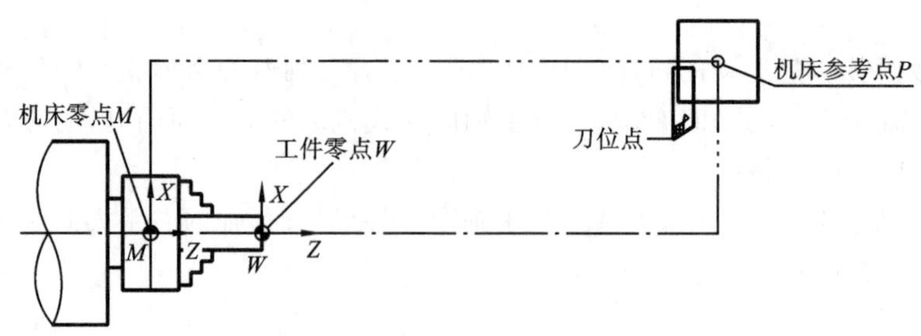

图 1-19　机床原点和机床参考点

名称和方向一致,但工件原点可由编程者的意愿选定。

在零件图纸上设定的工件坐标系用于在该坐标系上采集图纸上点、线、面的位置坐标值作为编程数据用,因此编程原点的选择原则之一是便于编程者采集编程数据,要尽量满足坐标基准与零件设计基准重合、采集编程数据简单、尺寸换算少、引起的加工误差小等要求。

在加工时,工件安装在机床上,这时只要测量工件原点相对机床原点的位置坐标(称为原点偏置),如图1-20所示,并将该坐标值输入到数控系统中,数控系统则会自动将原点偏置加入到刀位点坐标中,将刀位点在编程坐标系下的坐标值转化为机床坐标系下的坐标值,从而使刀具运动到正确的位置。

测量原点偏置实际上就是我们在数控机床操作中通常所说的“对刀”操作。

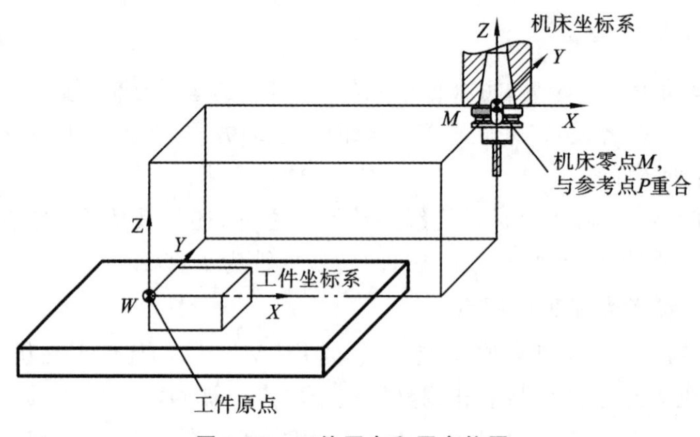

图 1-20　工件原点和原点偏置

1.3　数控加工编程基础

数控机床是一种高效的自动化加工设备。理想的数控程序不仅应该保证加工出符合零件图样要求的合格工件,还应该使数控机床的功能得到合理的应用与充分的发挥,使数控机床能安全、可靠、高效的工作。因此,数控加工程序的编制必须将零件所有的信息,包括工艺过程、工艺参数(主运动和进给运动速度、切削深度等)、工件与刀具相对运动轨迹的尺寸数据及其他辅助动作(换刀、冷却、工件的松夹等),按运动顺序和所用数控系统规定的指令代码及程序格式编成加工程序单,再将程序单中的全部内容记录在控制介质上,输入给数控装置,驱动机床运动,从而加工出合格的零件,以上过程称为数控加工程序的编制。

1.3.1　数控编程的内容与步骤

数控程序编制的内容主要包括分析零件图纸、工艺处理、数学处理、编写程序单、制备控制介质、程序调试与检验，具体步骤如图 1-21 所示。

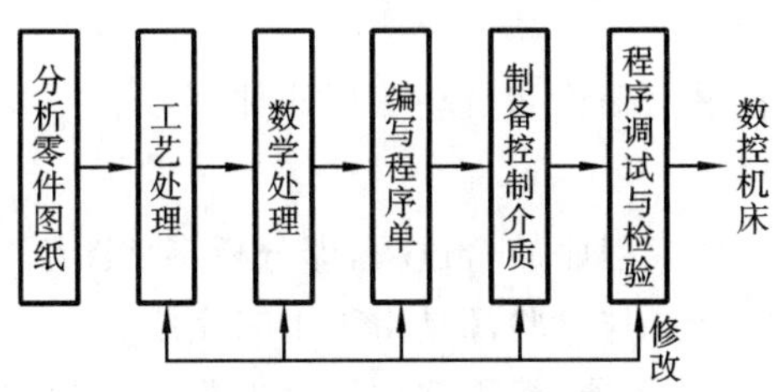

图 1-21　数控编程的步骤

1. 分析零件图纸

根据零件的材料、形状、尺寸、精度及毛坯形状和热处理要求等，确定该零件是否适合在数控机床上加工，或者适合在哪类数控机床上加工。有时还要确定在某台数控机床上加工该零件的哪些工序或哪几个表面。

2. 工艺处理

确定零件的加工方法（如采用的夹具、装夹定位方法等）和加工路线（如对刀点、走刀路线），并确定加工用量等工艺参数（如切削进给速度、主轴转速、切削宽度和深度等）。

3. 数学处理

根据零件图的几何尺寸、确定的工艺路线及设定的坐标系，计算零件粗、精加工运动的轨迹，得到刀位数据。对于形状比较简单的零件（如由直线和圆弧组成的零件）的轮廓加工，要计算出几何元素的起点、终点、圆弧的圆心、两几何元素的交点或切点的坐标值，如果数控装置无刀具补偿功能，还要计算刀具中心的运动轨迹坐标值。对于形状比较复杂的零件（如由非圆曲线、曲面组成的零件），需要用直线段或圆弧段逼近，根据加工精度的要求计算出节点坐标值，这种数值计算一般要用计算机来完成。

4. 编写程序单

根据加工路线计算出的数据和已确定的加工用量，编程人员结合所使用的数控系统的指令、程序段格式，逐段编写零件加工程序。编程人员要了解数控机床的性能、程序指令代码及数控机床加工零件的过程，才能编写正确的加工程序。此外，还应填写有关的工艺文件，如数控加工工序卡片、数控刀具卡片、工件安装和零点设定卡片等。

5. 制备控制介质

按程序单将程序内容记录在控制介质（如穿孔纸带）上作为数控装置的输入信息。早期所用的控制介质为穿孔纸带，现在已被磁盘所代替。应根据所用机床能识别的控制介质类型制备相应的控制介质。

6. 程序调试与检验

编制好的数控加工程序，必须经过程序检验和试切后才能用于正式加工，一般采用空走刀检测、空运转画图检测及数控仿真模拟加工软件来模拟实际加工过程，也可以采用铝件、塑料或石蜡等易切材料进行试切等方法检验程序。通过检验,特别是试切不仅可以确认程序的正确与否,还可知道加工精度是否符合要求。发现错误则应及时修正或采取补偿措施,直到程序能正确执行可加工出合格零件为止。

1.3.2 数控编程的方法

数控编程的方法主要有手工编程和自动编程两种。

1. 手工编程

手工编程是指所有编制加工程序的全过程,即分析零件图纸、工艺处理、数学处理、编写程序单、制备控制介质、程序调试与检验都是由手工来完成。

手工编程不需要计算机、编程器、编程软件等辅助设备,只需要有合格的编程人员即可完成。手工编程具有编程快速、及时的优点,其缺点是不能进行复杂曲面加工的编程。手工编程比较适合批量较大、形状简单、计算方便、轮廓由直线或圆弧组成的零件的加工。对于形状复杂的零件,特别是具有非圆曲线、列表曲线及曲面的零件,采用手工编程则比较困难,最好采用自动编程的方法进行编程。

2. 自动编程

自动编程是指用计算机编制数控加工程序的过程。自动编程的优点是效率高、正确性好。自动编程是由计算机代替人完成复杂的坐标计算和书写程序单的工作,它可以解决许多手工编程无法完成的复杂零件的编程难题,但其缺点是必须具备自动编程系统或自动编程软件。自动编程比较适合形状复杂零件的加工程序编制,如模具加工、多轴联动加工等场合。

根据输入方式的不同,自动编程分为语言数控自动编程(如APT系统)和图形数控自动编程(CAD/CAM)两类。前者通过高级语言的形式表示出全部加工内容,计算机运行时采用批处理方式,一次性处理、输出加工程序;后者采用计算机人机对话的处理方式,利用CAD/CAM功能生成加工程序。

目前,图形数控自动编程是使用最为广泛的自动编程方式,尤其以CAD/CAM的自动编程应用最为典型。CAD/CAM软件编程加工过程为图样分析→零件分析→三维造型→CAM参数设置→生成加工刀具轨迹→后置处理生成加工程序→程序校验→程序传输并进行加工。在PC上应用较多的CAD/CAM软件主要有MasterCAM、UG、Pro/E等。CAD/CAM自动编程的步骤如图1-22所示。

1.3.3 数控加工程序的结构与分类

为了满足设计、制造、维修和普及数控机床的需要,机床坐标系、加工指令、辅助功能及数控加工程序的结构和格式等方面的标准逐步统一。目前,已形成两种国际上广泛采用的标准代码:一种是ISO国际标准化组织标准代码;另一种是EIA美国电子工业协会标准代码。国际上正在研究和制定一种新的CNC系统标准ISO 14649(STEP-NC),其目的是提供一种不依赖于具体系统的中性机制,能够描述产品整个生命周期内的统一数据模型,从而实现整个制造过程,乃至各个工业领域产品信息的标准化。

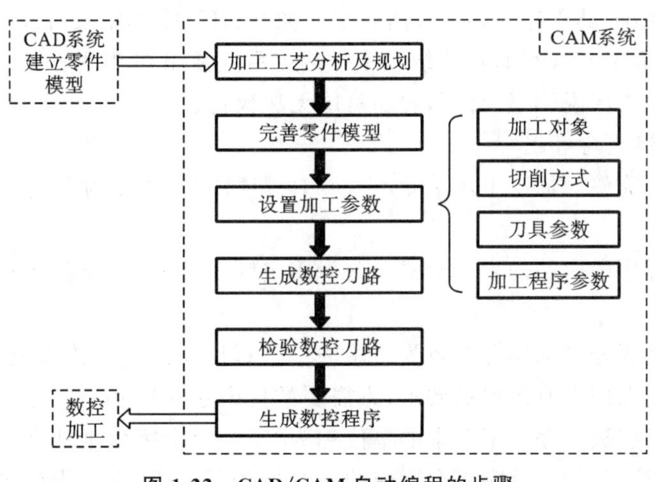

图 1-22　CAD/CAM 自动编程的步骤

我国机械工业部根据 ISO 标准制定了 JB 3050—1982《数字控制机床用七单位编码字符》、JB 3051—1982《数字控制机床坐标和运动方向的命名》、JB 3208—1983《数字控制机床穿孔带程序段格式中的准备功能 G 和辅助功能 M 代码》等。但是由于各个数控机床生产厂家所用的标准尚未完全统一，其所用的代码、指令及其含义不完全相同，因此在编制程序时必须按所用数控机床编程手册中的规定进行。

1. 数控加工程序的组成

数控加工程序是数控加工中的核心部分，是一系列指令的有序集合，这些指令可使刀具按直线、圆弧或其他曲线运动，以完成对零件的加工。一个完整的加工程序由程序号和若干个程序段组成，一个程序段又由若干个字组成，每个字又由字母（地址符）和数字（有些数字还带有符号）组成，而字母、数字、符号统称为字符。

下面是加工图 1-23 所示零件的一个完整的数控加工程序（编程原点为(0,0,0)，刀具直径为 10 mm)，该程序由程序号 O1001 和 9 个程序段组成，以 M30 结束。

```
O1001;
N01   G54 G90 G17 G00 X－85. Y－25.;
N02   Z－5. S400 M03 M08;
N03   G91 G01 X85. F30;
N04   G03 Y50. J25;
N05   G01 X－75.;
N06   Y－60.;
N07   G00 Z30. M09;
N08   X75. Y35.;
N09   M05 M30;
```

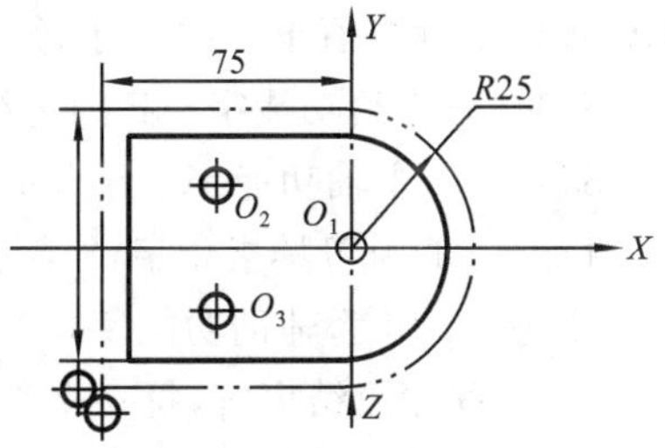

图 1-23　图示零件

1) 程序号

程序号是加工程序的标识，为了区分每个程序，程序要进行编号。程序号由程序号地址和程序的编号组成，如 O1001，其中字母 O 表示程序号地址，1001 表示程序的编号，即 1001 号程序。

不同的数控系统,其程序号地址有所差别。如 SINUMERIK 系列数控系统常用%作为程序号的地址码,而 FANUC 数控系统和华中数控系统常用 O 作为程序号的地址码。编程时一定要参考数控机床说明书;否则,程序可能无法执行。

2) 程序段的格式与组成

程序段是一个完整的加工工步单元,它以 N(程序段号)指令为开头,以 LF 或分号指令为结尾。

数控程序按程序段(行)的表达形式可分为固定顺序格式、表格顺序格式和地址程序段格式三种。

地址程序段格式是目前国际上较为通用的一种程序格式。总体来说,在地址程序段格式中代码字的排列顺序没有严格的要求,不需要的代码字可以不写。整个程序的书写相对来说比较自由。其组成程序的最基本的单位称为"字",每个字由地址字符(英文字母)加上带符号的数字组成。各种指令字组合而成的一行即为程序段,整个程序则由多个程序段组成,即字母+符号+数字→指令字→程序段→程序。

一般来说,一个程序行可按如下形式书写:

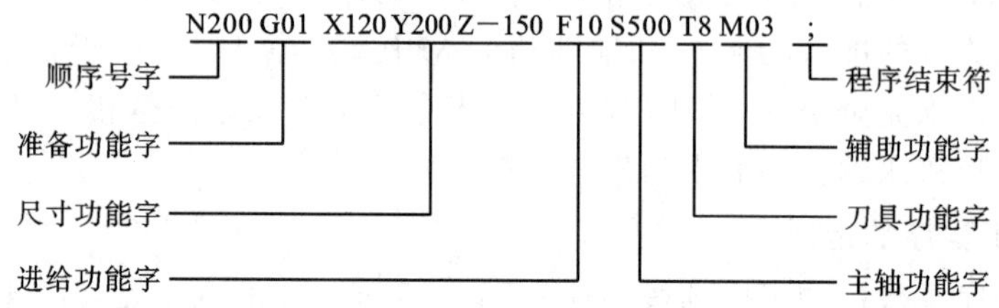

程序行中:

N200——N 表示程序段顺序号。

G01——G 为准备功能字,G01 为直线插补。

X120,Y200,Z−150——尺寸功能字。X、Y 表示坐标轴,数字表示坐标大小,± 表示后跟的数字值有正、负之分,正号可省略,负号不能省略。程序中作为坐标功能字的主要有:作为第一坐标系的字 X、Y、Z;平行于 X、Y、Z 的第二坐标系的字 U、V、W;表示圆弧圆心相对位置的坐标字 I、J、K;在五轴加工中心上可能还要用到绕 X、Y、Z 轴旋转的对应坐标字 A、B、C 等。坐标数值单位由程序指令设定或系统参数设定。

F10——进给功能字。F 为进给速度指令字,10 表示进给速度,为 10 mm/min。

S500——主轴功能字。S 为主轴转速指令字,500 表示主轴的转速,为 500 r/min。

T8——T 为刀具指令字,8 表示第 8 号刀具。

M03——M 为辅助功能字,03 表示主轴按顺时针旋转。

;——程序段结束符,每一个程序段结束之后,都应加上程序段结束符。不同的数控系统,其程序段结束符有所差别。

从上例可以看出,程序段由顺序号字、准备功能字、尺寸功能字、进给功能字、主轴功能字、刀具功能字、辅助功能字和程序结束符组成,此外还有插补参数字等。每个字都由字母开头,称为"地址"。ISO 标准规定的地址含义如表 1-1 所示。

表 1-1　ISO 标准规定的地址含义

字　符	含　　义
A	关于 X 轴的角度尺寸
B	关于 Y 轴的角度尺寸
C	关于 Z 轴的角度尺寸
D	第二刀具功能，也有的定为偏置号
E	第二进给功能
F	第一进给功能
G	准备功能字
H	暂不指定，有的定为偏置号
I	平行于 X 轴的插补参数或螺纹导程
J	平行于 Y 轴的插补参数或螺纹导程
K	平行于 Z 轴的插补参数或螺纹导程
L	不指定，有的定为固定循环返回次数，也有的定为子程序返回次数
M	辅助功能
N	顺序号
O	不用，有的定为程序编号
P	平行于 X 轴的第三尺寸，也有的定为固定循环的参数
Q	平行于 Y 轴的第三尺寸，也有的定为固定循环的参数
R	平行于 Z 轴的第三尺寸，也有的定为固定循环的参数，圆弧半径等
S	主轴速度功能
T	第一刀具功能
U	平行于 X 轴的第二尺寸
V	平行于 Y 轴的第二尺寸
W	平行于 Z 轴的第二尺寸
X,Y,Z	基本尺寸

2. 主程序、子程序及宏程序

数控加工程序可分为主程序和子程序，若一组程序段在一个程序中多次出现，或者在几个程序中都要使用它，为了简化程序，可以把这组程序段抽出来，按规定的格式写成一个新的程序单独存储，以供另外的程序调用，这种程序就称为子程序。子程序的结构同主程序的结构是一样的，主程序执行过程中如果需要调用某一个子程序，可以通过一定的子程序调用指令来调用该子程序，执行完后返回到主程序，继续执行后面的程序段。

宏程序编程是指变量编程法。一般情况下，当需编程的工件的轮廓曲线为椭圆、圆、抛物线等具有一定规律的曲线时，刀具轨迹点 X、Y 之间具有一定的规律，因此，可以利用变量编程法进行程序的编制。宏指令既可以在主程序体中使用，也可以当做子程序来调用。普通加工程序直接用数值指定 G 代码加移动距离，例如，G01　X100.0。用户使用宏程序时，数值可以直接指定或用变量指定。当用变量指定时,变量值可用程序或用 MDI 面板上的操作来进行改变。

1.3.4 数控编程指令

在数控加工程序中,主要有准备功能 G 指令和辅助功能 M 指令,以及 F、S、T 等指令。数控系统不同时,编程指令的功能也有所不同,编程时需参考机床制造厂家的编程说明书。

1. 准备功能 G 指令

G 指令是用来规定刀具和工件的相对运动轨迹(即指令插补功能)、机床坐标系、坐标平面、刀具补偿和坐标偏置等多种加工操作的指令。它由字母 G 及其后面的两位数字组成,从 G00~G99 共有 100 种代码。这些代码中虽然有些常用的准备功能代码的定义几乎是固定的,但也有很多代码其含义及应用格式对不同的数控机床数控系统有着不同的定义,因此,在编程前必须熟悉了解所用数控机床的使用说明书或编程手册。JB 3208—1983 准备功能 G 代码见表 1-2。

表 1-2 准备功能 G 代码(JB 3208—1983)

代码	功能保持到被取消或被同样字母表示的程序指令所代替	功能仅在所出现的程序段内有作用	功能	代码	功能保持到被取消或被同样字母表示的程序指令所代替	功能仅在所出现的程序段内有作用	功能
G00	a		点定位	G50	#(d)	#	刀具偏置 0/-
G01	a		直线插补	G51	#(d)	#	刀具偏置+/0
G02	a		顺时针方向圆弧插补	G52	#(d)	#	刀具偏置-/0
G03	a		逆时针方向圆弧插补	G53	f		直线偏移注销
G04		*	暂停	G54	f		直线偏移 *X*
G05	#	#	不指定	G55	f		直线偏移 *Y*
G06	a		抛物线插补	G56	f		直线偏移 *Z*
G07	#	#	不指定	G57	f		直线偏移 *XY*
G08		*	加速	G58	f		直线偏移 *XZ*
G09		*	减速	G59	f		直线偏移 *YZ*
G10~G16	#	#	不指定	G60	h		准确定位 1(精)
G17	c		*XY* 平面选择	G61	h		准确定位 2(中)
G18	c		*ZX* 平面选择	G62	h		快速定位(粗)
G19	c		*YZ* 平面选择	G63		*	攻丝
G20~G32	#	#	不指定	G64~G67	#	#	不指定
G33	a		螺纹切削,等螺距	G68	#(d)	#	刀具偏置,内角

续表

代　码	功能保持到被取消或被同样字母表示的程序指令所代替	功能仅在所出现的程序段内有作用	功　能	代码	功能保持到被取消或被同样字母表示的程序指令所代替	功能仅在所出现的程序段内有作用	功　能
G34	a		螺纹切削,增螺距	G69	＃(d)	＃	刀具偏置,外角
G35	a		螺纹切削,减螺距	G70～G79	＃	＃	不指定
G36～G39	＃	＃	永不指定	G80	e		固定循环注销
G40	d		刀具补偿/刀具偏置注销	G81～G89	e		固定循环
G41	d		刀具左补偿	G90	j		绝对尺寸
G42	d		刀具右补偿	G91	j		增量尺寸
G43	＃(d)	＃	刀具正偏置	G92		*	预置寄存
G44	＃(d)	＃	刀具负偏置	G93	k		时间倒数,进给率
G45	＃(d)	＃	刀具偏置＋/＋	G94	k		每分钟进给
G46	＃(d)	＃	刀具偏置＋/－	G95	k		主轴每转进给
G47	＃(d)	＃	刀具偏置－/－	G96	I		恒线速度
G48	＃(d)	＃	刀具偏置－/＋	G97	I		每分钟转数(主轴)
G49	＃(d)	＃	刀具偏置 0/＋	G98～G99	＃	＃	不指定

注:① ＃号表示如选作特殊用途,必须在程序格式说明中说明。

② 如在直线切削控制中没有刀具补偿,则 G43 至 G52 可指定作其他用途。

③ 在表的左栏括号中的字母(d)表示可以被同栏中没有括号的字母 d 所注销或代替,也可被有括号的字母(d)所注销或代替。

④ G45～G52 的功能可用于机床上任意两个预定的坐标。

⑤ 控制机上没有 G53～G59、G63 功能时,可以指定作其他用途。

G 代码有两种:模态代码和非模态代码。

模态代码(续效代码):该代码在一个程序段中被使用后就一直有效,直到出现同组中的其他任一 G 代码时才失效。

非模态代码(非续效代码):只在有该代码的程序段中有效的代码,程序段结束时被注销。例如:

```
N010  G90  G00  X16  S600  T01  M03;
N020  G01  X8   Y6   F100;
N030       X0   Y0;
```

N010 程序段中,G90、G00 都是续效代码,但它们不属于同一组,故可编在同一程序段中;N020 中出现 G01,同组中的 G00 失效,G90 不属于同一组,所以继续有效;N030 程序段的功能和 N020 程序段的相同,因为 G01 是续效代码,继续有效,不必重写。

2. 辅助功能 M 指令

M 指令也是由字母 M 和两位数字组成。该指令与控制系统插补器运算无关,一般书写在程序段的后面,是加工过程中对一些辅助器件进行操作控制用的工艺性指令。例如,数控机床主轴的启动、停止、变换,冷却液的开关,刀具的更换,部件的夹紧或松开等;在从M00~M99的100种代码中,同样也有些因数控机床系统而异的代码,也有相当一部分代码是不指定的。M指令也有模态(续效)指令与非模态指令之分。JB 3208—1983辅助功能M代码见表1-3。

表1-3　辅助功能M代码(JB 3208—1983)

代码	功能开始时间		功能保持到被注销或被适当程序指令代替	功能仅在所出现的程序段内有作用	功　能	代码	功能开始时间		功能保持到被注销或被适当程序指令代替	功能仅在所出现的程序段内有作用	功　能
	与程序段指令运行同时开始	在程序段指令运行完成后开始					与程序段指令运行同时开始	在程序段指令运行完成后开始			
M00		*		*	程序停止	M36	*		#		进给范围1
M01		*		*	计划停止	M37	*		#		进给范围2
M02		*		*	程序结束	M38	*		#		主轴速度范围1
M03	*		*		主轴顺时针方向	M39	*		#		主轴速度范围2
M04	*		*		主轴逆时针方向	M40~M45	#	#	#	#	如有需要作为齿轮换挡,此外不指定
M05		*	*		主轴停止	M46~M47	#	#	#	#	不指定
M06	#	#		*	换刀	M48		*	*		注销M49
M07	*		*		2号冷却液开	M49	*		#		进给率修正旁路
M08	*		*		1号冷却液开	M50	*		#		3号冷却液开
M09		*	*		冷却液关	M51	*		#		4号冷却液开
M10	#	#	*		夹紧	M52~M54	#	#	#	#	不指定
M11	#	#	*		松开	M55	*		#		刀具直线位移,位置1

续表

代码	功能开始时间		功能保持到被注销或被适当程序指令代替	功能仅在所出现的程序段内有作用	功　能	代码	功能开始时间		功能保持到被注销或被适当程序指令代替	功能仅在所出现的程序段内有作用	功　能
	与程序段指令运行同时开始	在程序段指令运行完成后开始					与程序段指令运行同时开始	在程序段指令运行完成后开始			
M12	#	#	#	#	不指定	M56	*		#		刀具直线位移,位置2
M13	*		*		主轴顺时针方向,冷却液开	M57～M59	#	#	#	#	不指定
M14	*		*		主轴逆时针方向,冷却液开	M60		*		*	更换工作
M15	*			*	正运动	M61	*				工件直线位移,位置1
M16	*			*	负运动	M62	*		*		工件直线位移,位置2
M17～M18	#	#	#	#	不指定	M63～M70	#	#	#	#	不指定
M19		*	*		主轴定向停止	M71	*		*		工件角度位移,位置1
M20～M29	#	#	#	#	永不指定	M72	*		*		工件角度位移,位置2
M30		*		*	纸带结束	M73～M89	#	#	#	#	不指定
M31	#	#		*	互锁旁路	M90～M99	#	#	#	#	永不指定
M32～M35	#	#	#	#	不指定						

注:① #号表示如选作特殊用途,必须在程序说明中说明。

② M90～M99可指定为特殊用途。

1) 程序停止指令(M00)

M00实际上是一个暂停指令。程序运行停止后,模态信息全部被保存,按下机床的“启动”按钮,可使机床继续运转。该指令经常用于加工过程中测量工件的尺寸、工件调头、手动变速等固定操作。

2）选择停止指令(M01)

该指令的作用和M00相似,但它必须在预先按下操作面板上的“选择停止”按钮并执行到M01指令的情况下,才会停止执行程序。如果不按下“选择停止”按钮,则M01指令无效,程序继续执行。该指令常用于工件的关键性尺寸需停机抽样检查等场合中,当检查完毕后,按“启动”按钮可继续执行以后的程序。

3）程序结束指令(M02)

当全部程序结束后,此指令可使主轴、进给及切削液全部停止,并使机床复位。

4）与主轴有关的指令(M03、M04、M05)

M03表示主轴正转,M04表示主轴反转。所谓主轴正转,是从主轴向Z轴正向看,主轴顺时针转动;而反转时,观察到的转向则相反。M05表示主轴停止,它是在该程序段其他指令执行完后才执行的。

5）换刀指令(M06)

M06是手动或自动换刀指令。它不包括刀具选择功能,常用于加工中心换刀前的准备工作。

6）与切削液有关的指令(M07、M08、M09)

M07、M08为切削液开,M09为切削液关。

7）运动部件夹紧与松开(M10、M11)

M10为运动部件的夹紧,M11为运动部件的松开。

8）程序结束指令(M30)

M30与M02基本相同,但M30能自动返回程序起始位置,为加工下一个工件做好准备。

3. F、S、T指令

1）进给速度指令(F)

进给速度指令用字母F及其后面的若干位数字来表示,单位为mm/min或mm/r。例如,F150表示进给速度为150 mm/min。

2）主轴转速指令(S)

主轴转速指令用字母S及其后面的若干位数字来表示,单位为r/min。例如,S300表示主轴转速为300 r/min。

3）刀具号指令(T)

在自动换刀的数控机床中,该指令用于选择所需的刀具号和刀补号。刀具用字母T及其后面的两位或四位数字表示。如T06表示6号刀具,T0602表示6号刀具,选用2号刀补。

习　题

一、填空题

1. 数字控制是用________对机床的运动及加工过程进行控制的一种方法。
2. 数控机床由________、________、________、________和________组成。
3. 数控机床的核心是________,它的作用是接受输入装置传输来的加工信息。
4. 数控机床按控制方式可分为________、________、________和________。

5. 按伺服系统的控制方式，数控系统可分为________、________、________控制系统。

6. 数控机床中没有位置检测反馈装置的是________；有位置检测反馈装置的是________和________。

7. 数控机床中的标准坐标系采用________，并规定________刀具与工件之间距离的方向为坐标正方向。

8. 与机床主轴重合或平行的刀具运动坐标轴为________轴，远离工件的刀具运动方向为________。

二、判断题

1. 数控机床只适用于加工零件的批量小、形状复杂、经常改型且精度高的场合。（　　）

2. 一般情况下半闭环控制系统的精度高于开环系统。（　　）

3. 轮廓控制的数控机床只要控制起点和终点位置，对加工过程中的轨迹没有严格要求。（　　）

4. 闭环控制的优点是精度高、速度快，适用于大型或高精密的数控机床。（　　）

5. 数控机床按运动方式可分为开环控制、闭环控制和半闭环控制数控机床。（　　）

6. 点位控制系统不仅要控制从一点到另一点的准确定位，还要控制从一点到另一点的路径。（　　）

7. 不同的数控机床可能选用不同的数控系统，但数控加工程序指令都是相同的。（　　）

8. 指令 M30 为程序结束，同时使程序还原（Reset）。（　　）

9. 通常在命名和编程时，不论使用何种数控机床，都一律假定工件静止而刀具移动。（　　）

10. 数控三坐标测量机也是一种数控机床。（　　）

11. G 代码可以分为模态 G 代码和非模态 G 代码。（　　）

12. 程序段的顺序号，根据数控系统的不同，在某些系统中可以省略。（　　）

三、选择题

1. 数控机床适于（　　）生产。

A. 大型零件　　B. 小型高精密零件

C. 中小批量、复杂形体零件　　D. 大批量零件

2. 闭环控制系统的检测装置装在（　　）。

A. 电机轴或丝杆轴端　　B. 机床工作台上

C. 刀具主轴上　　D. 工件主轴上

3. FMS 是指（　　）。

A. 自动化工厂　　B. 计算机数控系统　　C. 柔性制造系统　　D. 数控加工中心

4. 按伺服系统的控制方式分类，数控机床的步进驱动系统是（　　）数控系统。

A. 开环　　B. 半闭环　　C. 全闭环

5. 下列机床中，属于点位数控机床的是（　　）。

A. 数控钻床　　B. 数控铣床　　C. 数控磨床　　D. 数控车床

6. 数控系统中 CNC 的中文含义是（　　）。

A. 计算机数字控制 B. 工业自动化 C. 硬件数控 D. 计算机控制

7. 数控机床四轴三联动的含义是( )。

A. 四轴中只有三个轴可以运动

B. 有四个控制轴,其中任意三个轴可以联动

C. 数控系统能控制机床四轴运动,其中三个轴能联动

8. 用于指令动作方式的准备功能的指令代码是( )。

A. F代码 B. G代码 C. T代码

9. 数控机床上有一个点,该点到机床坐标零点在进给坐标轴方向上的距离可以在机床出厂时设定,该点称( )。

A. 工件零点 B. 机床零点 C. 机床参考点 D. 机械原点

四、简答题

1. 数控机床与普通机床加工的过程有什么区别?

2. 数控机床主要由哪几部分组成?

3. 什么是数控?什么是数控机床?

4. 数控机床按控制方式可分为哪几大类?

5. 数控机床加工程序的编制方法有哪些?它们分别适用于什么场合?

6. 数控加工编程的主要内容有哪些?

7. 何谓机床坐标系和工件坐标系?其主要区别是什么?

8. 程序段格式有哪几种?数控系统中常采用哪种格式?

9. 绝对值编程和增量值编程有什么区别?

10. 简述数控机床的发展趋势。

第2章　数控车床加工工艺与编程

2.1　数控车床概述

数控车床是数字程序控制车床的简称，它集通用性好的万能型车床、加工精度高的精密型车床和加工效率高的专用型普通车床的特点于一身，是国内使用量最大、覆盖面最广的一种数控机床，约占数控机床总数的25%（不包括技术改造而成的车床）。

2.1.1　数控车床的结构

数控车床主要由数控系统和机床主体组成，数控系统由数控面板、数控柜、控制电源、伺服控制器和主轴编码器等组成。机床本体包括床身、主轴、电动回转刀架等部分。如图2-1所示为数控车床外观图，图2-2所示为数控车床数控系统组成图。与普通车床相比，除具有数控系统外，数控车床的结构还具有以下一些特点。

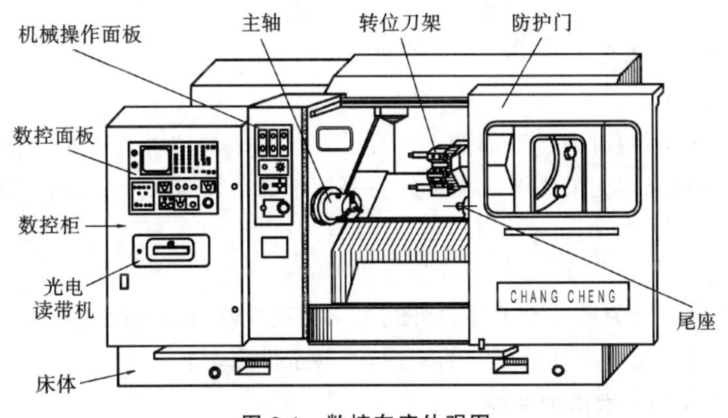

图2-1　数控车床外观图

（1）运动传动链短。车床上沿纵、横两个坐标轴方向的运动是通过伺服系统完成的，传动过程为驱动电动机—进给丝杠—床鞍及中滑板，免去了原来的主轴电动机—主轴箱—挂轮箱—进给箱—溜板箱—床鞍及中滑板的冗长传动过程。

（2）总体结构刚性好，抗振性好。数控车床的总体结构主要指机械结构，如床身、拖板、刀架等部件。机械结构的刚性好，才能与数控系统的高精度控制功能相匹配；否则，数控系

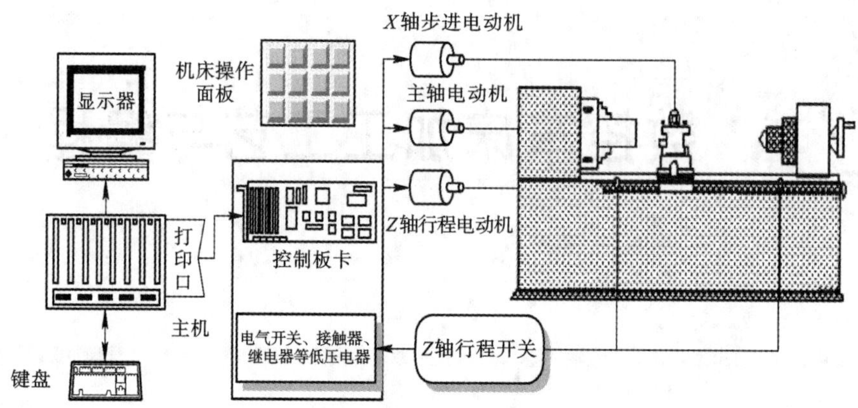

图 2-2 数控车床数控系统组成图

统的优势将难以发挥。

(3) 运动副的耐磨性好，摩擦损失小，润滑条件好。要实现高精度的加工，各运动部件在频繁的运行过程中，必须动作灵敏，低速运行时无爬行。因此，对其移动副和螺旋副的结构、材料等方面均有较高要求，并多采用油雾自动润滑形式润滑。

(4) 冷却效果好于普通车床。

(5) 配有自动排屑装置。

(6) 装有半封闭式或全封闭式的防护装置。

2.1.2 数控车床的分类

数控车床品种繁多、规格不一，数控车床的分类方法较多，但通常都以和普通车床相似的方法进行分类。

1. 按车床主轴位置分类

1) 立式数控车床

立式数控车床简称数控立车，如图 2-3 所示。其车床主轴垂直于水平面上一个直径很大的圆形工作台，用来装夹工件。这类机床主要用于加工径向尺寸大、轴向尺寸相对较小的大型复杂零件。

2) 卧式数控车床

卧式数控车床又分为数控水平导轨卧式车床和数控倾斜导轨卧式车床，如图 2-4 所示。其倾斜导轨结构可以使车床具有更大的刚性，并易于排除切屑。

2. 按加工零件的基本类型分类

1) 卡盘式数控车床

卡盘式数控车床没有尾座，适合车削盘类(含短轴类)零件。夹紧方式多为电动或液动控制，卡盘结构大多具有可调卡爪或不淬火卡爪(即软卡爪)。

2) 顶尖式数控车床

顶尖式数控车床配有普通尾座或数控尾座，适合车削较长的零件及直径不太大的盘和套类零件。

图 2-3　立式数控车床

图 2-4　卧式数控车床

3. 按刀架数量分类

1）单刀架数控车床

单刀架数控车床一般都配置有各种形式的单刀架，如四工位卧式回转刀架或多工位转塔式自动转位刀架，如图 2-5 所示。

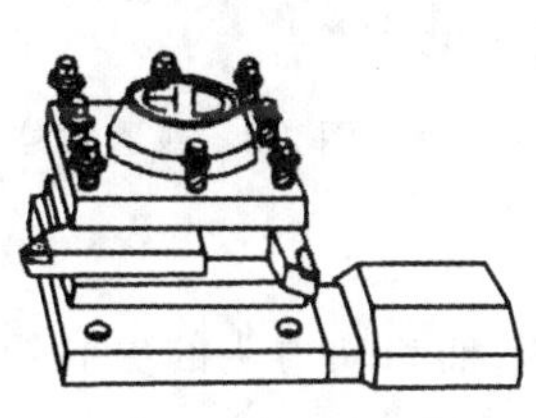

(a) 四工位卧式回转刀架

(b) 多工位转塔式自动转位刀架

图 2-5　单刀架数控车床刀架

2）双刀架数控车床

双刀架数控车床的双刀架的配置（即移动导轨分布）可以是如图 2-6(a)所示的平行分布，也可以是如图 2-6(b)所示的相互垂直分布及同轨结构。

(a) 平行交错双刀架

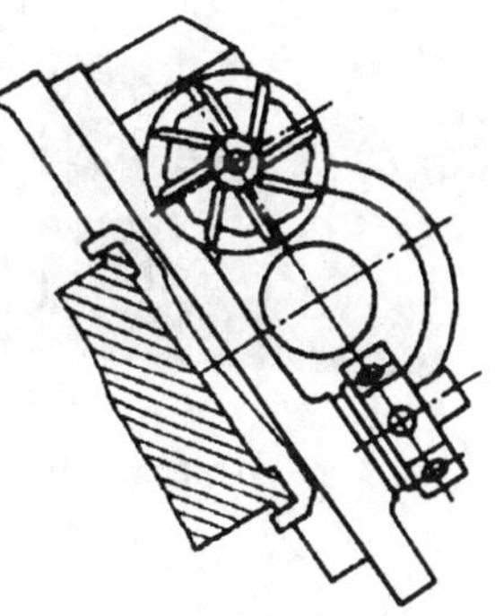

(b) 垂直交错双刀架

图 2-6　双刀架数控车床刀架

4. 按数控功能分类

1) 经济型数控车床

经济型数控车床是采用步进电动机和单片机对普通车床的进给系统进行改造后形成的经济型数控车床,成本较低,但自动化程度和功能都比较差,车削加工精度也不高,适用于要求不高的回转类零件的车削加工,如图2-7所示。

2) 普通数控车床

普通数控车床是根据车削加工要求,在结构上进行专门设计并配备通用数控系统而形成的数控车床,如图2-8所示。其数控系统功能强,自动化程度和加工精度也比较高,适用于一般回转类零件的车削加工。这种数控车床可同时控制两个坐标轴,即 X 轴和 Z 轴。

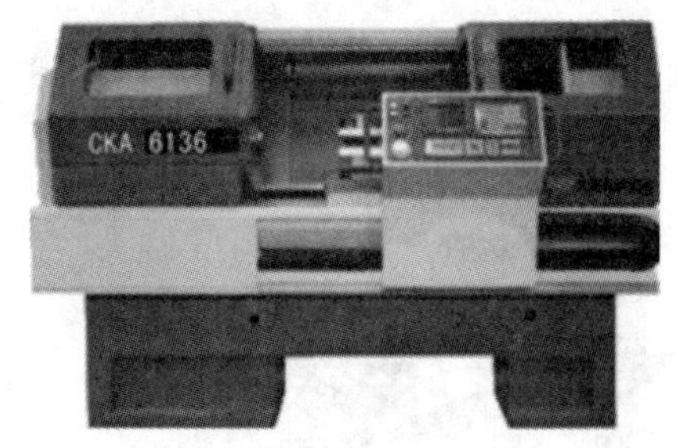

图2-7 经济型数控车床

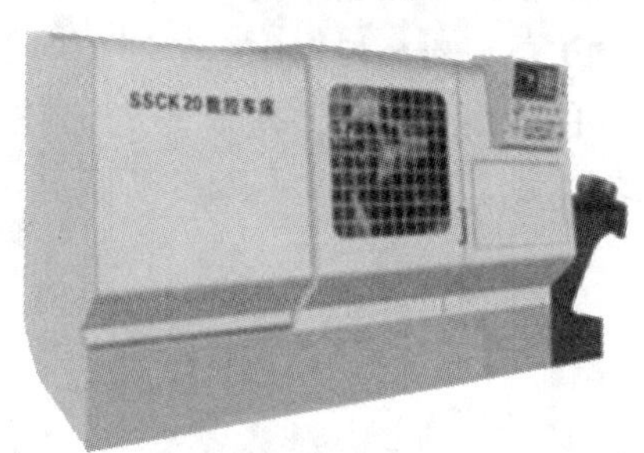

图2-8 普通数控车床

3) 车削加工中心

车削加工中心是在普通数控车床的基础上增加了 C 轴和动力头的更高级的数控车床,带有刀库,可控制 X、Z 和 C 三个坐标轴,联动控制轴可以是(X,Z)、(X,C)或(Z,C)。它有立式和卧式两类。车削中心的主要特点是具有先进的动力刀具功能,即在自动转位刀架的某个刀位或所有刀位上,可使用多种旋转刀具,如铣刀、钻头等。这样,即可对车削工件的某些部位进行钻、铣削加工,如铣削端面槽、多棱柱及螺纹槽等。如图2-9(a)所示为车削加工中心整体结构,图2-9(b)所示为车削加工中心内部结构。

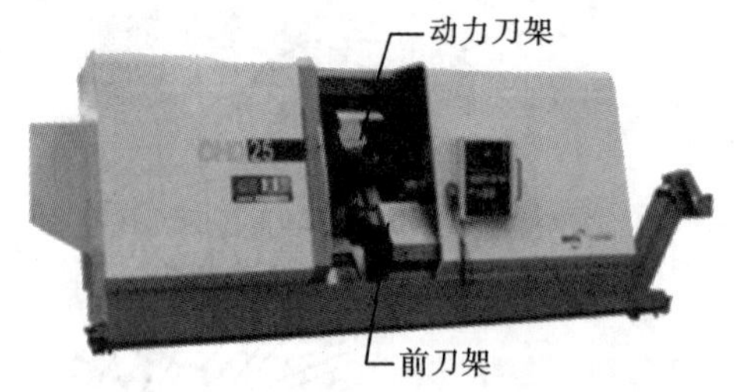

(a) 车削加工中心整体结构

(b) 车削加工中心内部结构

图2-9 车削加工中心

5. 按数控车床的布局分类

数控车床床身导轨与水平面的相对位置如图2-10所示,它有四种布局形式:如图2-10(a)所示为平床身式,图2-10(b)所示为斜床身式,图2-10(c)所示为平床身斜滑板式,图2-10

(d)所示为立床身式。

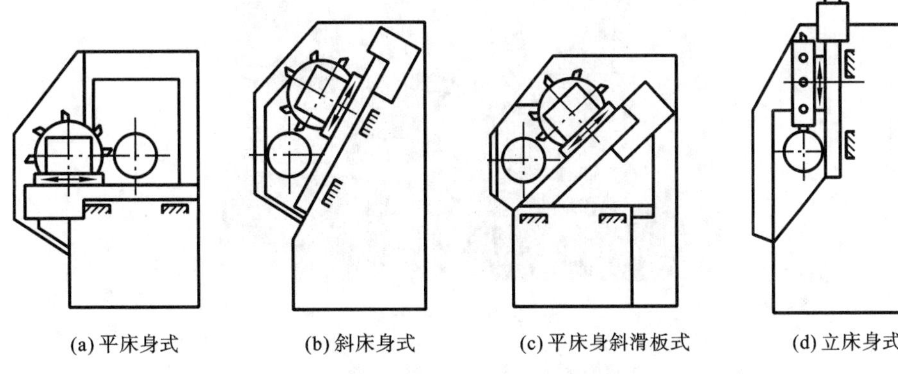
(a) 平床身式　(b) 斜床身式　(c) 平床身斜滑板式　(d) 立床身式

图 2-10　数控车床床身导轨与水平面的相对位置

水平床身式的工艺性好，便于导轨面的加工。水平床身配上水平放置的刀架可提高刀架的运动精度，一般可用于大型数控车床或小型精密数控车床的布局。但是水平床身由于下部空间小，故排屑困难。从结构尺寸上看，刀架水平放置使得滑板横向尺寸较长，从而加大了机床宽度方向的结构尺寸。数控车床水平床身如图 2-11 所示。

水平床身配置倾斜放置的滑板，并配置倾斜式导轨防护罩，采用这种布局形式一方面是因为水平床身工艺性好的特点，另一方面是因为机床宽度方向的尺寸比水平配置滑板的要小，且排屑方便。水平床身配上倾斜放置的滑板和斜床身配置斜滑板的布局形式被中、小型数控车床普遍采用。这两种布局形式的特点是排屑容易，热铁屑不会堆积在导轨上，也便于安装自动排屑器；操作方便，易于安装机械手以实现单机自动化；机床占地面积小，外形简单、美观，容易实现封闭式防护。如图 2-12 所示为数控车床倾斜床身。

图 2-11　数控车床水平床身

图 2-12　数控车床倾斜床身

斜床身其导轨倾斜的角度分别为 30°、45°、60°、75°和 90°(90°的称为立式床身，如图 2-13 所示)。若倾斜角度小，则排屑不便；若倾斜角度大，则导轨的导向性差，受力情况也差。导轨倾斜角度的大小还会直接影响机床外形尺寸高度与宽度的比例。综合考虑上面的因素，中小规格数控车床的床身倾斜度以 60°为宜。

6. 其他分类方法

按数控车床的不同控制方式等，数控车床可以分为很多种类，如直线控制数控车床、两主轴控制数控车床等；按特殊或专门工艺性能，可分为螺纹数控车床、活塞数控车床、曲轴数控车床等多种。

图 2-13　立式床身

2.2　数控车床的加工工艺

数控车床与普通车床一样，主要用于加工轴类、盘类等回转体零件，如图 2-14 所示为普通车床加工的典型表面。在数控车床中通过数控加工程序的运行，则可自动完成内外圆柱面、圆锥面、成形表面、螺纹、端面等工序的切削加工，还可以进行车槽、钻孔、扩孔、铰孔等工作。车削加工中心可在一次装夹中完成更多的加工工序，提高了加工精度和生产效率，特别适合于复杂形状回转类零件的加工。车铣复合加工中心的功能更是得到进一步的完善，能完成形状更复杂的回转类零件的加工。

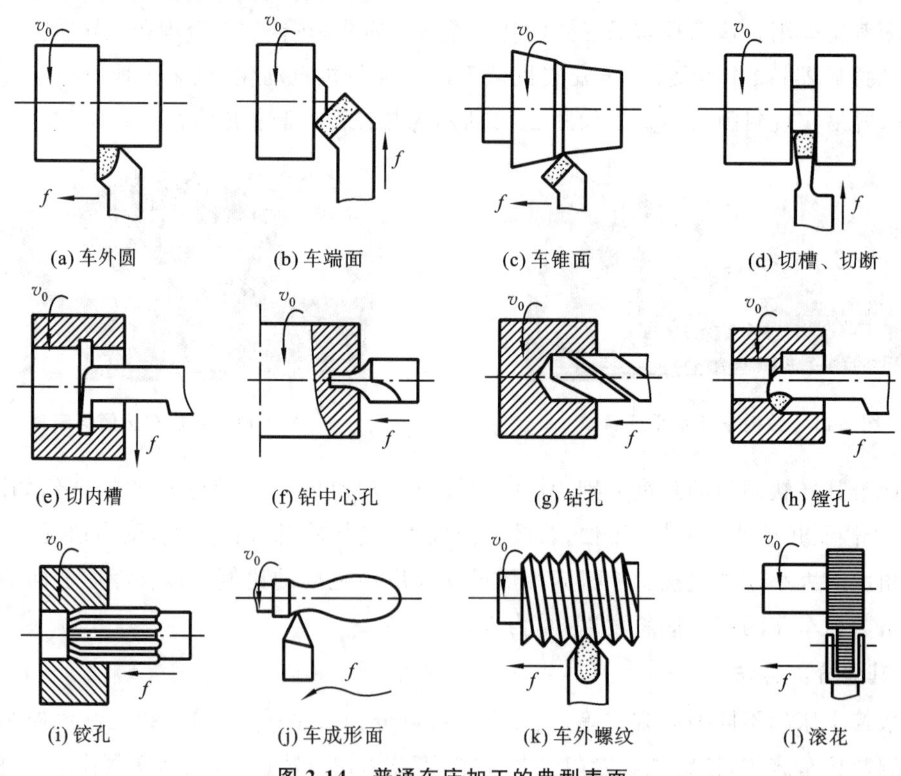

图 2-14　普通车床加工的典型表面

2.2.1　数控车床加工的主要零件对象

数控车削是数控加工中最常见的加工方法之一。由于数控车床在加工中能实现坐标轴的联动插补，使形成的直线和圆弧等零件的轮廓准确，加工精度高，同时能实现主轴旋转和进给运动的自动变速，因此数控车床比普通车床的加工范围宽得多。针对数控车床的特点，以下几种零件最适合数控车削加工。

1）表面形状复杂的回转体零件

数控车床具有直线和圆弧插补功能，可以车削由任意直线和曲线组成的形状复杂的回转体零件。如图 2-15 所示的零件，特别是内腔复杂的零件，在普通车床上很难加工，但在数控车床上则很容易加工出来。只要组成零件轮廓的曲线能用数学表达式表述或列表表达，都可以加工。对于非圆曲线组成的轮廓，应先用直线或圆弧去逼近，然后再用直线或圆弧插补功能进行插补切削。

图 2-15　数控车床加工零件示例

2）精度要求高的回转体零件

由于数控车床刚性好、加工精度高、对刀准确，还可以精确实现人工补偿和自动补偿，所以数控车床能加工尺寸精度要求高的零件。使用切削性能好的刀具，在有些场合可以进行以车代磨的加工，如轴承内环的加工、回转类模具内外表面的加工等。此外，数控车床加工零件，一般情况下是一次装夹就可以完成零件的全部加工，所以，很容易保证零件的形状和位置精度，加工精度高。

3）表面粗糙度要求高的回转体零件

数控车床具有恒线速切削功能。在材质、加工余量和刀具已确定的条件下，表面粗糙度取决于进给量和切削速度。在加工零件的锥面和端面时，数控车床切削的表面粗糙度小且一致，这是普通车床无法实现的。通过改变进给量，可以在数控车床上加工表面粗糙度要求不同的零件，即粗糙度值要求大的部位可选用大的进给量，粗糙度值要求小的部位可选用较小的进给量。

4）带特殊螺纹的回转体零件

普通车床能车削的螺纹种类很有限，只能车削等导程的圆柱面和圆锥面的公制、英制内

外表面螺纹,而且螺纹的导程种类有限。而数控车床可以加工各种类型的螺纹,且加工精度高,表面粗糙度值小。

5）超精密、超低表面粗糙度值的零件

磁盘、录像机磁头、激光打印机的多面反射体、复印机的回转鼓、照相机等光学设备的透镜等零件,要求超高的轮廓精度和超低的表面粗糙度值,它们适合在高精度、高性能的数控车床上加工。数控车床超精加工的轮廓精度可达到 0.1 μm,表面粗糙度可达 Ra0.02 μm,超精加工所用数控系统的最小分辨率应达到 0.01 μm。

2.2.2 数控车床刀具

数控车床加工工件时,刀具直接担负着对工件的切削加工。刀具的耐用度和使用寿命直接影响着工件的加工精度、表面质量和加工成本。合理选用刀具材料不仅可以提高刀具切削加工的精度和效率,而且也是对难加工材料进行切削加工的关键措施。

1. 数控车床常用刀具

数控车床主要用于回转表面的加工,如内外圆柱面、圆锥面、圆弧面、螺纹等切削加工。如图 2-16 所示为常用车刀的种类、形状和用途。

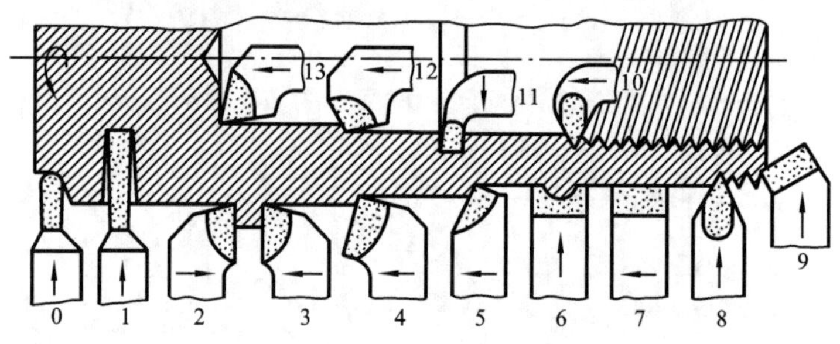

图 2-16 常用车刀的种类、形状和用途

0—圆弧车刀;1—切断刀;2—90°左偏刀;3—90°右偏刀;4—弯头车刀;5—直头车刀;6—成形车刀;7—宽刃精车刀;8—外螺纹车刀;9—端面车刀;10—内螺纹车刀;11—内槽车刀;12—通孔车刀;13—盲孔车刀

数控车床常用刀具一般分为尖形车刀、圆弧形车刀及成形车刀三类。

1）尖形车刀

尖形车刀是以直线形切削刃为特征的车刀。车刀的刀尖由直线形的主、副切削刃构成,如 90°内外圆车刀、左右端面车刀、车槽(切断)车刀及刀尖倒棱很小的各种外圆和内孔车刀。

尖形车刀几何参数(主要是几何角度)的选择方法与普通车削时的基本相同,但应结合数控加工的特点(如加工路线、加工干涉等)进行全面的考虑,并应兼顾刀尖本身的强度。用这类车刀加工零件时,其零件的轮廓形状主要由一个独立的刀尖或一条直线形主切削刃位移后得到,它与另两类车刀加工时所得到零件轮廓形状的原理是截然不同的。

2）圆弧形车刀

圆弧形车刀是较为特殊的数控加工用车刀,如图 2-17 所示。其特征如下:构成主切削刃的刀刃形状为一圆度误差或轮廓误差很小的圆弧;该圆弧上的每一点都是圆弧形车刀的刀尖,因此,刀位点不在圆弧上,而在该圆弧的圆心上;车刀圆弧半径理论上与被加工零件的

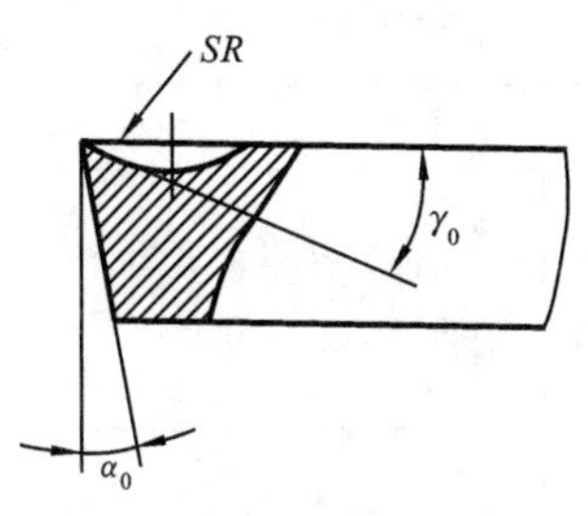

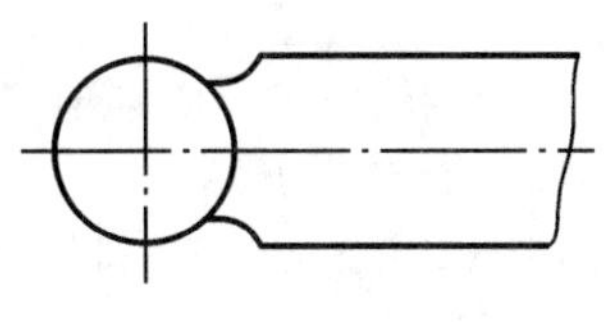

图 2-17　圆弧形车刀

形状无关，并可按需要灵活确定或经测定后确定。

圆弧形车刀可以用于车削内外表面，特别适合于车削各种光滑连接(凹形)的成形面。

选择车刀圆弧半径时应考虑以下两点：一是车刀切削刃的圆弧半径应小于或等于零件凹形轮廓上的最小曲率半径，以免发生加工干涉；二是车刀圆弧半径不宜选择太小，否则，不但制造困难，还会因刀尖强度太弱或刀体散热能力差而导致车刀损坏。当某些尖形车刀或成形车刀(如螺纹车刀)的刀尖具有一定的圆弧形状时，也可作为这类车刀使用。

3) 成形车刀

成形车刀俗称样板车刀，其加工零件的轮廓形状完全由车刀刀刃的形状和尺寸决定。数控车削加工中，常见的成形车刀有小半径圆弧车刀、非矩形车槽刀和螺纹车刀等。在数控加工中，应尽量少用或不用成形车刀，当确有必要选用时，应在工艺文件或加工程序单上进行详细说明。

2. 机夹可转位车刀

车刀从结构上分为四种形式，即整体式、焊接式、机夹式、可转位式，其结构类型特点及适用场合见表 2-1。

表 2-1　车刀的结构类型特点及适用场合

名　称	特　　点	适 用 场 合
整体式	用整体高速钢制造，刃口可磨得较锋利	小型车床或加工非铁金属
焊接式	焊接硬质合金或高速钢刀片，结构紧凑，使用灵活	各类车刀，特别是小刀具
机夹式	避免了焊接产生的应力、裂纹等缺陷，刀杆利用率高；刀片可集中刃磨获得所需参数；使用灵活方便	外圆、端面、镗孔、切断、螺纹车刀等
可转位式	避免了焊接刀的缺点，刀片可快换转位；生产率高；断屑稳定；可使用涂层刀片	大中型车床加工外圆、端面及镗孔，特别适用于自动线、数控机床

目前数控车床用刀具的主流是可转位式刀的机夹式刀具。下面对可转位式刀具作进一步介绍。

1) 数控车床可转位式刀具特点

数控车床所采用的可转位式刀具，其几何参数是通过刀片结构形状和刀体上刀片槽座的方位安装组合形成的，与通用车床相比一般无本质的区别，其基本结构、功能特点是相同的。但数控车床的加工工序是自动完成的，因此对可转位式刀具的要求又有别于通用车床所使用的刀具，具体要求和特点如表 2-2 所示。

表 2-2 可转位式刀具的要求和特点

要 求	特 点	目 的
精度高	采用M级或更高精度等级的刀片； 多采用精密级的刀杆； 用带微调装置的刀杆在机外预调好	保证刀片重复定位精度，方便坐标设定，保证刀尖位置精度
可靠性高	采用断屑可靠性高的断屑槽形，或有断屑台和断屑器的车刀； 采用结构可靠的车刀，或复合式夹紧结构和夹紧可靠的其他结构	断屑稳定，不能有紊乱和带状切屑；适应刀架快速移动和换位，以及整个自动切削过程中夹紧不得有松动的要求
换刀迅速	采用车削工具系统； 采用快换小刀夹	迅速更换不同形式的切削部件，完成多种切削加工，提高生产效率
刀片材料	刀片较多采用涂层刀片	满足生产节拍要求，提高加工效率
刀杆截形	刀杆较多采用正方形刀杆，但因刀架系统结构差异大，有的需采用专用刀杆	刀杆与刀架系统匹配

2）可转位式车刀的种类

可转位式车刀按其用途可分为外圆车刀、仿形车刀、端面车刀、内圆车刀、切槽车刀、切断车刀和螺纹车刀等，如表2-3所示。

表 2-3 可转位式车刀的种类

类 型	主 偏 角	适 用 机 床
外圆车刀	45°、50°、60°、75°、90°	普通车床和数控车床
仿形车刀	93°、107.5°	仿形车床和数控车床
端面车刀	45°、75°、90°	普通车床和数控车床
内圆车刀	45°、60°、75°、90°、91°、93°、95°、107.5°	普通车床和数控车床
切断车刀	—	普通车床和数控车床
螺纹车刀	—	普通车床和数控车床
切槽车刀	—	普通车床和数控车床

3）可转位式车刀的结构形式

(1) 杠杆式：其结构如图2-18所示，由杠杆、螺钉、刀垫、刀垫销、刀片等所组成。这种方式依靠螺钉旋紧压靠杠杆，由杠杆的力压紧刀片达到夹固的目的。其特点适合各种正、负前角的刀片，有效前角的变化为$-6°\sim+18°$；切屑可无阻碍地流过，切削热不影响螺孔和杠杆；两面槽壁给刀片有力的支撑，并确保转位精度。

(2) 楔块式：其结构如图2-19所示，由紧定螺钉、刀垫、销、楔块、刀片等所组成。这种方式依靠销与楔块的挤压力将刀片紧固。其特点适合各种负前角刀片，有效前角的变化为$-6°\sim+18°$；两面无槽壁，便于仿形切削或倒转操作时留有间隙。

(3) 楔块夹紧式：其结构如图2-20所示，由紧定螺钉、刀垫、销、压紧楔块、刀片等所组成。这种方式依靠销与楔块的下压力将刀片夹紧。其特点同楔块式，但切屑流畅程度不如楔块式。

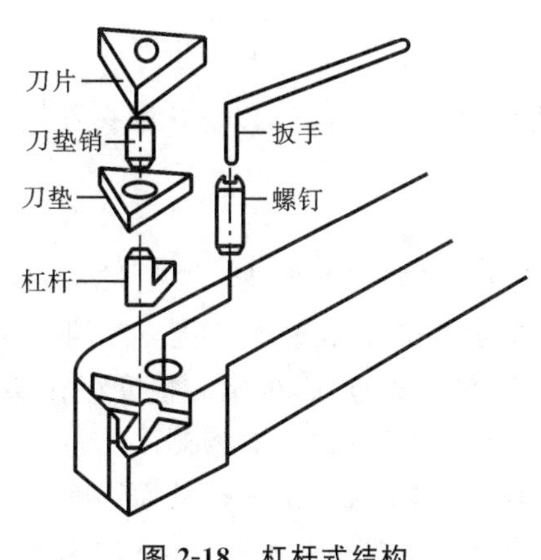

图 2-18　杠杆式结构

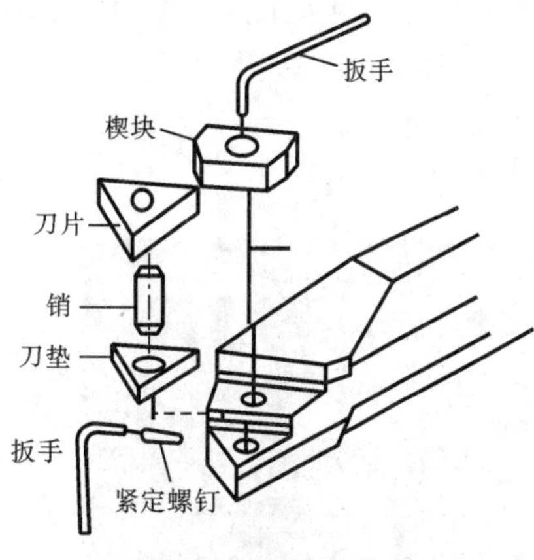

图 2-19　楔块式结构

此外，可转位式车刀的结构还有螺栓上压式、压孔式等形式。

数控车床上应尽量使用系列化和标准化刀具。刀具使用前应进行严格的测量以获得精确资料，并由操作者将这些数据输入数控系统，经程序调用而完成加工过程。根据零件材质、硬度、毛坯余量、工件的尺寸精度和表面粗糙度及机床的自动化程度等来选择刀片的几何结构、进给量、切削速度和刀片牌号。另外，粗车时为了满足大吃刀量、大进给量的要求，要选择高强度、高耐用度的刀具；精车时要选择精度高、耐用度好的刀具，以保证加工精度的要求。

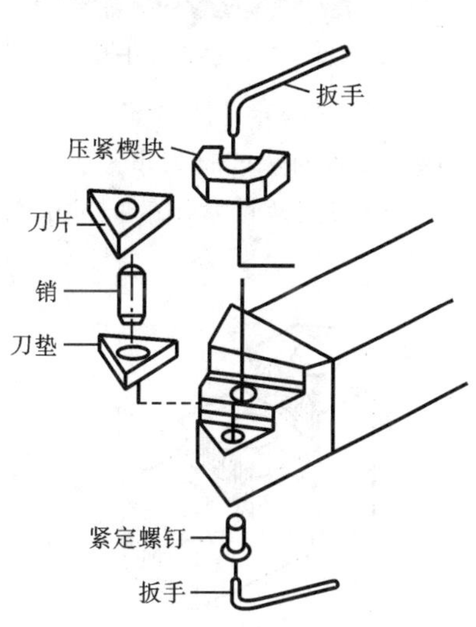

图 2-20　楔块夹紧式结构

2.2.3　数控车床夹具

车床的夹具主要是指安装在车床主轴上的夹具，这类夹具和机床主轴相连接并带动工件一起随主轴旋转。数控车床的夹具基本上与普通车床的相同，数控车床类夹具主要分成以下两大类。

(1) 各种卡盘，适用于盘类零件和短轴类零件加工的夹具。

(2) 中心孔、顶尖定心定位安装工件的夹具，适用于长度尺寸较大或加工工序较多的轴类零件。

数控车削加工要求夹具应具有较高的定位精度和刚度，且结构简单、通用性强，便于在车床上安装、能迅速装卸工件及具有自动化等特性。

工件在定位和夹紧时，应注意以下三点。

(1) 力求设计基准、工艺基准与编程原点统一，以减小基准不重合误差和减少数控编程中的计算工作量。

(2) 设法减少装夹次数，一次定位装夹后尽可能加工出工件的所有加工面，这样可提高加工表面之间的位置精度。

(3) 避免采用人工占机调整方案,减少占机时间。

1. 各种卡盘夹具

在数控车床加工中,大多数情况是使用工件或毛坯的外圆面定位,以下几种夹具就是靠圆周面来定位的夹具。

图 2-21　三爪自定心卡盘

1) 三爪卡盘

三爪自定心卡盘(如图 2-21 所示)是最常用的车床通用卡具,三爪自定心卡盘最大的优点是可以自动定心,夹持范围大,装夹速度快,但定心精度存在误差,不适于同轴度要求高的工件的二次装夹。

为了防止车削时因工件变形和振动而影响加工质量,工件在三爪自定心卡盘中装夹时,其悬伸长度不宜过长,例如,若工件直径不大于 30 mm,则其悬伸长度不应大于直径的 3 倍;若工件直径大于 30 mm,则其悬伸长度不应大于直径的 4 倍,同时也可避免工件被车刀顶弯、顶落而造成打刀事故。

CNC 车床两种常用的标准卡盘卡爪:硬卡爪和软卡爪,如图 2-22 所示。

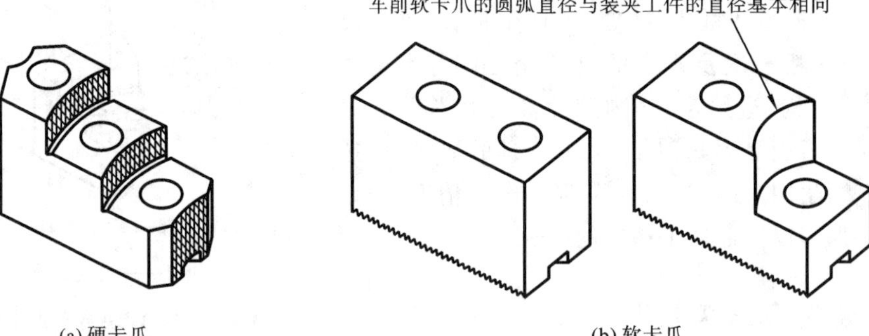

(a) 硬卡爪　　(b) 软卡爪

图 2-22　CNC 车床两种常用的标准卡盘卡爪

当卡爪夹持在未加工表面上,如铸件或粗糙棒料表面,需要大的夹紧力时,使用硬卡爪;通常为保证刚度和耐磨性,硬卡爪要进行热处理以提高硬度。

当需要减小两个或多个零件径向跳动偏差,以及在已加工表面不希望有夹痕时,则应使用软卡爪。软卡爪通常用低碳钢来制造。

软卡爪装夹的最大特点是工件虽经多次装夹仍能保持一定的位置精度,大大缩短了工件的装夹校正时间。在每次装卸零件时,应注意固定使用同一扳手方孔,夹紧力也要均匀一致,改用其他扳手方孔或改变夹紧力的大小,都会改变卡盘平面螺纹的移动量,从而影响装夹后的定位精度。

三爪卡盘常见的有机械式和液压式两种。液压卡盘的特点为动作灵敏、装夹迅速且方便,能实现较大压紧力,能提高生产率和减轻劳动强度,但夹持范围变化小、尺寸变化大时,需重新调整卡爪位置。自动化程度高的数控车床经常使用液压自定心卡盘,尤其适用于批量加工。

液压自定心卡盘夹紧力的大小由调整液压系统的油压进行控制，适应于棒料、盘类零件和薄壁套筒零件的装夹。

2）四爪卡盘

四爪卡盘的外形如图 2-23(a)所示。它的四个爪通过四个螺杆独立移动。它的特点是能装夹形状比较复杂的非回转体零件，如方形、长方形等零件，而且夹紧力大。由于其装夹后不能自动定心，所以装夹效率较低，装夹时必须用划线盘或百分表找正，使工件回转中心与车床主轴中心对齐，如图 2-23(b)所示为用百分表找正外圆的示意图。

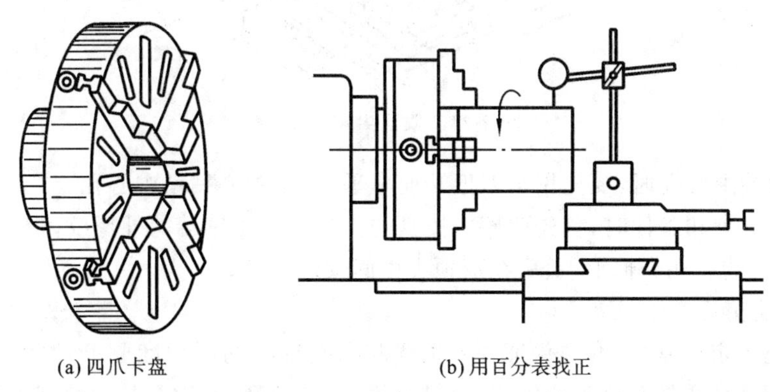

(a) 四爪卡盘　　(b) 用百分表找正

图 2-23　四爪卡盘装夹工件

四爪卡盘要比其他类型的卡盘需要用更多的时间来夹紧和对正零件。因此，对提高生产率来说至关重要的 CNC 车床上很少使用这种卡盘。四爪卡盘一般用于定位、夹紧不同心或结构对称的零件表面。用四爪卡盘、花盘、角铁(弯板)等装夹不规则的偏重工件时，必须加配重。

3）高速动力卡盘

为了提高数控车床的生产效率，对其主轴提出越来越高的要求，以实现高速，甚至超高速切削。现在有的数控车床的切削速度甚至达到 100 000 r/min。对于这样高的转速，一般的卡盘已不适用，必须采用高速动力卡盘才能保证安全、可靠地进行加工。

随着卡盘转速的提高，由卡爪、滑座和紧固螺钉组成的卡爪组件离心力急剧增大，卡爪对零件的夹紧力下降。试验表明：ϕ380 mm 的楔式动力卡盘在机床转速为 2 000 r/min 状态下，动态夹紧力只有静态夹紧力的 1/4。

高速动力卡盘上常需增设离心力补偿装置，利用补偿装置的离心力抵消卡爪组件离心力造成的夹紧力损失。另一个方法是减轻卡爪组件质量以减小离心力。

2. 轴类零件中心孔定心装夹

1）用顶尖装夹工件

对同轴度要求比较高且需要调头加工的轴类工件，常用双顶尖装夹工件，如图 2-24 所示，其前顶尖为普通顶尖，装在主轴孔内，并随主轴一起转动，后顶尖为活顶尖，装在尾架套筒内。工件利用中心孔被顶在前、后顶尖之间，并通过拨盘和卡箍随主轴一起转动。

用顶尖装夹工件时应注意以下几点。

(1) 卡箍上的支承螺钉不能支承得太紧，以防工件变形。

(2) 由于靠卡箍传递扭矩，所以车削工件的切削用量要小。

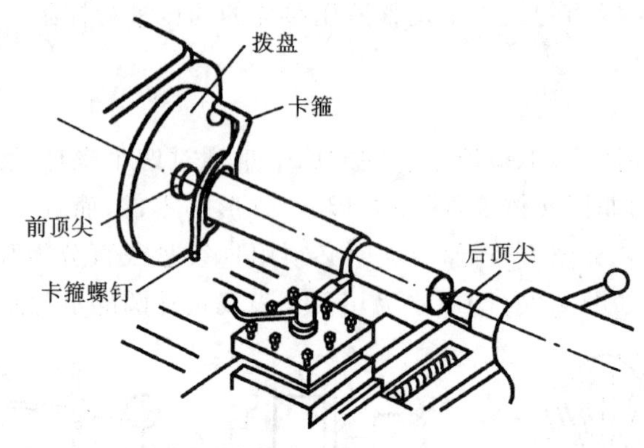

图 2-24　双顶尖装夹工件

(3) 钻两端中心孔时,要先用车刀把端面车平,再用中心钻钻中心孔。

(4) 安装拨盘和工件时,首先要擦净拨盘的内螺纹和主轴端的外螺纹,把拨盘拧在主轴上,再把轴的一端装在卡箍上,最后在双顶尖中间安装工件。

2) 用心轴安装工件

当以内孔为定位基准,并要保证外圆轴线和内孔轴线的同轴度要求时,可用心轴定位,一般工件常用圆柱心轴和锥度心轴定位;带有锥孔、螺纹孔、花键孔的工件,常用相应的锥度心轴、螺纹心轴和花键心轴定位。

圆柱心轴是以外圆柱面定心、端面压紧来装夹工件的,如图 2-25 所示。心轴与工件孔一般用 H7/h6、H7/g6 的间隙配合,所以工件能很方便地套在心轴上。但由于配合间隙较大,一般只能保证同轴度 0.02 mm 左右。为了消除间隙,提高心轴定位精度,心轴可以做成锥体,但锥体的锥度要很小;否则,工件在心轴上会产生歪斜,如图 2-26(a)所示。常用的锥度为 $C=1/5\ 000\sim1/1\ 000$。定位时,工件楔紧在心轴上,楔紧后孔会产生弹性变形,使工件不致倾斜,如图 2-26(b)所示。

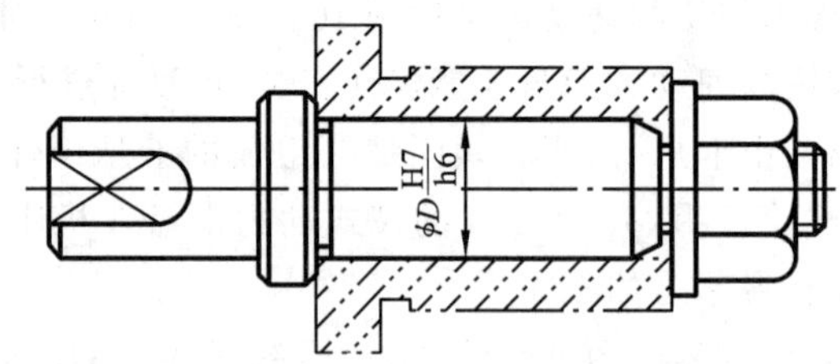

图 2-25　在圆柱心轴上定位

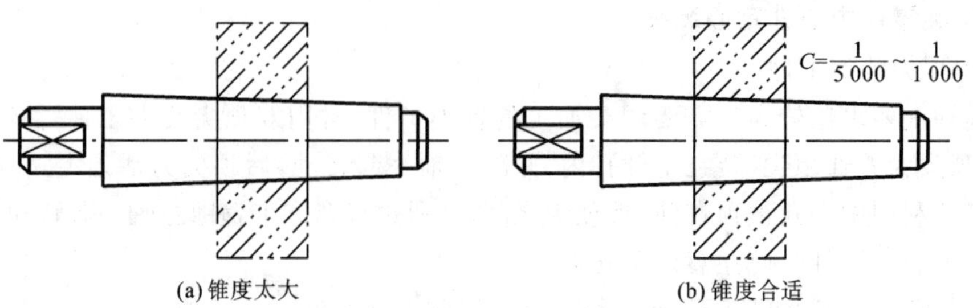

图 2-26　圆锥心轴上安装工件的接触情况

锥度心轴的优点是靠楔紧产生的摩擦力带动工件，不需要其他夹紧装置，定心精度高，可达 0.005～0.01 mm，缺点是工件的轴向无法定位。

当工件直径不太大时，可采用锥度心轴（锥度 1∶2 000～1∶1 000）。工件套入心轴压紧，靠摩擦力与心轴紧固。锥度心轴对中准确、加工精度高、装卸方便，但不能承受过大的力矩。当工件直径较大时，则应采用带有压紧螺母的圆柱形心轴。它的夹紧力较大，但对中精度较锥度心轴的低。

3）中心架和跟刀架的使用

当工件长度与直径之比大于 25（$L/d>25$）时，由于工件本身的刚度变小，在车削时，工件受切削力、自重和旋转时离心力的作用，会产生弯曲、振动，严重影响其圆柱度和表面粗糙度，同时，在切削过程中，工件受热伸长产生弯曲变形，使车削很难进行，严重时工件会在顶尖间卡住。此时需要用中心架或跟刀架来支承工件。

（1）用中心架支承车削细长轴。

一般在车削细长轴时，用中心架来增加工件的刚度，当工件可以进行分段切削时，中心架支承在工件中间，如图 2-27 所示。在工件装上中心架之前，必须在毛坯中部车出一段用于支承中心架支承爪的沟槽，其表面粗糙度及圆柱误差要小，并在支承爪与工件接触处要经常加润滑油。为提高工件精度，车削前应将工件轴线调整到与机床主轴回转中心线同轴。当车削支承中心架的沟槽比较困难或车削一些中段不需加工的细长轴时，可用过渡套筒，使支承爪与过渡套筒的外表面接触，过渡套筒的两端各装有四个螺钉，用这些螺钉夹住毛坯表面，并调整套筒外圆的轴线与主轴旋转轴线相重合。

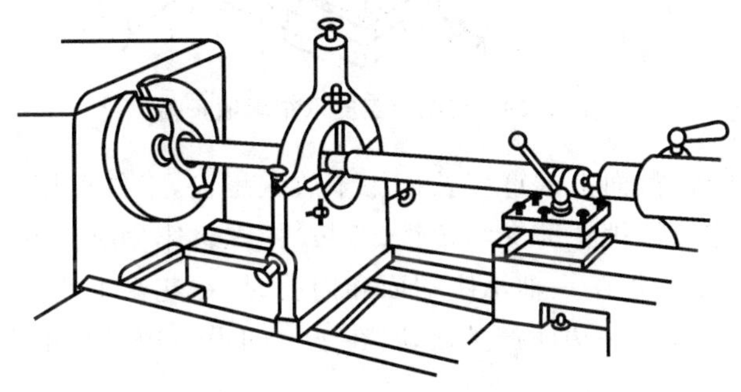

图 2-27　用中心架支承车削细长轴

（2）用跟刀架支承车削细长轴。

对不适宜调头车削的细长轴，不能用中心架支承，而要用跟刀架（如图 2-28 所示）支承进行车削，以增加工件的刚度，如图 2-29 所示。跟刀架固定在床鞍上，一般有两个支承爪，它可以跟随车刀移动，抵消径向切削力，提高车削细长轴的形状精度和减小表面粗糙度。如图 2-28(a)所示为两爪跟刀架，因为车刀给工件的切削抗力 F_r，使工件贴在跟刀架的两个支承爪上，但由于工件本身的向下重力，以及偶然的弯曲，车削时工件会瞬时离开支承爪，接触支承爪时会产生振动。所以比较理想的跟刀架为三爪跟刀架，如图 2-28(b)所示。此时，由三爪和车刀抵住工件，使之上下、左右都不能移动，车削时稳定，不易产生振动。

3. 用花盘、弯板及压板、螺栓安装工件

对形状不规则的工件，无法使用三爪或四爪卡盘装夹，可用花盘装夹。花盘是安装在车

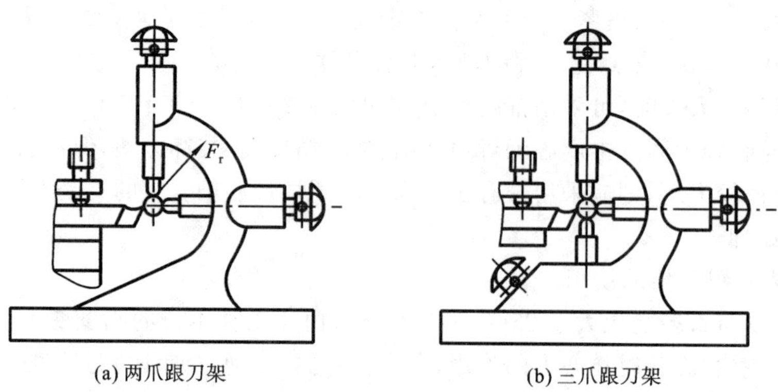

图 2-28　跟刀架

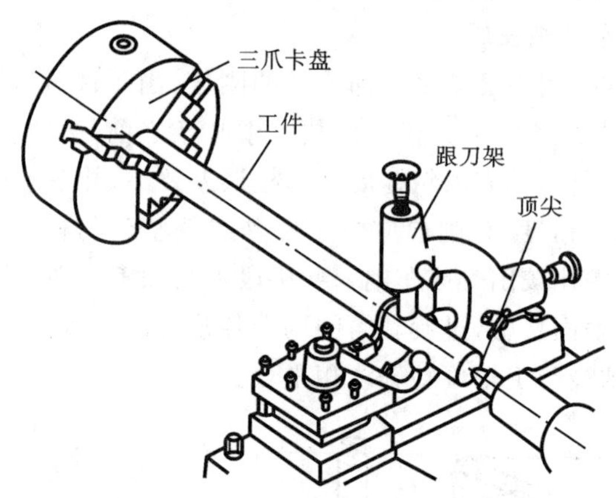

图 2-29　用跟刀架支承车削细长轴

床主轴上的一个大圆盘,盘面上的许多长槽用于放置螺栓,工件可用螺栓直接安装在花盘上,如图 2-30 所示。也可以把辅助支承角铁(弯板)用螺钉牢固夹持在花盘上,工件则安装在弯板上。图 2-31 所示为加工一轴承座端面和内孔时,在花盘上用弯板安装零件的情况。为了防止转动时因重心偏向一边而产生振动,在工件的另一边要加平衡铁。工件在花盘上的位置需仔细找正。

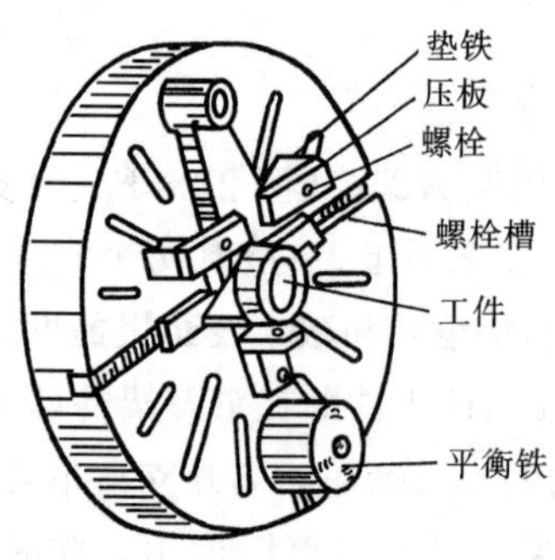

图 2-30　在花盘上安装零件

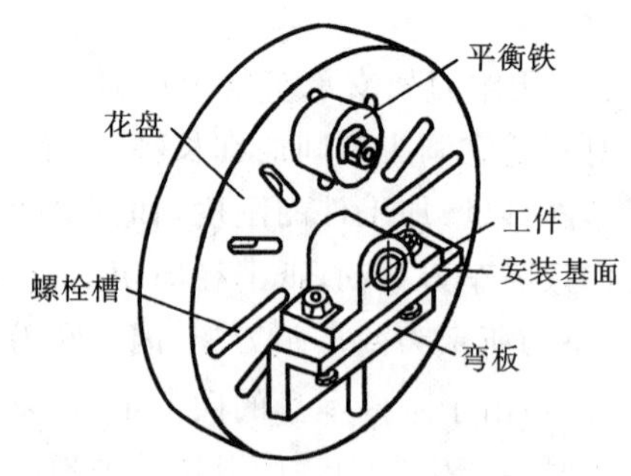

图 2-31　在花盘上用弯板安装零件

2.2.4　数控车床的加工工艺分析

1. 数控车削加工零件的工艺性分析

1）零件图分析

（1）尺寸标注方法分析。

以同一基准标注尺寸或直接给出坐标尺寸。

（2）轮廓几何要素分析。

分析几何元素的给定条件是否充分。

（3）精度及技术要求分析。

① 分析精度及各项技术要求是否齐全、是否合理。

② 分析本工序的数控车削加工精度能否达到图样要求，若达不到，需采取其他措施（如磨削）弥补的话，则应给后续工序留有余量。

③ 找出图样上有位置精度要求的表面，这些表面应在一次安装下完成加工。

④ 对表面粗糙度要求较高的表面，应采用恒线速切削加工。

2）结构工艺性分析

零件的结构工艺性是指零件对加工方法的适应性，即所设计的零件结构应便于加工成形。

3）零件安装方式的选择

（1）力求设计、工艺与编程计算的基准统一。

（2）尽量减少装夹次数。

2. 数控车削加工零件工艺路线的拟订

1）加工方法的选择

应根据零件的加工精度、表面粗糙度、材料、结构形状、尺寸及生产类型等因素，选用相应的加工方法和加工方案。

2）加工工序划分

数控车床加工工序设计的主要任务：确定工序的具体加工内容、切削用量、工艺装备、定位和安装方式及刀具运动轨迹，为编制程序做好准备。

3）加工路线的确定

加工路线是刀具在切削加工过程中刀位点相对于工件的运动轨迹，它不仅包括加工工序的内容，也反映加工顺序的安排，因而加工路线是编写加工程序的重要依据。

确定加工路线的原则如下。

（1）加工路线应保证被加工工件的精度和表面粗糙度。

（2）设计加工路线要减少空行程时间，提高加工效率。

（3）简化数值计算和减少程序段，降低编程工作量。

（4）根据工件的形状、刚度、加工余量、机床系统的刚度等情况，确定循环加工次数。

（5）合理设计刀具的切入与切出方向。采用单向趋近定位方法，避免传动系统反向间隙产生的定位误差。

4）车削加工顺序的安排

（1）先粗后精。

(2) 先近后远:离对刀点近的部位先加工,离对刀点远的部位后加工。

(3) 内外交叉加工。

(4) 基面先行原则。

3. 典型零件数控车削的加工工艺

1) 轴套类零件加工工艺

(1) 轴套类零件。轴套类典型零件是阶梯轴。阶梯轴的车削分低台阶车削和高台阶车削两种方法,如图2-32所示。

① 低台阶车削　相邻两圆柱体直径差较小,可用车刀一次切出,如图2-32(a)所示,其加工路线为$A—B—C—D—E$。

② 高台阶车削　相邻两圆柱体直径差较大,采用分层切削,如图2-32(b)所示,粗加工路线为$A_1—B_1$、$A_2—B_2$、$A_3—B_3$;精加工路线为$A—B—C—D—E$。

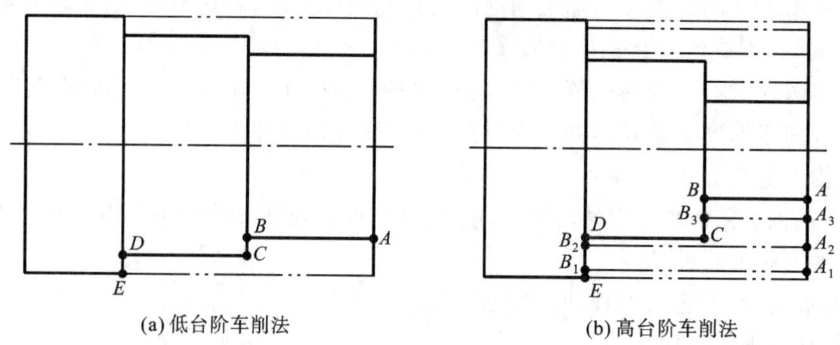

图2-32　阶梯轴车削方法

(2) 阶梯轴加工示例。

【例2-1】 加工如图2-33所示阶梯轴,已知零件材料为45钢,毛坯选用ϕ50 mm×100 mm的圆钢。

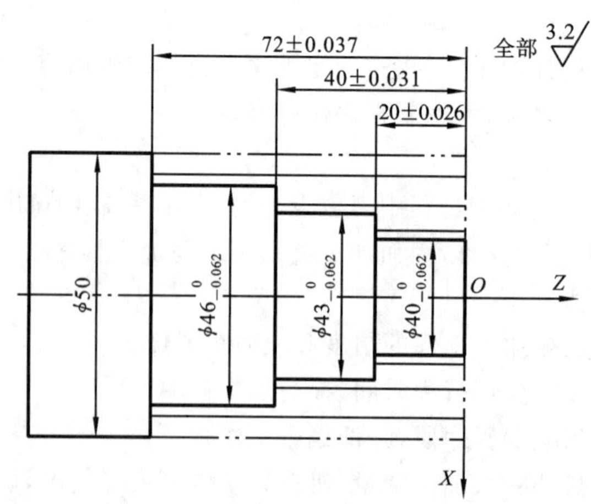

图2-33　阶梯轴零件图

① 工艺分析。

该零件由多个外圆柱面组成,有尺寸精度和表面粗糙度要求,无热处理和硬度要求。零

件材料为 45 钢，切削性能较好。

② 工艺过程。

a. 用三爪定心卡盘装夹毛坯外圆，外伸长度 80 mm，找正后紧固零件。

b. 对刀，设置工件编程坐标系原点 O 在零件右端面中心。

c. 粗车 ϕ46 mm、ϕ43 mm、ϕ40 mm 外圆，留 1 mm 的精车余量。

d. 精车 ϕ40 mm、ϕ43 mm、ϕ46 mm 各部分外圆和端面至尺寸要求。

③ 填写加工工序卡。

填写如表 2-4 所示的阶梯轴数控加工工序卡。

表 2-4　阶梯轴数控加工工序卡

工厂	数控加工工序卡		产品名称或代号		零件名称	材料	零件图号	
					阶梯轴	45 钢		
工序号	程序编号	夹具名称	夹具编号		使用设备	数控系统	车间	
		三爪卡盘			CK6136	FANUC		
工步号	工步内容		刀具号	刀具规格	主轴转速/(r/min)	进给量/(mm/r)	背吃刀量/mm	余量/mm
1	粗车 ϕ46 mm、ϕ43 mm、ϕ40 mm 外圆，端面		T01	95°硬质合金	500	0.4	1.5	1
2	精车 ϕ46 mm、ϕ43 mm、ϕ40 mm 外圆，端面		T01	95°硬质合金	800	0.1	0.5	
编制		审核		批准		共 1 页	第 1 页	

2）成形面类零件加工工艺

具有曲线轮廓的旋转体表面称为成形面，又称特形面。

成形面一般由一段或多段圆弧组成，如图 2-34 所示，按其圆弧的形状可分为凸圆弧和凹圆弧。在普通车床上加工成形面，一般要使用成形刀或靠操作者用双手同时操作来完成，在数控车床上则通过程序控制圆弧插补指令进行加工。

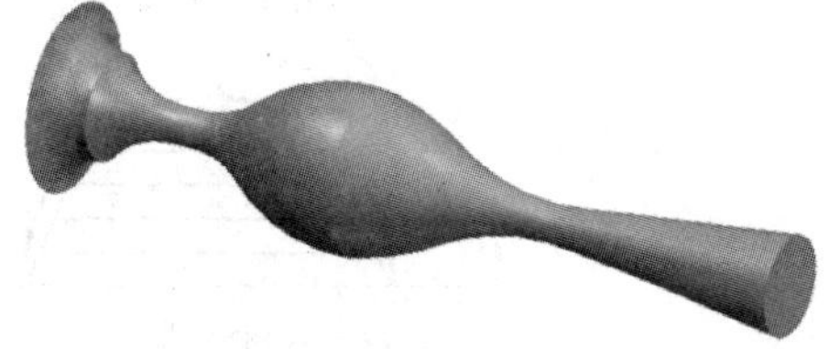

图 2-34　成形面示意图

成形面加工一般分为粗加工和精加工。

圆弧的粗加工与一般外圆面、锥面的加工不同，曲线加工的切削用量不均匀，背吃刀量过大，容易损坏刀具，要考虑加工路线和切削方法。其总体原则是在保证背吃刀量尽可能均匀的情况下，减少走刀次数及空行程。

（1）粗加工凸圆弧表面。

圆弧表面为凸表面时，通常有两种加工方法：车锥法（斜线法）和车圆法（同心圆法）。两种加工方法如图 2-35 所示。

① 车锥法。车锥法即用车圆锥的方法切除圆弧毛坯余量，如图 2-35(a)所示。加工路线不能超过 A、B 两点的连线；否则，会伤到圆弧的表面。车锥法一般适用于圆心角小于 90°的圆弧。

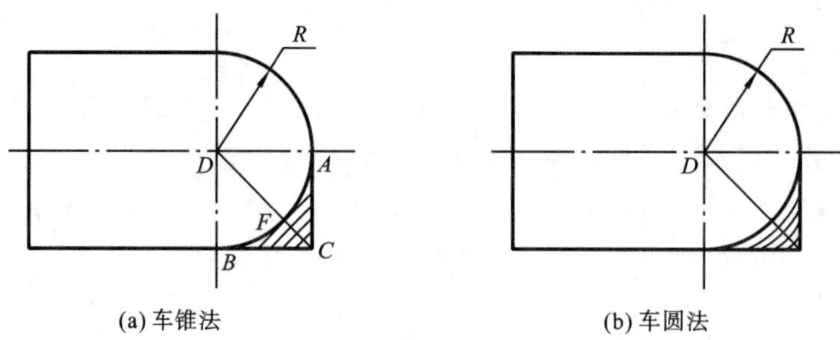

(a) 车锥法　　(b) 车圆法

图 2-35　圆弧凸表面车削方法

采用车锥法需计算 A、B 两点的坐标值,方法如下:

$CD=\sqrt{2}R$;

$CF=\sqrt{2}R-R=0.414R$;

$AC=BC=\sqrt{2}CF=0.586R$;

A 点坐标$(R-0.586R,0)$;

B 点坐标$(R,-0.586R)$。

② 车圆法。车圆法即采用不同的半径来切除毛坯余量,最终将所需圆弧车出来。此方法的车刀空行程时间较长,如图 2-35(b)所示。车圆法适用于圆心角大于 90°的圆弧粗车。

(2) 粗加工凹圆弧表面。

当圆弧表面为凹表面时,其加工方法有等径圆弧形式(等径不同心)、同心圆弧形式(同心不等径)、梯形形式和三角形形式等方法,如图 2-36 所示。其各自的特点见表 2-5。

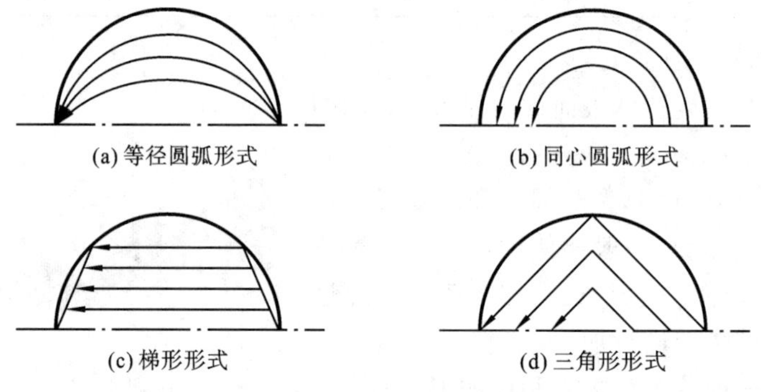
(a) 等径圆弧形式　　(b) 同心圆弧形式

(c) 梯形形式　　(d) 三角形形式

图 2-36　圆弧凹面车削方式

表 2-5　各种形式加工特点比较

形　　式	特　　点
等径圆弧形式	计算和编程最简单,但走刀路线较其他几种方式长
同心圆弧形式	走刀路线短,且精车余量最均匀
梯形形式	切削力分布合理,切削率最高
三角形形式	走刀路线较同心圆弧形式长,但比梯形、等径圆弧形式短

(3) 凸圆弧面加工示例。

【例 2-2】 用车锥法加工如图 2-37 所示零件,材料为 45 钢,毛坯直径为 $\phi45$。

① 工艺分析　该零件由外圆、凸圆弧组成，零件较简单，尺寸精度及表面粗糙度要求不高。

② 确定加工路线　利用车锥法去除毛坯余量，精车轮廓。

③ 计算各点坐标　车锥法切削时圆弧要做简单的计算，加工路线不能超过 B、H 两点的连线，如图 2-38 所示。各点坐标见表 2-6。

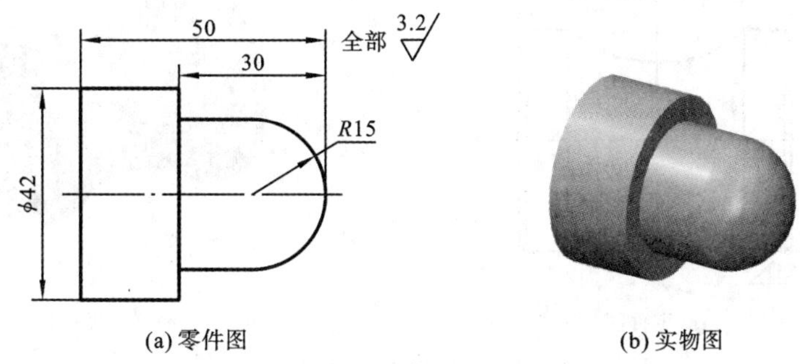

(a) 零件图　　(b) 实物图

图 2-37　圆弧面加工示例

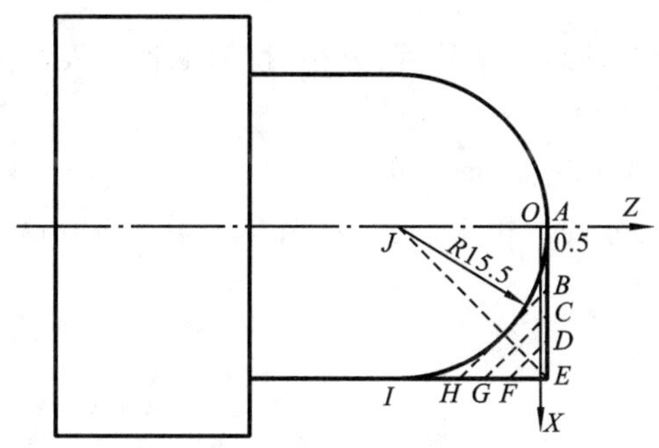

图 2-38　各点坐标

表 2-6　各点坐标

点坐标	O	A	B	C	D	E	F	G	H	I	J
X(直径)	0	0	13	19	25	31	31	31	31	31	0
Z	0	0.5	0.5	0.5	0.5	0.5	−2.5	−5.5	−8.5	−15	−15

④ 选择刀具　选硬质合金材质 93°偏刀，置于 T1 号刀位，忽略刀尖半径。

⑤ 确定切削用量　零件的实际表面粗糙度要求不高，圆弧的背吃刀量较大且不均匀，选用较低的主轴转速，切削用量见表 2-7。

表 2-7　切削用量

加工内容	背吃刀量 a_p/mm	进给量 f/(mm/r)	主轴转速 n/(r/min)
粗车外圆	2	0.25	500
精车外圆	0.5	0.12	800
粗车圆弧	3	0.2	500
精车圆弧	0.5	0.12	800

(4) 凹圆弧面加工示例。

【例 2-3】 加工如图 2-39 所示零件,材料为 45 钢,毛坯直径为 $\phi45$。

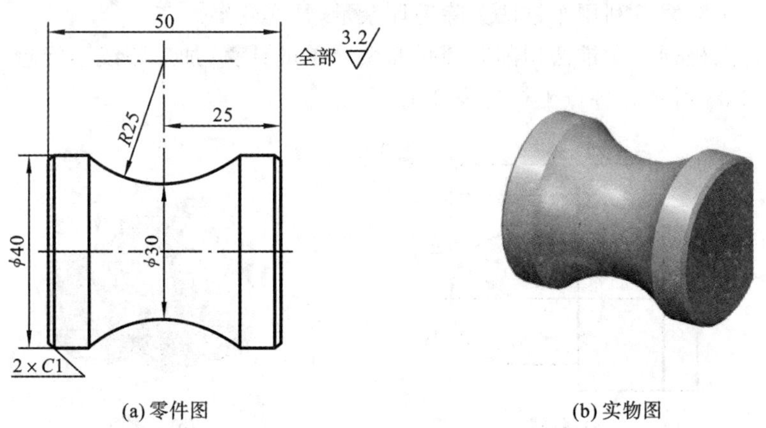

(a) 零件图　　(b) 实物图

图 2-39　凹圆弧面加工示例

① 工艺分析。

该零件加工表面有外圆、圆弧、倒角等,分粗、精加工各个表面。

② 确定加工路线。

a. 粗车、精车 $\phi40$ 外圆,车右端面倒角。

b. 采用同心圆弧形式分两次粗车圆弧,留精车余量 0.5 mm,精车 $R25$ 圆弧至要求尺寸。

c. 车左端面倒角并切断。

③ 计算各点坐标。

各点坐标的计算结果见表 2-8,示意图如图 2-40 所示。

表 2-8　各点坐标

点坐标	A	B	C	D	E	F	G	H	I	J
X(直径)	38	40	40	40	40	40	40	40	40	38
Z	1	−1	−10	−10.85	−14.69	−35.3	−39.15	−40	−49	−50

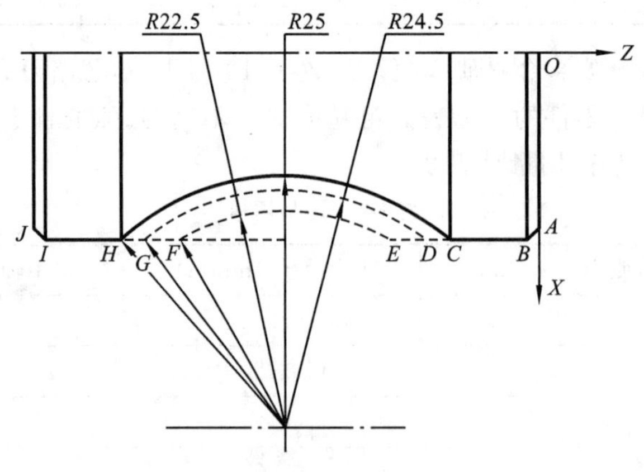

图 2-40　各点坐标

④ 选择刀具及夹具。

a. 夹具选择：零件采用三爪卡盘装夹，一次装夹，加工完成后切断。

b. 刀具选择：选硬质合金材质 90°偏刀，用于粗、精加工零件外圆、端面和右倒角，刀尖半径 $R=0.4$ mm，置于 T01 号刀位。选硬质合金材质切刀(刀宽为 4 mm)，以左刀尖为刀位点，用于加工左倒角及切断，置于 T03 号刀位。选硬质合金材质 60°尖刀，用于加工圆弧，刀尖半径 $R=0.2$mm，置于 T02 号刀位。

⑤ 确定切削用量。

切削用量见表 2-9。

表 2-9　切削用量

加工内容	背吃刀量 a_p/mm	进给量 f/(mm/r)	主轴转速 n/(r/min)
粗车外圆	2	0.25	500
精车外圆	0.5	0.15	800
粗车圆弧	2	0.2	500
精车圆弧	0.5	0.1	800
切槽、切断	4	0.05	300

2.3　数控车床编程基础

2.3.1　数控车床的坐标系

一般来说，数控车床通常使用的有两个坐标系：一个是机床坐标系；另一个是工件坐标系，也称为程序坐标系。

1. 机床坐标系

机床坐标系是以机床原点为坐标系原点建立起来的 *ZOX* 轴直角坐标系。

Z 坐标轴：与“传递切削动力”的主轴轴线重合，平行于车床纵向导轨，其正向为远离卡盘的方向，负向为走向卡盘的方向。

X 坐标轴：在工件的径向上，平行于车床横向导轨，其正向为远离工件的方向，走向工件的方向为其负向。如图 2-41 所示为横向导轨水平和倾斜两种布置的数控车床坐标系。

1）机床原点

机床坐标系是机床固有的坐标系，机床坐标系的原点称为机床原点或机床零点。它是机床上设置的一个固定点，在机床装配、调试时就已确定下来，是数控机床进行加工运动的基准参考点。数控车床原点的确定方法如下。

数控车床原点一般取在卡盘端面与主轴中心线的交点处，如图 2-42 所示。同时，通过设置参数的方法，也可将机床原点设定在 *X*、*Z* 坐标的正方向极限位置上。

2）机床参考点

数控装置上电时，并不知道机床原点，为了在机床工作时正确地建立机床坐标系，通常在每个坐标轴的移动范围内设置一个机床参考点。机床参考点的位置是由机床制造厂家在

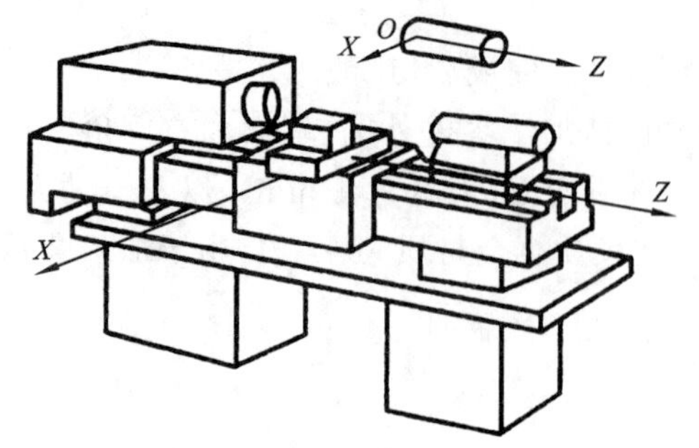

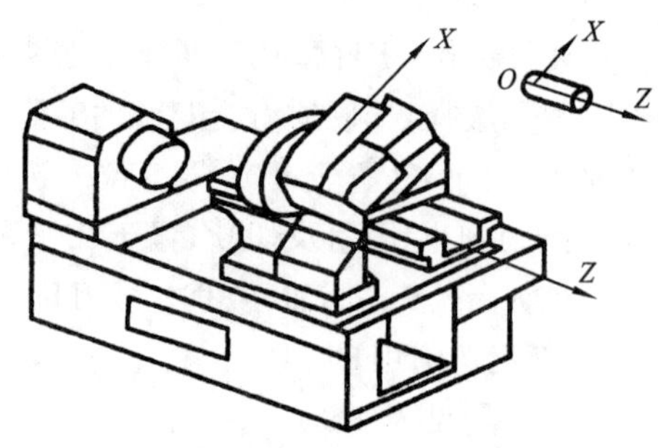

(b) 横向导轨倾斜布置的坐标轴方向

图 2-41　数控车床坐标系

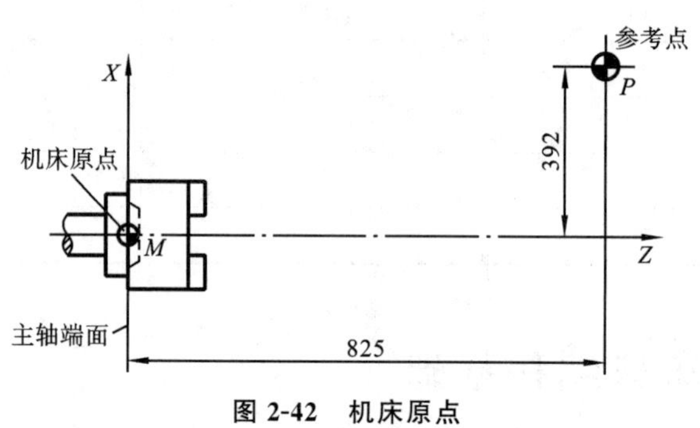

图 2-42　机床原点

每个进给轴上用限位开关精确调整好的,坐标值已输入数控系统中。因此参考点对机床原点的坐标是一个已知数。

通常在数控车床上机床参考点是离机床原点最远的极限点。如图 2-42 所示,P 点为数控车床的参考点。

数控机床开机时,必须先确定机床原点,而确定机床原点的运动就是刀架返回参考点的操作,这样通过确认参考点,就确定了机床原点。返回参考点之前,不论刀架处于什么位置,此时 CRT 上显示的 Z 与 X 的坐标值均为 0。只有完成了返回参考点操作后,刀架运动到机床参考点,此时 CRT 上才会显示出刀架基准点在机床坐标系中的坐标值,即建立了机床坐标系。

3) 机床参考点相关指令

(1) 返回参考点检查指令——G27。

G27 用于检验 X 轴与 Z 轴是否正确返回参考点。

指令格式为:G27　X(U)__　Z(W)__;

X(U)、Z(W)为参考点的坐标。执行 G27 指令的前提是机床通电后必须手动返回一次参考点。

执行该指令时,各轴按指令中给定的坐标值快速定位,且系统内部检查检验参考点的行程开关信号。如果定位结束后检测到开关信号发令正确,则参考点的指示灯亮,说明滑板正确回到了参考点位置;如果检测到的信号不正确,系统报警,说明程序中指令的参考点坐标值不对或机床定位误差过大。

(2) 自动返回参考点指令——G28 和 G30。

G28 和 G30 用于刀具从当前位置返回机床参考点。

指令格式为:G28 X(U)__　Z(W)__;

第一参考点返回中的 X(U)、Z(W)为参考点返回时的中间点,X、Z 为绝对坐标,U、W 为相对坐标。参考点返回过程如图 2-43 所示。

G30　P2　X(U)__　Z(W)__;(第二参考点返回,P2 可省略)

G30　P3　X(U)__　Z(W)__;(第三参考点返回)

G30　P4　X(U)__　Z(W)__;(第四参考点返回)

第二、第三和第四参考点返回中的 X(U)、Z(W)的含义与 G28 中的相同。

如图 2-43 所示为刀具返回参考点的过程,在执行 G28 X40 Z50 程序后,刀具以快速移动速度从 B 点开始移动,经过中间点 A(40,50),移动到参考点 R。

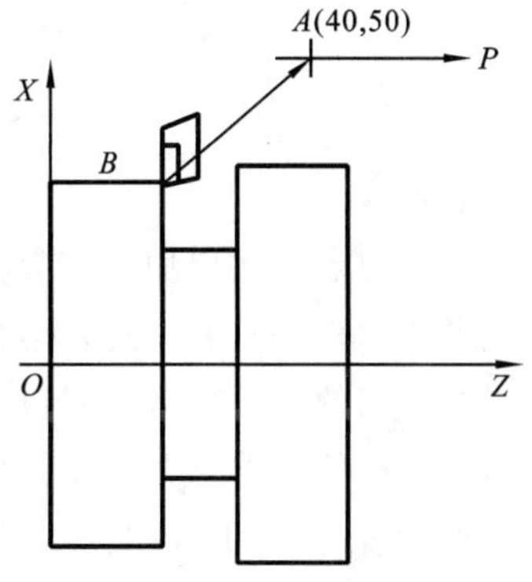

图 2-43　刀具返回参考点过程

(3) 从参考点返回指令——G29。

G29 指令的功能是使刀具由机床参考点经过中间点到达目标点。

指令格式:G29　X(U)__　Z(W)__;

其中 X(U)、Z(W)后面的数值是指刀具的目标点坐标。

这里经过的中间点就是 G28 指令所指定的中间点,故刀具可经过这一安全路径到达欲切削加工的目标点位置。用 G29 指令之前,必须先用 G28 指令;否则,G29 不知道中间点的位置,会发生错误。

2. 工件坐标系

工件坐标系是编程人员在编写零件加工程序时选择的坐标系,也称编程坐标系。工件坐标系是用来确定工件几何形体上各要素的位置而设置的坐标系,程序中的坐标值均以工件坐标系为依据。工件坐标系的原点可由编程人员根据具体情况确定,一般设在图样的设计基准或工艺基准处。根据数控车床的特点,工件坐标系原点通常设在工件左、右端面的中心或卡盘前端面的中心。

同一工件,由于工件原点变了,程序段中的坐标尺寸也会随之改变。因此,数控编程时,应该首先确定编程原点,确定工件坐标系。编程原点是在工件装夹完毕后,通过对刀来确定。

3. 数控车床的对刀

编程人员在编制程序时,只要根据零件图样就可以选定编程原点、建立编程坐标系、计算坐标数值,而不必考虑工件毛坯装夹的实际位置。但对于加工人员来说,则应在装夹工件、调试程序时,将编程原点转换为工件原点,并确定工件原点的位置,在数控系统中给予设定(即给出原点设定值),设定工件坐标系后就可根据刀具的当前位置,确定刀具起始点的坐标值。在加工时,工件各尺寸的坐标值都是相对于工件原点而言的,这样数控机床才能按照准确的工件坐标系位置开始加工。

对刀操作其实质是找到编程原点在机床坐标系中的坐标位置,然后执行 G92(G50)或 G54～G59 等工件坐标系建立指令来创建与编程坐标系一致的工件坐标系。

1) 刀位点

刀位点是指在加工程序编制中,用于表示刀具特征的点,也是对刀和加工的基准点。各类车刀的刀位点如图2-44所示。

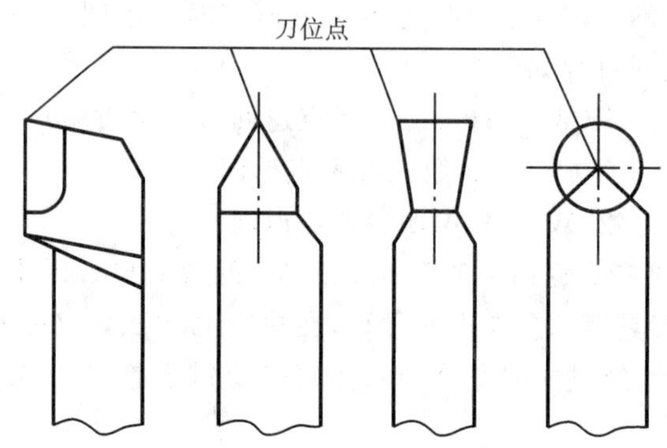

图2-44 各类车刀的刀位点

2) 对刀点

对刀点是数控加工中刀具相对于工件运动的起点,是零件程序加工的起始点,所以对刀点也称为程序起点。对刀是指执行加工程序前,调整刀具的刀位点,使其尽量重合于某一理想基准点的过程。对刀的目的是确定工件原点在机床坐标系中的位置,即工件坐标系与机床坐标系的关系。对刀点可设在工件上并与工件原点重合,也可设在工件外任何便于对刀之处,但该点与工件原点之间必须有确定的坐标联系。

3) 换刀点

换刀点是指在加工过程中,自动换刀装置的换刀位置。换刀点的位置应保证刀具转位时不碰撞被加工零件或夹具,一般可设置为与对刀点重合。

4) 数控车床对刀操作

对刀有手动试切对刀和自动对刀两种方法,经济型数控车床一般采用手动试切对刀。下面具体介绍数控车床的手动试切对刀法。

手动试切对刀法根据工件坐标系建立指令及数控系统的不同,具体有不同的操作过程,下面主要介绍通过"刀补"方式确定工件坐标系的对刀过程。

(1) 先进行手动返回参考点的操作。

(2) 用每一把车刀分别试切工件外圆。用MDI方式操纵机床将工件外圆表面试切一刀,然后保持刀具在X轴方向上的位置不变,沿Z轴方向退刀,记下此时显示器上显示机床坐标系中的X坐标值X_t,并测量工件试切后的直径D。

(3) 用每一把车刀分别试切工件端面。用同样的方法再将工件右端面试切一刀,保持刀具Z坐标不变,沿X方向退刀,记下此时机床坐标系中的Z坐标值Z_t,且测出试切端面至预定的工件原点的距离L。

(4) 进入数控系统的MDI方式、刀具偏置页面,在"试切直径"和"试切长度"位置,分别输入测量值,数控系统就会自动计算出每把刀具的刀位点相对于工件原点的机床绝对坐标。

(5) 在程序中调用带有刀具位置补偿号的刀具功能指令(如"T0101")后,即建立起加工坐标系。

这种方法相当于将每一把车刀都建立起各自相对独立的工件坐标系。由于操作简单，不需要计算，因此，该方法已成为当前数控车床应用的主流方式。

4. 工件坐标系建立指令

1）工件坐标系的建立指令——G92

数控程序中所有的坐标数据都是在编程坐标系中确立的，而编程坐标系并不和机床坐标系重合，所以在工件装夹到机床上后，必须告知机床程序数据所依赖的坐标系统，这就是工件坐标系。通过对刀取得刀位点数据后，便可由程序中的 G92（有的机床控制系统用 G50）设定出坐标系。当执行到这一程序段后即在机床控制系统内建立了一工件坐标系。

指令格式为：G92　X__　Z__；

如图 2-45 所示，用 G92 指令设置工件坐标系的程序段如下：

G92　X128.7　Z375.1；

G92 指令规定了刀具起点（执行此指令时的刀位点）在工件坐标系中的坐标值。

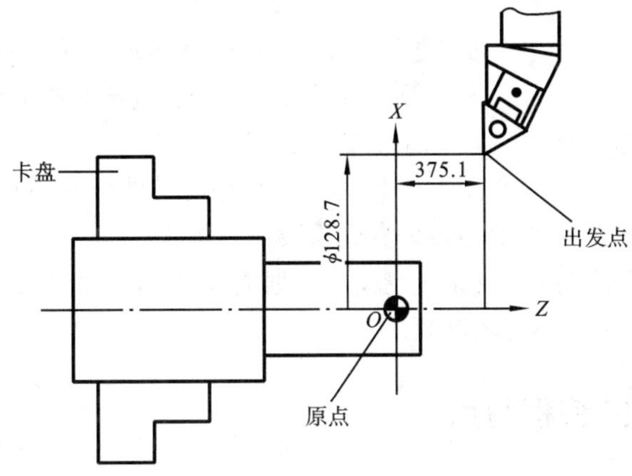

图 2-45　G92 设置工件坐标系

该指令是声明刀具起刀点在工件坐标系中的坐标，通过声明这一参考点的坐标而创建工件坐标系。X、Z 后的数值即为当前刀位点（如刀尖）在工件坐标系中的坐标，在实际加工以前通过对刀操作即可获得这一数据。换言之，对刀操作即是测定某一位置处刀具刀位点相对于工件原点距离的操作。一般情况下，在整个程序中有坐标移动的程序段前，应由此指令来建立工件坐标系。

说明：

（1）在执行此指令之前必须先进行对刀，通过调整机床，将刀尖放在程序所要求的起刀点位置上。

（2）此指令并不会产生机械移动，只是让系统内部用新的坐标值取代旧的坐标值，从而建立新的坐标系。

2）预置工件坐标系指令——G54～G59

具有参考点设定功能的机床还可用工件零点预置 G54～G59 指令来代替 G92（G50）建立工件坐标系。它先测定出欲预置的工件原点相对于机床原点的偏置值，并把该偏置值通过参数设定的方式预置在机床参数数据库中，因而该值无论断电与否都将一直被系统所记忆，直到重新设置为止。当工件原点预置好以后，便可用“G54　G00　X__　Z__；”指令让刀具移到该预置工件坐标系中的任意指定位置。不需要再通过试切对刀的方法去测定刀具起刀点相对于工件原点的坐标，也不需要再使用 G92 指令。很多数控系统都提供 G54～G59 指令，具有完成预置六个工件原点的功能。

首先设置 G54 原点偏置寄存器：G54　X0　Z85.0；

然后再在程序中调用：N010　G54；

如图 2-46 所示，用"G54～G59"指令，把工件原点设定在工件右端面中心 O 点上，其方法如下。

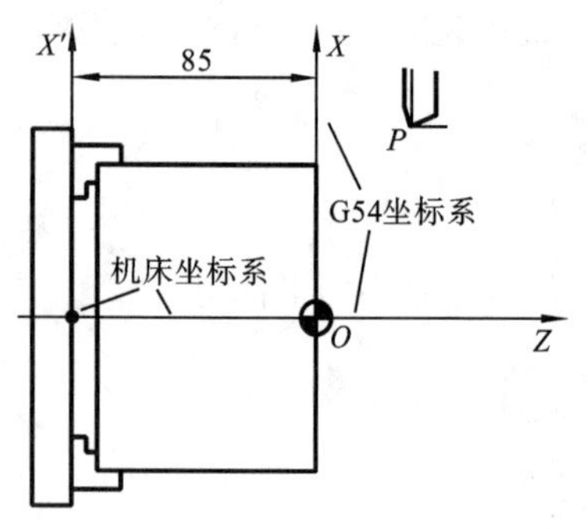

图 2-46　预置工件坐标系

(1) 进行系统回零操作。

(2) 换上基准刀(如 1 号刀)。

(3) 分别试切工件外圆、端面，并分别记下测量值。

(4) 借助数控显示屏上的机床坐标系坐标值，计算出工件原点在机床坐标系中的坐标值。

(5) 进入数控面板上的 MDI 方式，在工件坐标系页面，选择一个工件坐标系(如 G54)，并输入前述工件原点在机床坐标系中的坐标值，这样数控系统就保存了这个工件坐标系的零点位置。

(6) 在程序中使用工件坐标系调用指令(如 G54)，则数控系统就把这个工件坐标系的零点偏置到需要的位置上。

G54～G59 是系统预置的六个坐标系，可根据需要选用。这种方法多用于数控铣床和加工中心，在数控车床中使用比较麻烦。

2.3.2　数控车床的编程特点

1. 绝对编程和相对编程

在数控编程时，刀具位置的坐标通常有两种表示方式：一种是绝对坐标；另一种是增量(相对)坐标。数控车床编程时，在一个程序段中，根据图样上标注的尺寸，可以采用绝对值编程或增量值编程，也可以采用混合编程。

1) 绝对坐标系

所有坐标点的坐标值均从编程原点开始计算的坐标系，称为绝对坐标系，用 X、Z 表示。

2) 增量坐标系

坐标系中的坐标值是相对刀具前一位置(或起点)来计算的，称为增量(相对)坐标系。增量坐标常用 U、W 表示，与 X、Z 轴平行且同向。

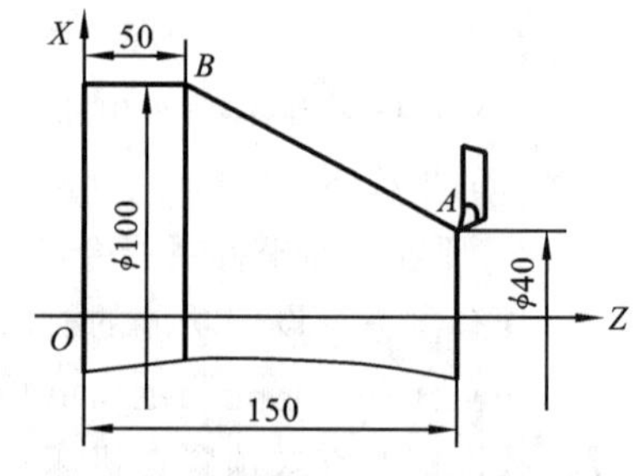

图 2-47　绝对值编程与增量编程

如图 2-47 所示，如果刀具沿着直线 $A \rightarrow B$，分别用绝对值编程和增量编程：

绝对编程：G01　X100.0　Z50.0；

相对编程：G01　U60.0　W－100.0；

混合编程：G01　X100.0　W－100.0；或者 G01

U60.0　Z50.0;

2. 直径编程和半径编程

数控车床编程时，由于所加工的回转体零件的截面为圆形，所以其径向尺寸就有直径和半径两种表示方法，采用哪种方法可由系统的参数设置决定或由程序指令指定。

1) 直径编程

在绝对坐标方式编程中，X 值为零件的直径值；在增量坐标方式编程中，X 为刀具径向实际位移量的 2 倍。由于零件在图样上的标注及测量多为直径表示，所以大多数数控车削系统采用直径编程。

2) 半径编程

半径编程，即 X 值为零件半径值或刀具实际位移量。

以 FANUC 为例，直径编程采用 G23，半径编程用 G22 指令指定。而华中数控系统则用 G36 指定直径编程，G37 指定半径编程。

2.3.3　数控车床编程的基本指令

1. 公制和英制单位指令——G20、G21

工程图纸中的尺寸标注有公制和英制两种形式，数控系统可根据所设定的状态，利用代码把所有的几何值转换为公制尺寸或英制尺寸。

格式：G20(G21)

说明：

(1) G20 表示英制输入，G21 表示公制(米制)输入。G20 和 G21 是两个可以相互取代的代码，但不能在一个程序中同时使用 G20 和 G21。

(2) 机床通电后默认的状态为 G21 状态。

(3) 公制与英制单位的换算关系为：

1 mm≈0.0394 in

1 in≈25.4 mm

2. 主轴功能指令 S__和主轴转速控制指令 G96、G97、G50

S 指令由地址码 S 和后面的若干数字组成。

说明：

(1) S 控制主轴转速，其后的数值表示主轴速度，单位由 G96、G97 决定，但不能启动主轴，属于模态代码。

(2) G96　S__表示主轴恒线速度切削，S 指定切削线速度，其后的数值单位为米/分钟(m/min)。常与 G50　S__连用，以限制主轴的最高转速。G96 表示恒线速度有效，G97 表示取消恒线速度，属于模态指令。

(3) G97　S__表示主轴恒转速切削，S 指定主轴转速，其后的数值单位为转/分钟(r/min)；范围：0～9 999 r/min；属于模态指令，系统默认。

(4) G96 常用于车削端面或工件直径变化较大的工件，G97 用于镗铣加工和轴径变化较小的轴类零件车削加工。

(5) 主轴转速与切削速度的计算公式如下：

$$n=1\ 000v/\pi D$$

式中,v——切削速度,m/min;

n——主轴转速,r/min;

D——工件或刀具直径,mm。

由此可知,当刀具逐渐靠近工件中心(工件直径越来越小)时,主轴转速会越来越高,此时工件有可能因卡盘调整压力不足而从卡盘中飞出。为防止这种事故,在建立G96指令之前,最好使用G50来限制主轴最高转速。

(6) S指令所编程的主轴转速可以借助机床控制面板上的主轴倍率开关进行修调。

G50除有坐标系设定功能外,还有主轴最高转速设定功能。例如G50　S2000,表示把主轴最高转速设定为2 000 r/min。用恒线速度控制进行切削加工时,为了防止出现事故,必须限定主轴转速。

例如:

G96　S600;　　(主轴以600 mm/min的恒线速度旋转)

G50　S1200;　　(主轴的最高转速为1 200 r/min)

G97　S600;　　(主轴以600 r/min的转速旋转)

3. 进给功能指令——F、G99、G98

F指令功能表示进给速度,它由地址码F和后面若干位数字构成。

说明:

(1) F指令表示工件被加工时刀具相对于工件的合成进给速度,其后的数值表示刀具进给速度,单位由G99、G98及G32、G76、G92决定。

(2) G98　F__进给速度单位是每分钟进给量(mm/min),如图2-48(a)所示。

(3) G99　F__进给速度单位是每转进给量(mm/r),系统默认,如图2-48(b)所示。

(4) G32/G76/G92 F__指定螺纹的螺距。

(5) 借助于机床控制面板上的倍率按键,F可在一定范围内进行修调,当执行螺纹切削循环G76、G92及螺纹切削G32时,倍率开关失效,进给倍率固定在100%。

(6) F为续效指令,直到被新的F值所取代,而工作在G00方式下,快速定位的速度是各轴的最高速度,与F无关。

例如:

G98　F10;　　(车削进给速度为10 mm/min)

G99　F0.2;　　(车削进给速度为0.2 mm/r)

G32　F5;　　(螺纹螺距为5 mm)

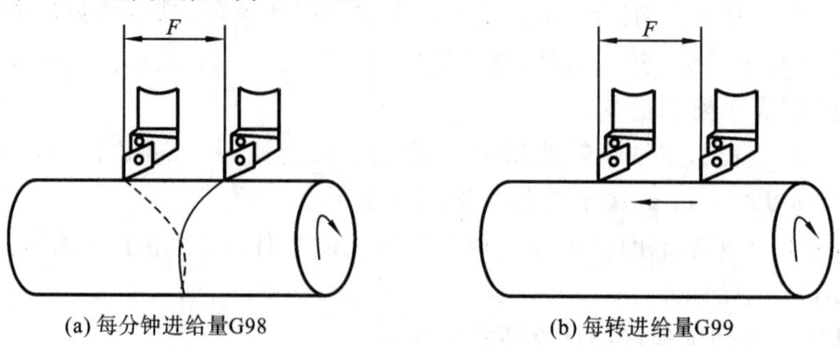

图2-48　每分钟进给量G98和每转进给量G99

华中数控进给功能指令分别为：

G94：每分钟进给，单位 mm/min。

G95：每转进给，单位 mm/r。

G94、G95 为模态功能，可相互注销，G94 为缺省值。

4. 刀具功能指令——T

FANUC 系统采用 T 指令选刀，由地址码 T 和四位数字组成。前两位是刀具号，后两位是刀具补偿号。执行 T 指令，转动转塔刀架，选用指定的刀具。

例如 T0101，前面的 01 表示调用第一号刀具，后面的 01 表示使用 1 号刀具补偿，至于刀具补偿的具体数值，应通过操作面板在 1 号刀具补偿位去查找和修改。如果后面两位数是 00，例如 T0300，表示调用第 3 号刀具，并取消刀具补偿。

5. 刀具快速定位(点定位)指令——G00

G00 指令使刀具以点定位控制方式从刀具当前所在点快速运动到下一个目标位置。它只是使刀具快速接近或快速离开工件，而无运动轨迹要求，且无切削加工过程。车削时，快速定位目标点不能选在工件上，一般要离开工件上表面 1～5 mm。

指令格式：G00　X(U)_　Z(W)_；

其中，X、Z——目标点(刀具运动的终点)的绝对坐标；

U、W——目标点相对刀具移动起点的增量坐标。

说明：

(1) G00 指令使刀具移动的速度是由机床系统设定的，无须在程序段中指定。

(2) G00 指令使刀具移动的轨迹因系统不同而有所不同，如图 2-49 所示，从 *A* 到 *B* 常见的运动轨迹有直线 *AB*、直角线 *ACB*、*ADB* 或折线 *AEB*。所以，使用 G00 指令时要注意刀具所走路线是否和零件或夹具发生碰撞。

【例 2-4】 如图 2-50 所示，刀具从起点 *A* 快速运动到目标点 *B* 的程序如下：

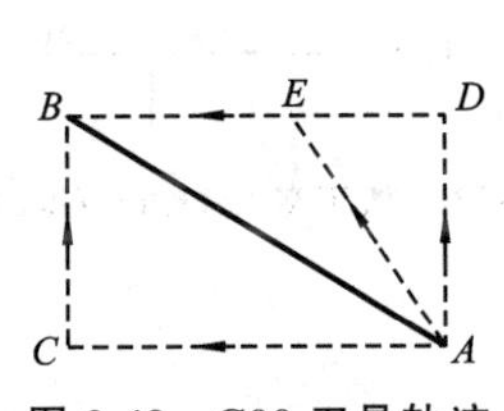

图 2-49　G00 刀具轨迹

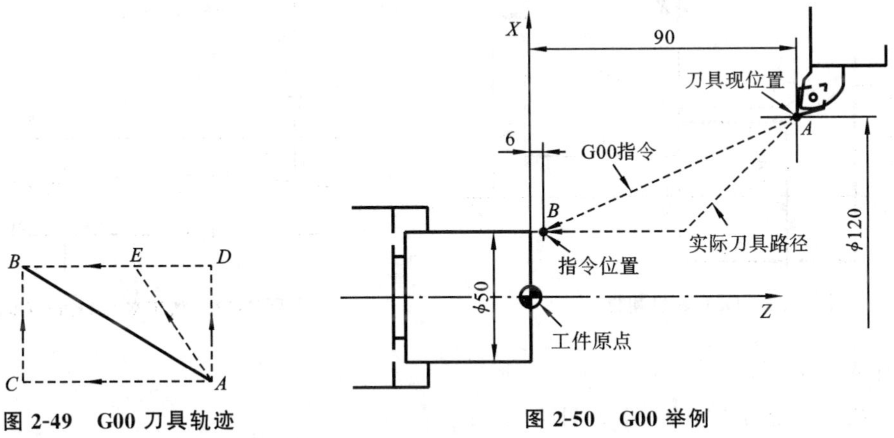

图 2-50　G00 举例

绝对值编程时：G00　X50　Z6；

增量值编程时：G00　U−70　W−84；

混合编程时：G00　X50　W−84；或者 G00　U−70　Z6；

6. 直线插补指令——G01

1) 直线插补功能

数控机床的刀具(或工作台)沿各坐标轴的位移是以脉冲当量为单位的(mm/脉冲)。

刀具加工直线或圆弧时，数控系统按程序给定的起点和终点坐标值，在其间进行“数据点的密化”——求出一系列中间点的坐标值，然后依顺序按这些坐标轴的数值向各坐标轴驱动机构输出脉冲。数控装置进行的这种“数据点的密化”称为插补功能。

G01是直线插补指令，执行该指令时，刀具以坐标轴联动的方式，从当前位置插补加工至目标点。移动路线为一直线。G01指令为模态指令，主要用于完成端面、内圆、外圆、槽、倒角、圆锥面等表面的加工。

指令格式：G01　X(U)__　Z(W)__　F __；

其中，X、Z——目标点(刀具运动的终点)的绝对坐标；

U、W——目标点相对刀具移动起点的增量坐标；

F——刀具在切削路径上的进给量，根据切削要求确定，单位由G98或G99决定。

【例2-5】 如图2-51所示，命令刀具从当前点 *A* 直线插补至点 *C*，进给速度为10 mm/r。

绝对编程：

N20　G01　Z-30　F10；　　　(刀具由点 *A* 直线以10 mm/r的速度插补至点 *B*)

N30　X60　Z-48　F10；　　　(刀具由点 *B* 直线插补至点 *C*)

相对编程：

N20　G01　W-30　F10；　　　(刀具由点 *A* 直线插补至点 *B*)

N30　U20　W-18　F10；　　　(刀具由点 *B* 直线插补至点 *C*)

G00、G01指令练习：毛坯为 ϕ110×400，加工效果如图2-52所示。

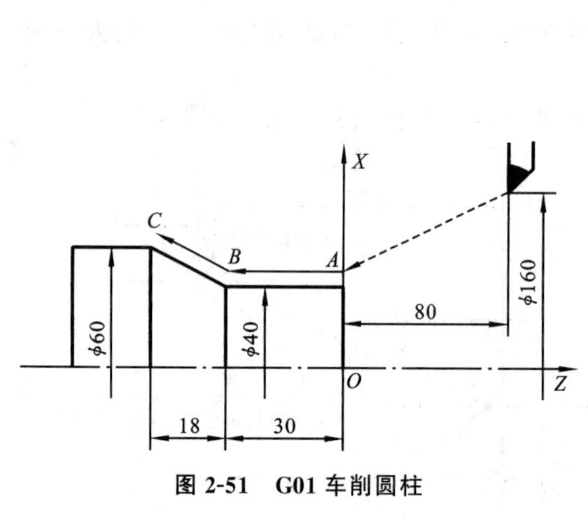

图2-51　G01车削圆柱

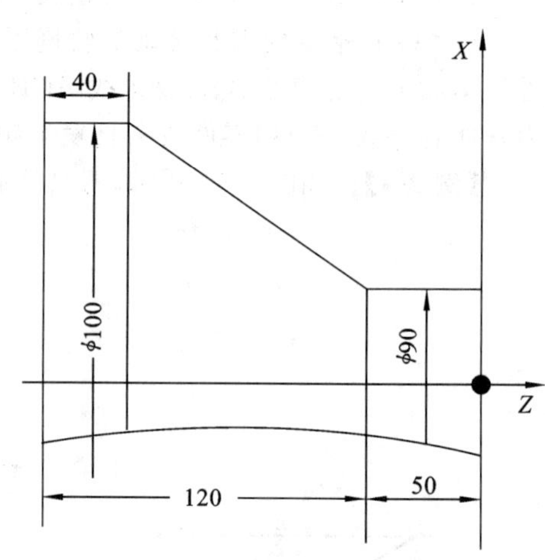

图2-52　加工效果(G00、G01)

程序参考如下：

(1) 数控系统：FANUC 0i或HNC 21T。

(2) 毛坯大小：直径110 mm，长度400 mm的棒料。

(3) 刀具：采用90度外圆车刀。

(4) 程序编程原点：工件右端面中心。

(5) 程序名：O0805。

(6) 加工路线：刀具从右向左进行切削。

(7) 程序代码：

```
O0805;
T0101;
M03  S400;
G00  X120.  Z10.;
X90.;
G01  Z−50.  F1;
X100.  W−80.;
W−40.;
G00  X120.;
Z10.;
M05  M30;
```

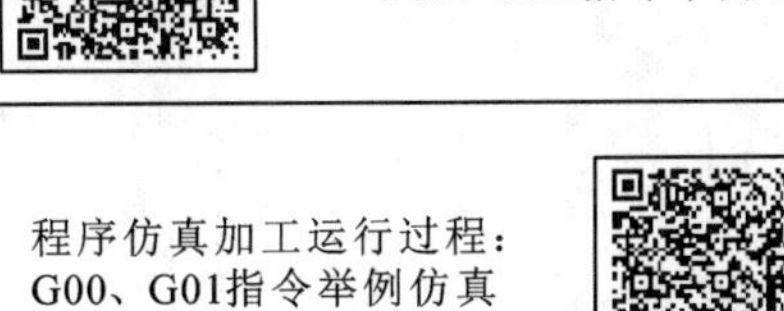

程序编写的具体思路及过程：G00、G01 指令举例.MP4

程序仿真加工运行过程：G00、G01指令举例仿真加工.MP4

2）倒角倒圆功能

在有些高级的数控机床上，G01 指令还可以实现倒直角和倒圆角的功能。

（1）45°倒角。

由轴向切削向端面切削倒角，即由 Z 轴向 X 轴倒角，i 的正负根据倒角是向 X 轴正向还是负向决定，如图 2-53(a)所示。

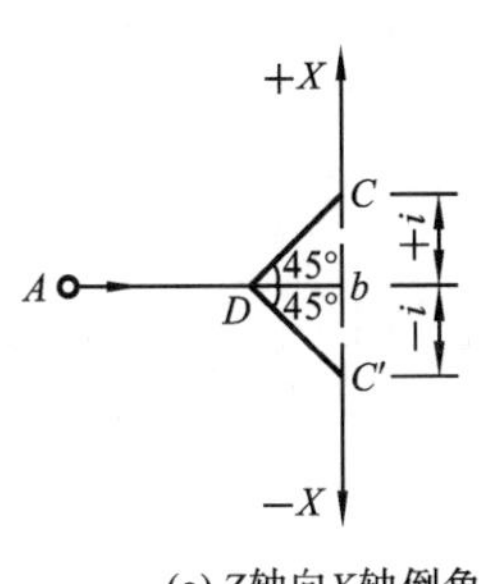

(a) Z轴向X轴倒角

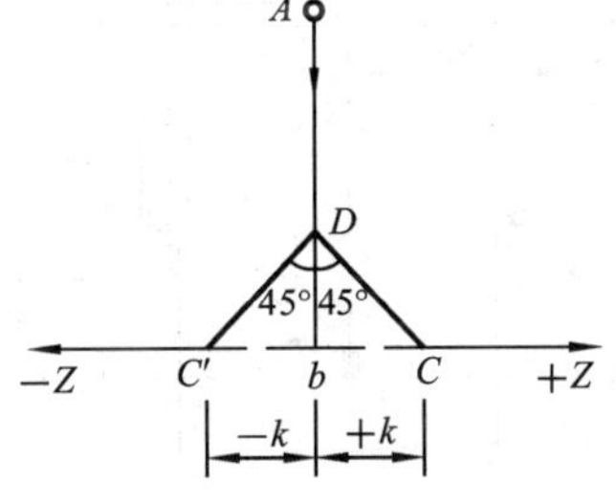

(b) X轴向Z轴倒角

图 2-53　G01 45°倒角

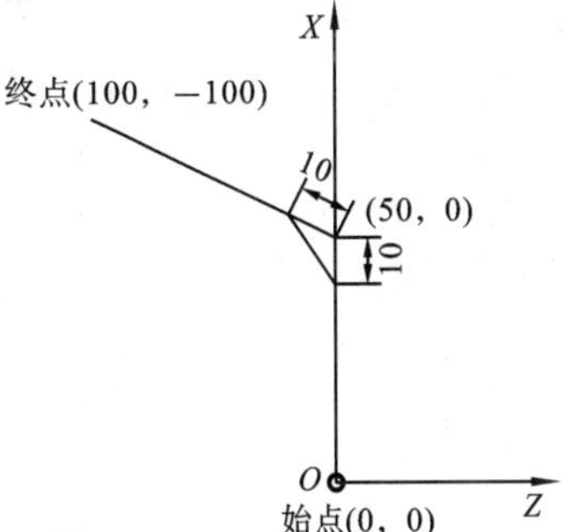

图 2-54　任意角度倒角

编程格式：G01　X(U)　I　±i；

由端面切削向轴向切削倒角，即由 X 轴向 Z 轴倒角，k 的正负根据倒角是向 Z 轴正向还是负向决定，如图 2-53(b)所示。

编程格式：G01　Z(W)　K　±k；

（2）任意角度倒角。

在直线进给程序段尾部加上 C __，可自动插入任意角度的倒角。C 的数值是从假设没有倒角的拐角交点距倒角始点或终点之间的距离，如图 2-54 所示。

例：G01　X50　C10；

　X100　Z−100；

（3）倒圆角。

编程格式：G01　X(U)　R±r，此时圆弧倒角情况如图 2-55(a)所示。

编程格式：G01　Z(W)　R±r，此时圆弧倒角情况如图 2-55(b)所示。

（4）倒任意半径圆角。

在直线进给程序段尾部加上 R __,可自动插入任意半径的圆角。R 的数值是从假设没有圆角的拐角交点与起点、终点连线相切的圆弧半径,如图 2-56 所示。

例:G01　X50　R10;

　X100　Z−100　F0.2;

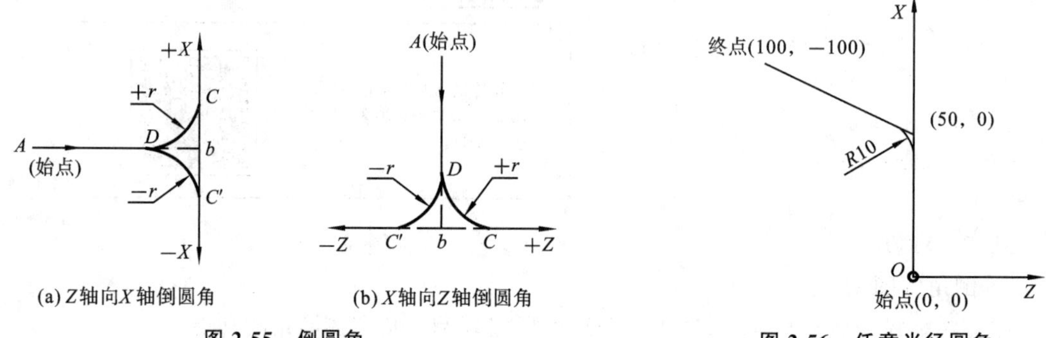

图 2-55　倒圆角　　　图 2-56　任意半径圆角

例:G01 倒角功能指令练习,毛坯为 ϕ130×300,加工效果如图 2-57 所示。

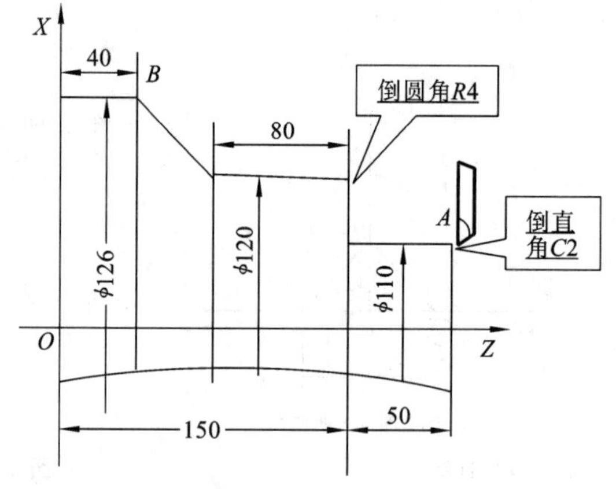

图 2-57　加工效果(G01 倒角功能)

程序参考如下:

(1) 数控系统:FANUC 0ii 或 HNC 21T。

(2) 毛坯大小:直径 130 mm,长度 300 mm 的棒料。

(3) 刀具:采用 90 度外圆车刀。

(4) 程序编程原点:工件右端面中心。

(5) 程序名:O0806。

(6) 加工路线:刀具从右向左进行切削。

(7) 程序代码:

O0806;

T0101;

M03　S400;

G00　X150.　Z10.;

X0；
G01　Z0　F1；
X110.　C−2；(倒 C2 直角)
Z−50.；
X120.　R−4.；(倒 R4 圆角)
Z−130.；
X126.　W−30.；
W−40.；
G00　X150.；
Z10.；
M05　M30；

程序编写的具体思路及过程：
G01倒角.MP4

7. 圆弧插补指令——G02、G03

1) 格式一

用圆弧半径 R 指定圆心位置，即

G02　X(U)__　Z(W)__　R__　F__；
G03　X(U)__　Z(W)__　R__　F__；

2) 格式二

用 I、K 指定圆心位置，即

G02　X(U)__　Z(W)__　I__　K__　F__；
G03　X(U)__　Z(W)__　I__　K__　F__；

其中，X、Z——圆弧终点的绝对坐标，直径编程时 X 为实际坐标值的 2 倍；

U、W——圆弧终点相对于圆弧起点的增量坐标；

R——圆弧半径；

I、K——圆心相对于圆弧起点的增量值，直径编程时 I 值为圆心相对于圆弧起点的增量值的 2 倍，当 I、K 与坐标轴方向相反时，I、K 为负值，圆心坐标在圆弧插补时不能省略；

(华中数控：I、K——圆心相对于圆弧起点的增量值，等于圆心的坐标减去圆弧起点的坐标，在直径、半径编程时，I 都是半径值。)

F——进给量，根据切削要求确定，单位由 G98 或 G99 决定。

说明：

(1) G02 为顺圆插补，G03 为逆圆插补，用以在指定平面内按设定的进给速度沿圆弧轨迹切削。

(2) 圆弧顺时针(或逆时针)旋转的判别方式如下：利用右手定则为工作坐标系加上 Y 轴，沿 Y 轴正向往负向看去，顺时针方向用 G02，反之用 G03，如图 2-58 所示。

(3) 通常 X 轴的正方向是根据刀台所在位置进行判断，刀台位置与机床布局有关。刀台的位置可按前置刀架和后置刀架两种情况区分，即刀台在操作者同侧，如图 2-59(a)所示，或者刀台在操作者对面(上方)，如图 2-59(b)所示。

(4) I、K 分别为平行于 X、Z 的轴，用来表示圆心的坐标，因 I、K 后面的数值为圆弧起点到圆心矢量的分量(圆心坐标减去起点坐标)，故始终为增量值。

(5) 当已知圆弧终点坐标和半径时，可以选取半径编程的方式插补圆弧，R 为圆弧半

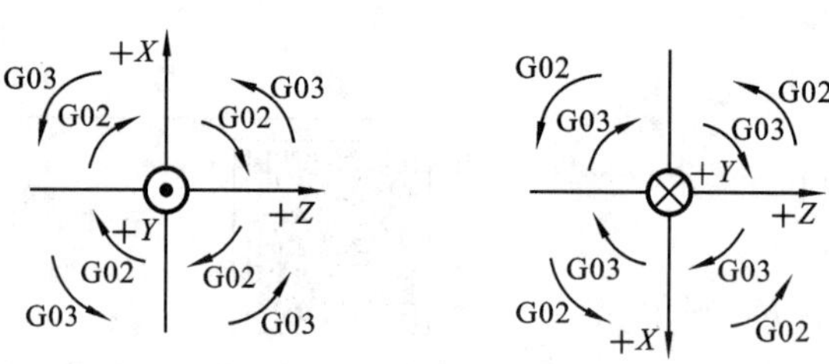

图 2-58 G02/G03 插补方向

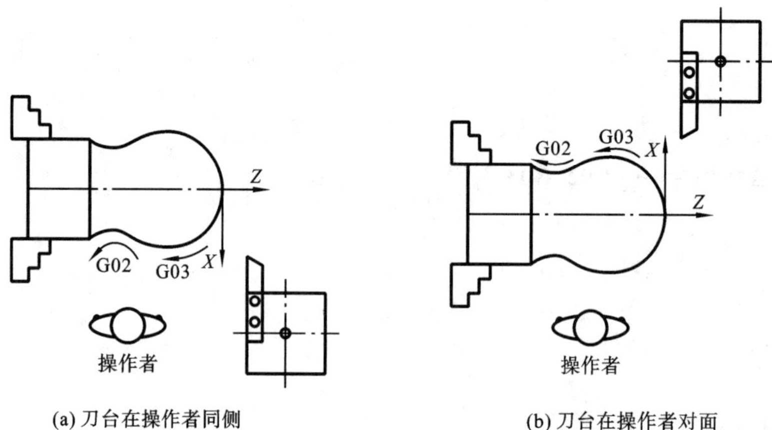

(a) 刀台在操作者同侧 (b) 刀台在操作者对面

图 2-59 刀台的位置和圆弧顺逆方向的关系

径，当圆心角小于 180°时 R 为正；大于 180°时 R 为负。

(6) 指令 F 指定刀具切削圆弧的进给速度，若 F 指令缺省，则默认系统设置的进给速度或前序程序段中指定的速度。F 为被编程的两个轴的合成进给速度。

(7) G02(或 G03)为续效指令，其参数说明如图 2-60 所示。

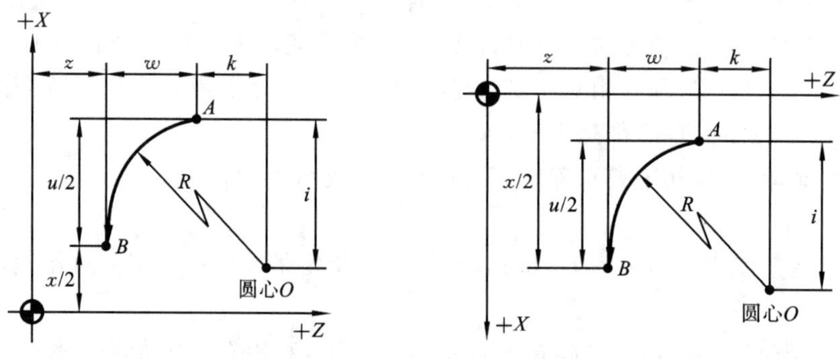

图 2-60 G02/G03 参数说明

【例 2-6】 如图 2-61 所示，加工圆弧 *AB*、*BC*，加工路线为 *C*→*B*→*A*，采用圆心和终点(*IK*)的方式编程。

(1) 绝对编程：

N10 G00 X40 Z110；(直径编程，快速到 *C* 点)

N20 G03 X120 Z70 R40 F1；(加工 *BC*)

N30 G02 X88 Z38 R20；(加工 *AB*)

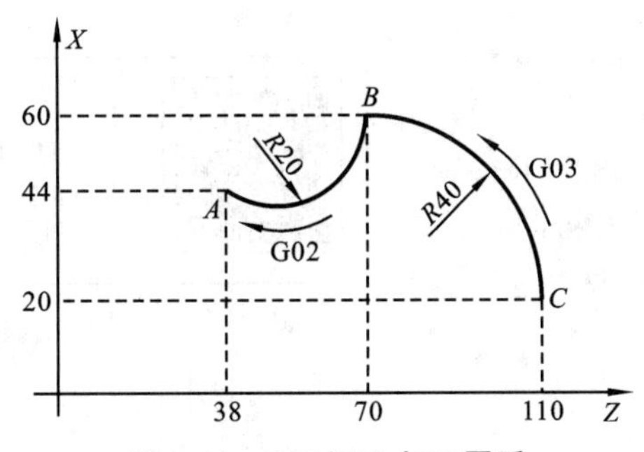

图 2-61　G02/G03 加工圆弧

(2) 混合编程：

N10　G00　X40　Z110；

N20　G03　X40　W－40　R40　F1；(加工 *AB*)

N30　G02　X88　W－32　R20；(加工 *BC*)

G02、G03 指令练习：毛坯为 ϕ20×200，加工效果如图 2-62 所示，已知 *R*3 圆弧与 *R*29 圆弧切点坐标为(4.616，－1.083)，*R*29 圆弧与 *R*45 圆弧切点坐标为(13.846，－30.39)。

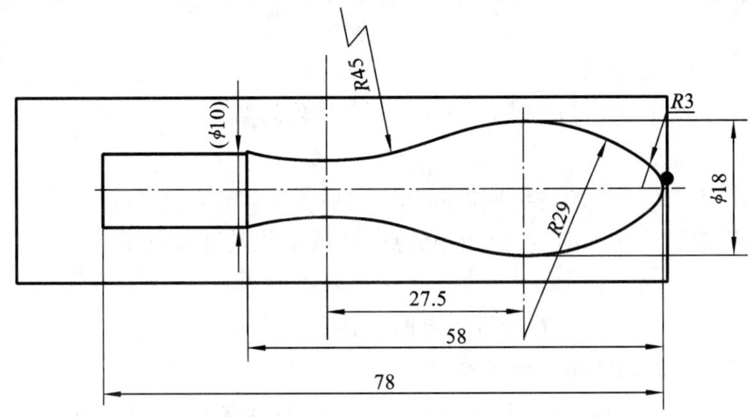

图 2-62　G02、G03 加工效果

程序参考如下：

(1) 数控系统：FANUC 0ii 或 HNC 21T。

(2) 毛坯大小：直径为 20 mm、长度为 200 mm 的棒料。

(3) 刀具：采用 35°外圆车刀。

(4) 程序编程原点：工件右端面中心。

(5) 程序名：O0817。

(6) 加工路线：刀具从右向左进行切削。

程序代码：

O0817；

T0101；

M03　S800；

```
G00  X25.0  Z5.0;
X0.0;
G01  Z0.0  F1;
G03  X4.616  Z-1.083  R3;
X13.846  Z-30.39  R29;
G02  X10.  Z-58.  R45.;
G01  W-20.;
G00  X25.;
Z100.;
M05;
M30;
```

程序编写的具体思路及过程：G02、G03指令的使用.MP4

8. 暂停指令——G04

G04可使刀具作短暂停留，以获得圆整而光滑的表面。如对不通孔做深度加工时，进到指定深度后，用G04可使刀具做非进给光整加工，然后退刀，保证孔底平整无毛刺。切沟槽时，在槽底让主轴空转几转再退刀，一般退刀槽都不需精加工，采用G04，有利于使槽底加工得光滑，提高零件整体质量。该指令除用于钻、镗孔、切槽、自动加工螺纹外，还可用于拐角轨迹控制。

指令格式：G04　U(P)__

其中U(P)表示刀具暂停的时间 m(ms)或主轴停转数。

说明：

(1) G04在前一程序段的进给速度降到零之后才开始暂停动作。

(2) 使用 P 的形式输入时，不能用小数点，P 的单位是毫秒(ms)。

例：

G04　U1.0　(P1000)　(暂停进给时间1秒)

9. G00、G01、G02、G03指令综合举例

【例2-7】 如图2-63所示，刀具起刀点(70,50)，编写该轴类零件的精加工程序。

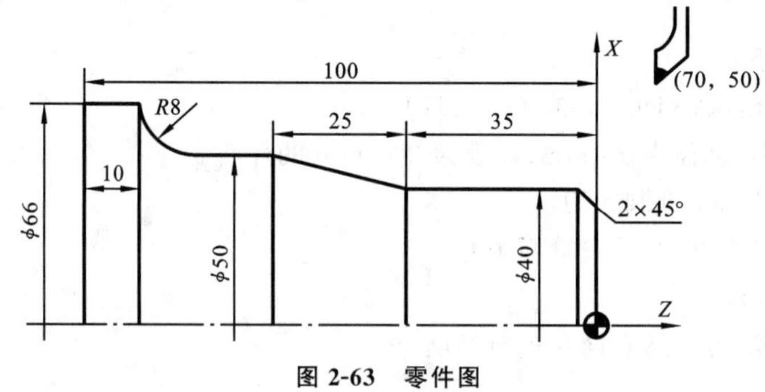

图2-63　零件图

```
O2001;
G23  G21  G97  G98;                    (程序初始化)
```

```
N01   T0101;                    (1 号刀 1 号补偿)
N10   M03   S1200;              (主轴正转,速度为 1 200 r/min)
N20   G00   X70   Z50;          (刀具快速定位到起刀点)
N30   G00   X0   Z10;           (快移到端面处)
N40   G01   Z0   F50;           (加工右端面)
                                (光端面)
N60   X40   C-2;                (倒角)
N70   Z-35;                     (加工 φ40 圆柱面)
N80   X50   Z-60;               (加工圆锥面)
N90   Z-82;                     (加工 φ50 圆柱面)
N100   G02   X66   Z-90   R8;   (加工圆弧面)
N110   G01   Z-100;             (加工 φ66 圆柱面)
N120   G00   X70;               (退刀)
N130   Z50;                     (返回起刀刀点)
N140   M05   M30;               (主轴停止,程序结束)
```

2.4 数控车削循环指令的编程

数控车削毛坯多为棒料,加工余量较大,需多次进给切除,车削循环指令编程通常是指用含 G 功能的一个程序段来完成本来需要用多个程序段指令的加工编程,从而使程序得以简化,节省编程时间。

2.4.1 简单车削循环指令

1. 外径、内径简单循环指令 G90

格式:G90 X(U)__ Z(W)__ F __; (加工内、外圆柱面)

G90 X(U)__ Z(W) __ R __ F __;(加工圆锥面)

华中数控系统圆柱面内(外)径切削循环指令是 G80。

格式: G80 X(U)____ Z(W)____ F ____;(加工内、外圆柱面)

G80 X(U)____ Z(W)____ I ____ F ____;(加工圆锥面)

说明:

(1) X(U)、Z(W)为外径、内径切削终点坐标;F 为切削进给量。

(2) R 为圆锥半径差,R=圆锥起点半径—圆锥终点半径。为保证刀具切削起点与工件间的安全间隙,刀具起点的 Z 向坐标值宜取 Z1~Z5,而不是 Z0,因此,实际锥度的起点 Z 向坐标值与图样不吻合,所以应该算出锥面起点与终点处的实际的直径差,否则会导致锥度错误。

G90 常用于当工件毛坯的轴向余量比径向多时的轴类零件加工(X 向切削半径小于 Z 向切削长度),一个 G90 指令完成四个移动动作,即"切入→切削→切削退出→返回"。①第一动作:刀具从起点以 G00 方式 X 方向移动到切削深度;②第二动作:刀具以 G01 方式切削工件外圆(Z 方向);③第三动作:刀具以 G01 方式切削工件端面;④第四动作:刀具以 G00

方式快速退刀回起点。四个动作路线围成一个封闭的矩形刀路,第②③移动为切削;①④移动为刀具快速移动,从而简化程序。加工圆柱面和圆锥面的示意图如图2-64所示,加工顺序为循环起点→①→②→③→④→循环终点。

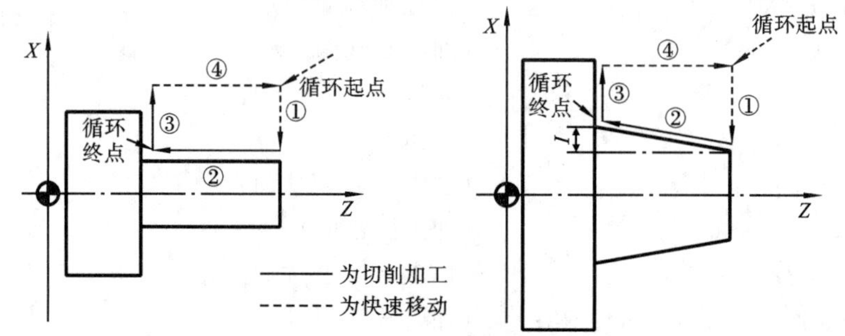

图2-64 G90加工圆柱面和圆锥面示意图

2. 端面简单循环指令G94

格式:G94 X(U)_ Z(W)_ F _;(加工直端面)

G94 X(U)_ Z(W)_ R _ F _;(加工圆锥端面)

华中数控系统端面切削循环指令是G81。

格式:G81 X(U)____ Z(W)____ F ____;(加工内、外圆柱面)

G81 X(U)____ Z(W)____ K ____ F ____;(加工圆锥面)

说明:

(1) X(U)、Z(W)为端面切削终点坐标;F为切削进给量。

(2) R为圆锥半径差,R=圆锥起点Z坐标—圆锥终点Z坐标。

G94常用于当材料的径向余量比轴向余量多时(盘类)的零件加工(X向切削半径大于Z向切削长度),一个G94指令同样要完成四个移动动作,即"切入→切削→切削退出→返回"。加工圆柱面和圆锥面的示意图如图2-65所示,加工顺序为循环起点→①→②→③→④→循环终点。

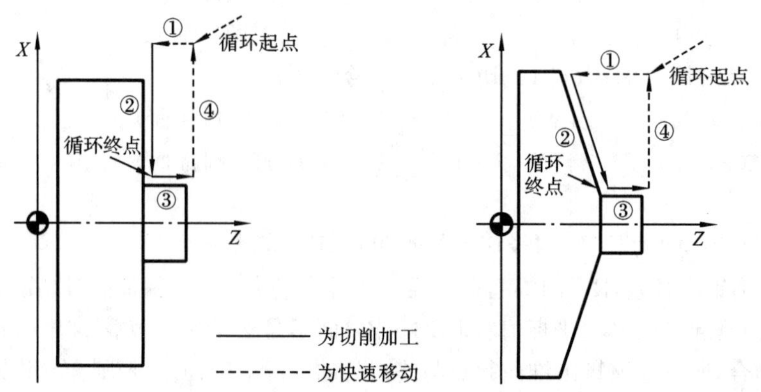

图2-65 G94加工圆柱面和圆锥面示意图

3. 简单车削循环指令举例

【例2-8】 用G90指令加工如图2-66所示工件的$\phi30$外圆,设刀具的起点为与工件具

有安全间隙的 S 点($X55,Z2$)。

```
O2002;
T0101;
M03  S800;
G00  X55  Z2;              (快速运动至循环起点)
G90  X46  Z-20  F10;       (X 向单边切深量 2 mm)
X42;                       (G90 模态有效,X 向切深至 42 mm)
X38;
X34;
X32;
X30;
G00  X100  Z100;           (退刀)
M05  M30;
```

G90指令实例：车削循环指令 G90.MP4

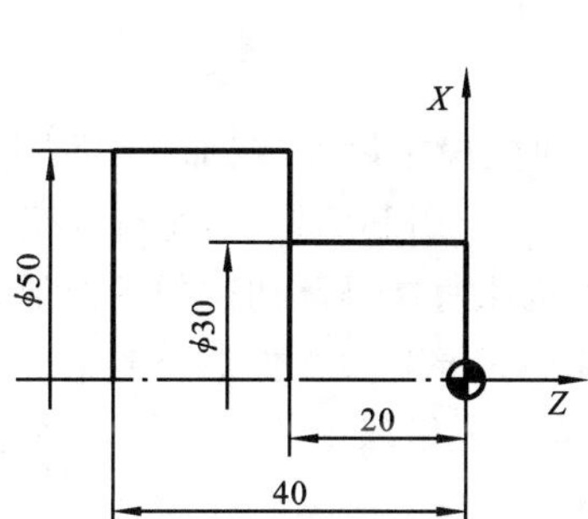

图 2-66　G90 车台阶轴应用举例

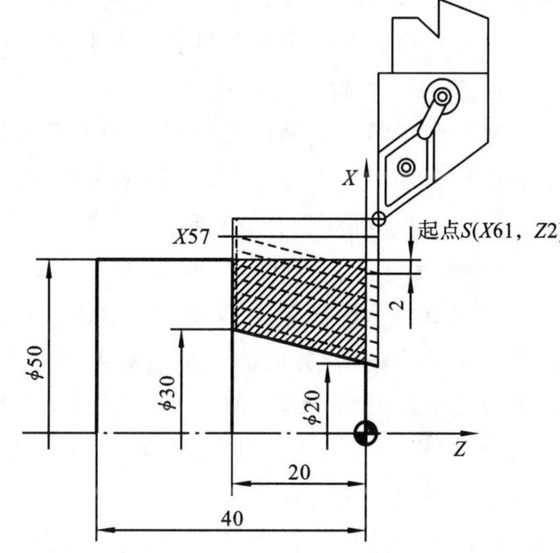

图 2-67　G90 车外圆锥应用举例

【例 2-9】　用 G90 指令加工如图 2-67 所示工件的外圆锥面,设刀具的起点为与工件具有安全间隙的 S 点($X61,Z2$)。

```
O2003;
T0101;
M03  S800;
G00  X61  Z2;                   (快速走刀至循环起点 S)
G90  X57  Z-20  R-5.5  F10;     (用 G90 车圆锥面)
X53;                            (G90 模态下 X 向切深至 X53)
X49;
X45;
X41;
X37;
```

```
X33;
X30;
G00  X100  Z100;
M05  M30;
```

2.4.2 复合车削循环指令

数控车床使用G90、G94等简单车削循环指令后,可使程序简化一些,但要完成一个粗车过程,还需要人工计算分配车削次数和吃刀量,再一段一段地用简单循环指令程序来实现,使用起来还是很麻烦。车削循环指令还有一类被称为复合型车削固定循环指令,能使程序进一步得到简化,使用这些复合型车削固定循环指令,只要编出最终精车路线,给出精车余量及每次下刀的背吃刀量等参数,机床即可自动完成从粗加工到精加工的多次循环切削过程,直到加工完毕,大大提高了加工效率。常用的复合车削循环指令:外径、内径粗加工循环指令G71;端面粗车复合循环指令G72;封闭车削复合循环指令G73;精加工循环指令G70等。

使用复合型车削固定循环指令的优势有以下两点。

1) 提高了编程加工效率

复合型车削固定循环指令只要编入简短的几段程序,机床就可以实现固定顺序动作自动循环和多次重复循环切削,从而完成对零件的加工,复合型车削固定循环指令是零件手工编程自动化程度最高的一类指令。

2) 大大提高了零件加工的安全性

采用单一编程指令如G00、G01、G02/03进行编程加工时,程序量大,在加工过程中,类似程序正负号输错、数值输入出错等由于操作者的失误及粗心所引起的错误,很容易出现安全事故及造成产品报废。复合型车削固定循环指令规定了机床每次循环切削的进刀量和退刀量,程序量小且简洁,程序不容易出错,在加工过程中,我们只要观察零件加工的第一次循环就能大概判断出程序有无出错及对刀是否正确,在程序第一个循环正常加工完成之后,我们就可以放心地让其自动加工,而且加工的安全性很高。

1. 外径、内径粗加工循环指令G71

G71适用情况与G90相似,相当于自动完成多次G90功能的粗加工和一次半精加工,如图2-68所示。

格式:G71　U(Δd)　R(Δe);

　　G71　P(ns)　Q(nf)　U(Δu)　W(Δw)　F__　S__　T__;

说明:

(1) U——第一行的U(Δd)表示粗车时每次吃刀深度,R(Δe)表示退刀量。

(2) ns——精加工程序段中的第一个程序段序号。

(3) nf——精加工程序段中的最后一个程序段序号。

(4) Δu——X轴方向精加工余量(0.2～0.5)。

(5) Δw——Z轴方向的精加工余量(0.5～1)。

(6) F、S、T——进给量、主轴转速、刀具号地址符。粗加工时G71中编程的F、S、T有效,而精加工时处于ns到nf程序段之间的F、S、T有效。

注意：

(1) ns 的程序段第一条指令必须为 G00/G01 指令。

(2) 在顺序号为 ns 到顺序号为 nf 的程序段中，不应包含子程序。

(3) ns→nf 程序段中的 F、S、T 功能，即使被指定也对粗车循环无效。

(4) 零件轮廓必须符合 X 轴、Z 轴方向同时单调增大或单调减少。

(5) G71 指令适用于外圆柱面(轴向)需多次走刀才能完成的粗加工。

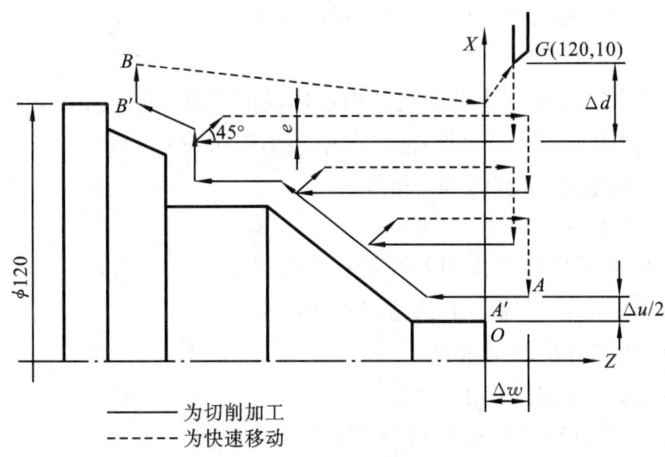

图 2-68　G71 车削循环指令

华中数控系统外径、内径粗车复合循环指令 G71 分为无凹槽加工和有凹槽加工两种情况，其使用格式有差别。

无凹槽加工时：

格式：G71 U(△d)R(△e)P(ns)Q(nf)X(△x)Z(△z)F ____ S ____ T ____；

有凹槽加工时：

格式：G71 U(△d)R(△e)P(ns)E(e)　F ____ S ____ T ____；

其中 e：精加工余量，其为 X 方向的等高距离；外径切削时为正，内径切削时为负。

2. 端面粗车复合循环 G72

G72 指令用于当直径方向的切除余量比轴向余量大时。其格式与 G71 相似，只是走刀路线不同及主切削刃的方向不同，如图 2-69 所示。

格式：G72U (Δd)　R (Δe)；

G72P (ns)　Q (nf)　U (Δu)　W (Δw)

F__　S__　T__；

说明：

(1) G71 与 G72 类似，不同之处就在于刀具路径是按径向方向循环的。

(2) 各参数说明见 G71 指令。

(3) G72 指令适于 Z 向余量小、X 向余量大的棒料粗加工。

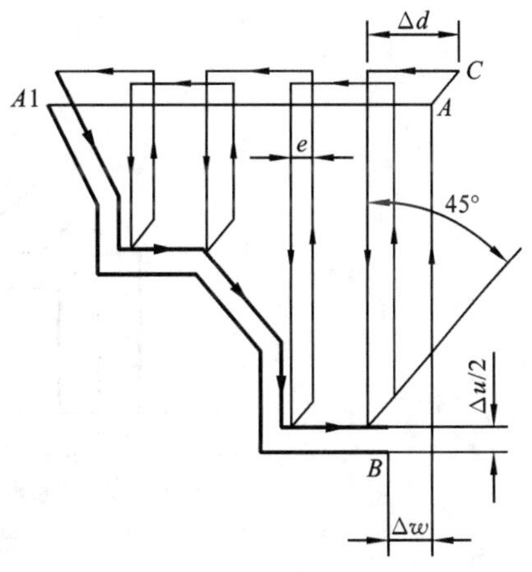

图 2-69　G72 车削循环指令

华中数控系统端面粗车复合循环指令是 G72。

格式：G72 U(△d)R(△e)P(ns)Q(nf)X(△x)Z(△z)F ____ S ____ T ____;

3. 封闭(闭合)车削复合循环 G73

G73 指令可以按零件轮廓的形状重复车削，每次平移一个距离，直至加工到要求的形状，如图 2-70 所示。

格式:G73 U(i) W(k) R(d);

G73 P(ns) Q(nf) U(△u) W(△w) F__ S__ T__;

说明：

(1) 该指令能对铸造、锻造等粗加工已初步形成的工件，进行高效率切削。

(2) i——*X* 方向总退刀量(i≥毛坯 *X* 向最大加工余量)。

(3) k——*Z* 方向总退刀量(可与 i 相等)。

(4) d——粗切次数(d=i/(1~2.5))。

(5) ns——精加工形状程序段中的开始程序段号。

(6) nf——精加工形状程序段中的结束程序段号。

(7) Δu——*X* 轴方向精加工余量。

(8) Δw——*Z* 轴方向的精加工余量。

华中数控系统闭环粗车复合循环指令是 G73。

格式：G73 U(i) W(k) R(d) P(ns) Q(nf) X(△x)Z(△z) F__ S__ T__;

G73 指令与 G71 指令的主要区别在于 G71 及 G73 指令虽然均为粗加循环指令，但 G71 指令主要用于加工棒料毛坯，G73 指令主要用于加工毛坯余量均匀的铸造、锻造成形工件。G71 和 G73 指令的选择原则主要看余量的大小及分布情况，G71 指令精加工轨迹必须符合 *X* 轴、*Z* 轴方向的共同单调增大或减小的模式，也就是说 G71 指令对于不能完成对产品的凸凹处加工，而 G73 指令能够进行这样的加工，G73 指令对 *X* 轴、*Z* 轴方向单调增大或减小无影响。

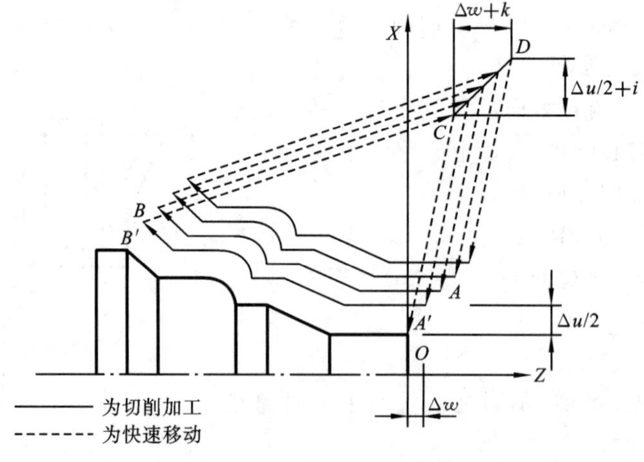

图 2-70 G73 车削循环指令

注：图中 *AB* 是粗加工后的轮廓，为精加工留下 *X* 方向余量 Δ*u*、*Z* 方向余量 Δ*w*，*A*′*B*′是精加工轨迹(*C* 为粗加工切入点)。

4. 精加工循环指令 G70

使用粗加工固定循环 G71、G72、G73 指令后，再使用 G70 指令进行精车，使工件达到所要求的尺寸精度和表面粗糙度。在 G70 指令程序段内要指令精加工程序第一个程序号和精加工最后一个程序段号。

格式：G70　P(ns)　Q(nf)；

说明：

(1) ns——精加工形状程序段中的开始程序段号。

(2) nf——精加工形状程序段中的结束程序段号。

5. 复合车削循环指令举例

【例 2-10】 以 FANUC-0iT 系统的数控车床车削图 2-71 所示的工件。毛坯直径 48 mm，长度 200 mm。粗车刀 1 号，精车刀 2 号，精车余量 X 轴为 0.2 mm，Z 轴为 0.5 mm，粗车的主轴转速为 400 r/min，精车为 600 r/min。粗车进给量为 0.2 mm/r，精车为 0.5 mm/r，粗车时每次背吃刀量为 1 mm，循环起点 A(50,5)。

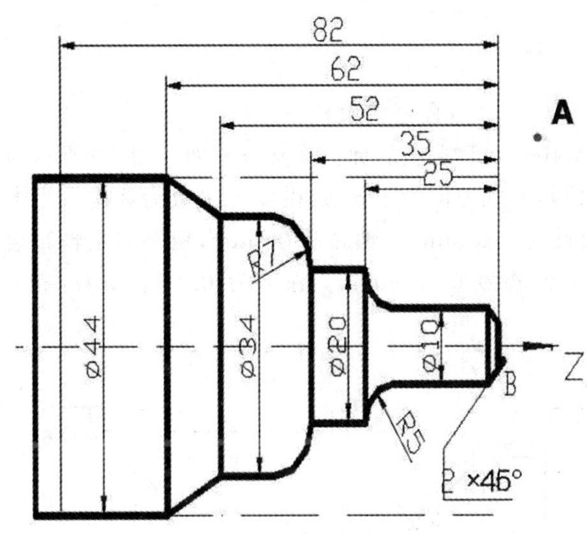

图 2-71　例 2-10 图

o2004；	(程序名)
G21　G23　G97　G99；	(程序初始化，如为 HNC 系统，则为 G21　G36　G95　G97)
T0101；	(换 1 号车刀，1 号刀补)
M03　S400；	(启动主轴)
G00　X50.0　Z5.0；	(快速定位至循环起点)
G71　U1.0　R0.5；	(粗车每次背吃刀量为 1mm，退刀量 0.5mm)
G71　P10　Q20　U0.2　W0.5　F0.2；	(粗车进给量为 0.2mm/r)
N10　G00　X0.0；	(快速定位，开始精车程序，不能有 Z 轴移动)
G01　Z0.0　F0.5；	
X10　C−2；	(倒端面直角)

```
G01  Z-20;                  (按图纸轮廓精车开始)
G02  X20  Z-25  R5;
G01  Z-35;
G03  X34  W-7  R7;
G01  Z-52;
X44  W-10;
Z-82;
N20  G00  X50.0;            (完成精车程序段)
G00  X150.0;                (退刀到换刀点)
Z200.0;
T0202;                      (换2号车刀,调用2号刀偏)
G00  X50.0  Z5.0;           (快速定位至循环起点)
M03  S600;                  (设置精车主轴转速)
G70  P10  Q20;              (精车循环)
G00  X150.0;
Z200.0;
M05  M30;                   (程序结束)
```

程序编写的具体思路及仿真加工过程：车削循环指令G71、G70.MP4

【例 2-11】 以 FANUC-0iT 系统的数控车床车削如图 2-72 所示的铸件。X 轴方向加工余量为 6 mm(半径值),Z 轴方向为 6 mm,粗加工次数为 3 次。1 号为粗车刀,2 号为精车刀,X 轴方向精车余量为 0.2 mm,Z 轴为 0.05 mm,粗车的主轴转速为 120 r/min,精车为 180 r/min。粗车进给量为 0.2 mm/r,精车为 0.07 mm/r,粗车时每次背吃刀量为 2 mm。

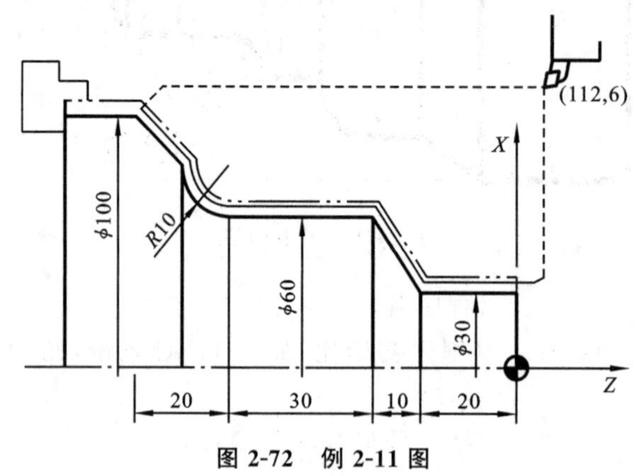

图 2-72　例 2-11 图

```
O2005;                          (程序名)
G21  G97  G99;                  (程序初始化)
T0101;                          (换1号车刀,1号刀补)
M03  S120;                      (启动主轴)
G00  X112.0  Z6.0;              (快速定位至循环起点)
G73  U6.0  W6.0  R3.0;          (X、Z轴方向退刀距离为4 mm,粗切削3次)
```

```
G73  P10  Q20  U0.2  W0.05  F0.2;（粗车进给量为0.2 mm/r）
N10  G00  X30.0;                    （快速定位，开始精车程序）
G42  G01  Z-20.0  F0.07;            （建立刀尖半径右补偿，设定精车进给量）
X60.0  W-10.0;
W-30.0;
G02  X80.0  W-10.0  R10.0;
G01  X100.0  W-10.0;
N20  G40  G00  X106.0;              （完成精车程序段，取消刀尖半径补偿）
G00  X150.0  Z200.0  T0100;         （定位到换刀点，取消1号刀具补偿）
T0202;                              （换2号车刀，调用2号刀偏）
M03  S180;                          （设置精车主轴转速）
G00  X112.0  Z6.0;                  （快速定位至循环起点）
G70  P10  Q20;                      （精车循环）
G00  X150.0  Z200.0  T0200;         （定位到换刀点，取消刀具补偿）
M05  M30;                           （程序结束）
```

思考：上述例2-9中能否用G73指令或G72指令替换，程序该如何书写？例2-10中能否用G71指令或G72指令替换，程序该如何书写？

2.4.3　螺纹车削指令

螺纹加工是在圆柱上加工出特殊形状螺旋槽的过程，螺纹常见的用途是连接紧固、传递运动等。车削螺纹加工是在车床上，控制进给运动与主轴旋转同步，加工特殊形状螺旋槽的过程。螺纹形状主要由切削刀具的形状和安装位置决定，螺纹导程由刀具进给量决定，如图2-73所示的螺纹车削加工。

CNC编程加工最多的是普通螺纹，螺纹牙形为三角形，牙型角为60°，普通螺纹分粗牙普通螺纹和细牙普通螺纹。粗牙普通螺纹的螺距是标准螺距，其代号用字母“M”及公称直径表示，如M16、M12等。细牙普通螺纹代号用字母“M”及公称直径×螺距表示，如M24×1.5、M27×2等。

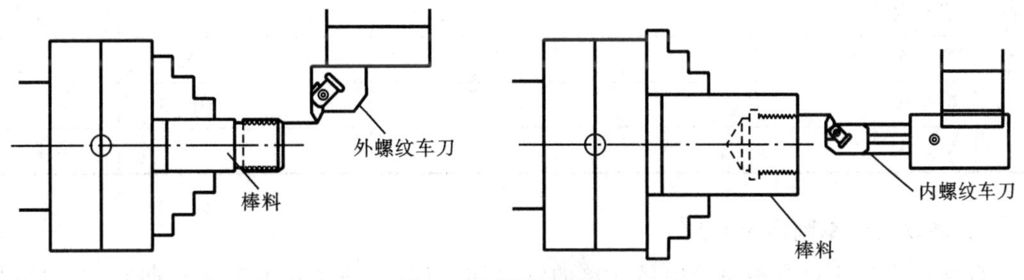

图2-73　螺纹车削加工

一个螺纹的车削需要多次切削加工而成，每次切削逐渐增加螺纹深度，为实现多次切削的目的，机床主轴必须恒定转速旋转，且必须与进给运动保持同步，保证每次刀具切削开始位置相同，保证每次切削深度都在螺纹圆柱的同一位置上，最后一次走刀加工出适当的螺纹尺寸、形状、表面质量和公差,并得到合格的螺纹。

图2-74中,在编程时,每次螺纹加工走刀至少有4次基本运动(直螺纹)。

运动①:将刀具从起始位置 X 向快速(G00方式)移动至螺纹计划切削深度处。

运动②:加工螺纹——轴向螺纹加工(进给率等于螺距)。

运动③:刀具 X 向快速(G00方式)退刀至螺纹加工区域外的 X 向位置。

运动④:快速(G00方式)返回至起始位置。

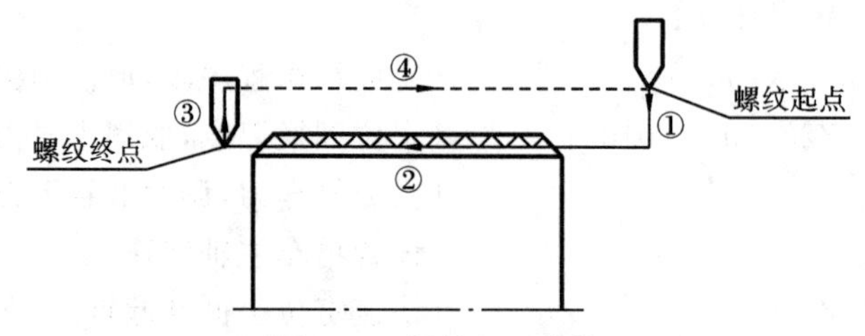

图2-74 螺纹加工路线

螺纹切削应注意在两端设置足够的升速进刀段 δ_1 和降速退刀段 δ_2,δ_1 通常取2～5 mm(大于螺距),δ_2 通常取 $\delta_1/4$,以剔除两端因变速而出现的非标准螺距的螺纹段。同理,在螺纹切削过程中,进给速度修调功能和进给暂停功能无效。若此时按进给暂停键,刀具将在螺纹段加工完后才停止运动。牙型较深,螺距较大时,可分数次进给,每次进给的背吃刀量用螺纹深度减去精加工背吃刀量所得之差按递减规律分配,常用米制螺纹切削的进给次数与背吃刀量见表2-10。

表2-10 常用米制螺纹切削的进给次数与背吃刀量

mm

螺距		1.0	1.5	2.0	2.5	3.0	3.5	4.0
牙深		0.649	0.974	1.299	1.624	1.949	2.273	2.598
背吃刀量及切削次数	第1次	0.7	0.8	0.9	1.0	1.2	1.5	1.5
	第2次	0.4	0.6	0.6	0.7	0.7	0.7	0.8
	第3次	0.2	0.4	0.6	0.6	0.6	0.6	0.6
	第4次		0.16	0.6	0.4	0.4	0.6	0.6
	第5次			0.1	0.4	0.4	0.4	0.4
	第6次				0.15	0.4	0.4	0.4
	第7次					0.2	0.2	0.4
	第8次						0.15	0.3
	第9次							0.2

1. 基本螺纹车削指令G32

G32是FANUC数控系统中最简单的螺纹加工代码,在螺纹加工运动期间,控制系统自动使进给率倍率无效。

格式:G32 X(U)__ Z(W)__ F __;

说明:

(1) X(U) Z(W)——直线螺纹的终点坐标,如U不为0,则加工的是锥螺纹。

(2) F——直线螺纹的导程，如果是单线螺纹，则为直线螺纹的螺距。

【例 2-12】 如图 2-75 所示的圆柱螺纹切削，螺纹导程为 1.0 mm。其车削程序编写如下：

```
O2006；
G92  X70.0  Z25.0；  （设置工件坐标系，
                      起刀点(70,25)）
M03  S500；
G90  G00  X40.0  Z2.0  M08；
X29.3；               （查表 2-10 得 a_p1 =
                      0.7 mm）
G32  Z-46.0  F1.0；  （螺纹第一刀切削）
G00  X40.0；
     Z2.0；
     X28.9；          （a_p2 =0.4 mm）
G32  Z-46.0；        （螺纹第二刀切削）
G00  X40.0；
     Z2.0；
     X28.7；          （a_p3 =0.2 mm）
G32  Z-46.0；        （螺纹第三刀切削）
G00  X40.0；
Z2.0；
X70.0  Z25.0  M09；
M05  M30；
```

图 2-75　圆柱螺纹切削

2. 简单固定循环螺纹车削指令 G92

由例 2-11 可见，用 G32 编写螺纹多次分层切削程序是比较烦琐的，每一层切削要多个程序段，多次分层切削程序中包含大量重复的信息。FANUC 系统可用 G92 指令的一个程序段代替每一层螺纹切削的多个程序段，可避免重复信息的书写，方便编程。

在 G92 程序段里，需给出每一层切削动作的相关参数，必须确定螺纹刀的循环起点位置和螺纹切削的终止点位置。

格式：G92 X(U)__　Z(W)__　R__　F__；

说明：

(1) X(U)、Z(W)——直线螺纹的终点坐标。

(2) F——直线螺纹的导程，如果是单线螺纹，则为直线螺纹的螺距。

(3) R——圆锥螺纹切削参数。R 值为零时，可省略不写，螺纹为圆柱螺纹。

华中数控系统螺纹切削循环指令是 G82。

格式：G82 X(U)____ Z(W)____ I____ R____ E____ C____ P____ F____；

说明：

(1)I——螺纹起点与螺纹终点的半径差，省略时加工直螺纹。

(2)R，E——螺纹切削的退尾量，R、E可以省略，表示不用回退功能。

(3)C——螺纹头数，省略时或设为0或1，表示切削单头螺纹。

(4)P——单头螺纹切削时，为主轴基准脉冲处距离切削起始点的主轴转角(缺省值为0)；多头螺纹切削时，为相邻螺纹头的切削起始点之间对应的主轴转角。

(5)F——螺纹导程。

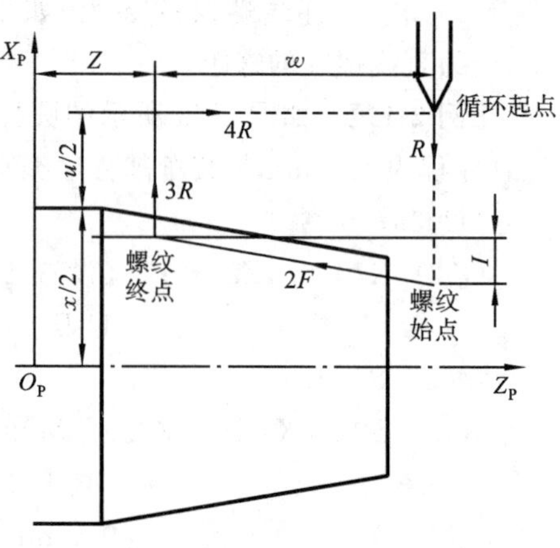

图2-76　G92螺纹加工切削路线

如图2-76所示，G92螺纹加工程序段在加工过程中的刀具运动轨迹如下。

刀具从循环起点开始，沿着箭头所指的路线行走，最后又回到循环起点。当用绝对编程方式时，X、Z后的值为螺纹段切削终点的绝对坐标值；当用增量编程方式时，X、Z后的值为螺纹段切削终点相对于循环起点的坐标增量。但无论用何种编程方式，R后的值总为螺纹段切削起点(并非循环起点)与螺纹段切削终点的半径差。当R值为零省略时，即为圆柱螺纹车削循环。

例：加工如图2.72所示的螺纹，用G92编程。

```
G00 X40.0 Z2.0;
G92 X29.3 Z-46.0 F1.0;    (加工螺纹第1刀)
X28.9;                    (加工螺纹第2刀)
X28.7;                    (加工螺纹第3刀)
G00 X70.0  Z5.0;          (退刀)
```

3. 复合循环螺纹车削指令G76

CNC发展的早期，G92单一螺纹加工循环方便了螺纹编程。随着计算机技术的迅速发展，CNC系统提供了更多重要的新功能，这些新功能进一步简化了程序编写。螺纹复合加工循环G76是螺纹车削循环的新功能，它具有很多功能强大的内部特征。

使用G32的程序中，每刀螺纹加工需要4个甚至5个程序段；使用G92循环，每刀螺纹加工需要一个程序段，但是G76循环能在一个程序段或两个程序段中加工任何单头螺纹，在机床上修改程序也变得更快更容易。在G76螺纹切削循环中，螺纹刀以斜进的方式进行螺纹切削，如图2-77所示。总的螺纹切削深度(牙高)一般以递减的方式进行分配，螺纹刀单刃参与切削。每次的切削深度由数控系统计算给出。

如图2-78所示，表明G76指令的加工动作。G76螺纹加工循环需要输入初始数据。

格式：

G76 P(m rα) Q(最小切深)R(精加工余量)；

G76 X(U) Z(W)P(牙高)Q(最大切深)R(锥螺纹参数)F(导程)；

FANUC 0i复合螺纹加工循环指令G76格式分两个程序段，格式中各参数含义如表2-11所示。

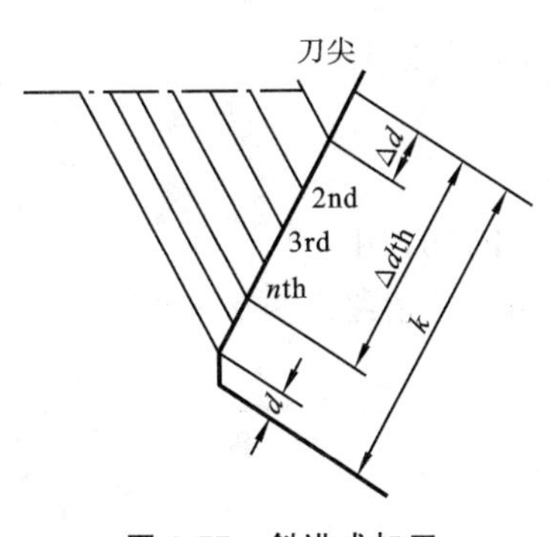

图 2-77　斜进式加工

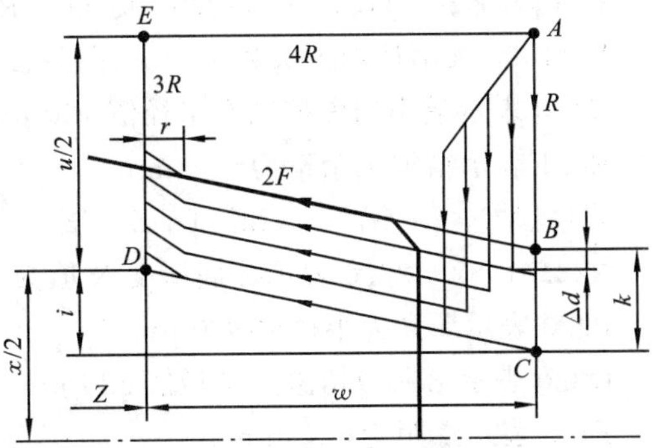

图 2-78　G76 螺纹切削循环路线

表 2-11　G76 参数说明

<table>
<tr><td colspan="4">第一程序段： G76　P(m r α) Q～　R～</td></tr>
<tr><td rowspan="3">P～</td><td>(m)</td><td colspan="2">精加工重复次数，为 1～99 的两位数</td></tr>
<tr><td>(r)</td><td colspan="2">倒角量，当螺距为 L，从 0.01L 到 99L 设定，单位为 0.1L，为 1～99 的两位数</td></tr>
<tr><td>(α)</td><td colspan="2">刀尖角度，选择 80°、60°、55°、30°、29°、0°六种中的一种，由两位数规定</td></tr>
<tr><td colspan="2">Q～</td><td colspan="2">最小切深(用半径值指定)，切深小于此值时，实际切深为此值</td></tr>
<tr><td colspan="2">R～</td><td colspan="2">精加工余量(微米)</td></tr>
<tr><td colspan="4">第二程序段：G76　X(U) Z(W)R～P～　Q～　F～</td></tr>
<tr><td colspan="2">X(U)　Z(W)</td><td colspan="2">螺纹最后切削的终端位置的 X、Z 坐标，X(U)表示牙底深度位置</td></tr>
<tr><td colspan="2">Q～</td><td>第一刀切削深度，半径值，正值(μm)</td><td>P～　牙高，半径值，正值(μm)</td></tr>
<tr><td colspan="2">R～</td><td>锥螺纹半径差；圆柱直螺纹切削省略</td><td>F～　螺距正值</td></tr>
</table>

【例 2-13】 如图 2-79 所示，加工 M24×1.5 的螺纹。

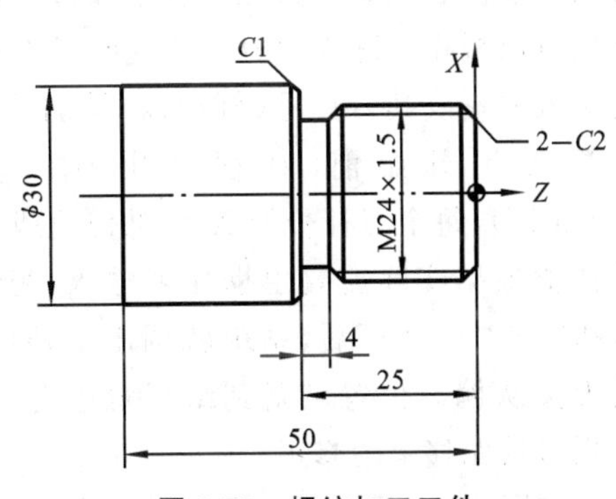

图 2-79　螺纹加工工件

……

T0404(调用第 4 号外螺纹刀具)

G97　M03　S500

N20　G00　X30　Z6　M08；(外螺纹刀具到达切削起始点，导入距离 6 mm)

N30　G76　P011060　Q100　R0.1；(螺纹参数设定)

N40　G76　X22.01　Z－23.0　P920　Q320　F1.5；

G00　X100　Z100　M09

M05　M30(程序结束)

显然用 G76 编程的程序比用 G32 和 G92 编程的程序简洁。

G76 程序段中 N30 和 N40 的说明如下。

程序段“N30　G76　P011060　Q100　R0.1;”中：

P011060 表示精加工次数是一次，倒角量为一个导程，刀尖角度 60°；

Q100 表示最小切深控制在半径值 100 μm；

R0.1 表示精加工余量为 0.1 mm。

程序段“N40　G76　X22.01　Z－23.0　P920　Q320　F1.5;”中：

X22.01　Z－23.0 表示牙底深度 X 值为 X22.01，螺纹切削 Z 值终点为 Z－23.0；

P920 表示牙高为半径值 920 μm；

Q320 表示第一刀切深为半径值 320 μm；

F1.5 表示螺距为 1.5 mm。

2.5　车削刀具补偿指令

刀具补偿是补偿实际加工时所用的刀具与编程时使用的理想刀具或对刀时用的基准刀具之间的差值，从而保证加工出符合图纸尺寸要求的零件。

2.5.1　刀具的几何补偿与磨损补偿

刀具几何补偿是补偿刀具形状和刀具安装位置与编程时理想刀具或基准刀具的偏移，刀具磨损补偿则是用于补偿当刀具使用磨损后刀具头部与原始尺寸的误差。这些补偿数据通常是通过对刀后采集到的，而且必须将这些数据准确地储存到刀具数据库中，然后通过程序中的刀补代码来提取并执行。

刀补指令用 T 代码表示。常用 T 代码格式为 T ×× ××，即 T 后可跟 4 位数，其中前 2 位表示刀具号，后两位表示刀具补偿号。当补偿号为 0 或 00 时，表示不进行补偿或取消刀具补偿。若设定刀具几何补偿和磨损补偿同时有效时，刀补量是两者的矢量和。刀具的补偿可以根据实际需要分别或同时对刀具轴向和径向的偏移量实行修正。在程序中必须事先编入刀具及其刀具号(例如，在粗加工结束后精加工开始前，在程序中专门输入“T0101”)，每个刀补号的 X 向补偿值或 Z 向补偿值根据实际需要由操作者输入，当程序在执行如“T0101”后，系统就调用了补偿值，使刀尖从偏离位置恢复到编程轨迹上，从而实现刀具偏移量的修正。

如图 2-80 所示，以 1 号刀作为基准刀具，工件原点为 A 点，则其他刀具与基准刀具的长度差值(比基准刀具短用负值表示)及换刀后刀具从刀位点到 A 点的移动距离见表 2-12。

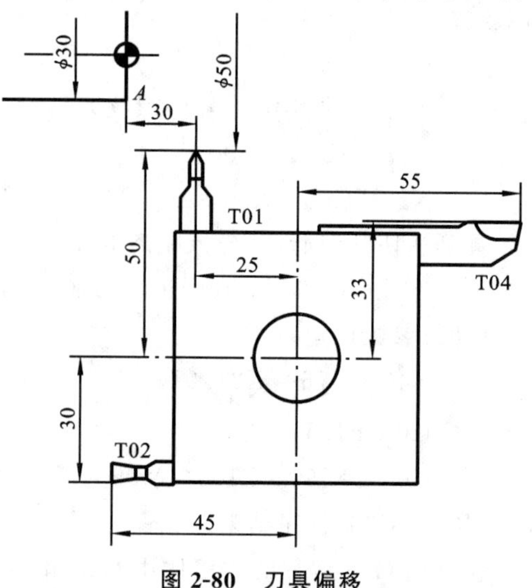

图 2-80　刀具偏移

表 2-12　刀具补偿值表　　mm

项目＼刀具	T01(基准刀具)		T02		T04	
	X(直径)	Z	X(直径)	Z	X(直径)	Z
长度差值	0	0	−10	5	10	10
刀具移动距离	20	30	30	25	10	20

当换为 2 号刀后，由于 2 号刀在 X 直径方向比基准刀具短 10 mm，而在 Z 方向比基准刀具长 5 mm，因此，与基准刀具相比，2 号刀具的刀位点从换刀点移动到 A 点时，在 X 方向要多移动 10 mm，而在 Z 方向要少移动 5 mm。4 号刀具移动的距离计算方法与 2 号刀具的相同。

FANUC 系统的刀具补偿参数设定画面如图 2-81 所示，图中的代码“T”指刀具切削类型，不是指刀具号，也不是指刀补号。如要进行刀具磨损偏置设置则按下“摩耗”键进入相应的设置画面。

工具补正/形状　　0001　N0000

番号	X	Z	R	T
G01	0.000	0.000	0.000	0
G02	−10.000	5.000	0.000	0
G03	0.000	0.000	0.000	0
G04	10.000	10.000	1.500	3
G05	0.000	0.000	0.000	0
G06	0.000	0.000	0.000	0
G07	0.000	0.000	0.000	0
G08	0.000	0.000	0.000	0

现在位置(绝对坐标)
X50.000　　Z30.000
S　0　　T0000
[摩耗]　[形状]　[工件移动]　[　]　[　]

图 2-81　刀具补偿参数设定画面

2.5.2　刀尖半径补偿

数控程序是针对刀具上的某一点(即刀位点)，按工件轮廓尺寸编制的。车刀的刀位点一般为理想状态下的假想刀尖点或刀尖圆弧圆心点(如图 2-82 中的 A 点)。但实际加工中的车刀，由于工艺或其他要求，刀尖往往不是一理想点，而是一段圆弧(如图 2-82 中的 BC 圆弧)，切削加工时，刀具切削点在刀尖圆弧上变动。在切削内孔、外圆及端面时，刀尖不影响加工尺寸和形状；但在切削锥面和圆弧时，会造成过切或欠切现象，如图 2-83 所示，此时，可以用刀尖半径补偿功能来消除误差。数控机床根据刀具实际尺寸，自动改变机床坐标轴或刀具刀位点位置，使实际加工轮廓和编程轨迹一致。

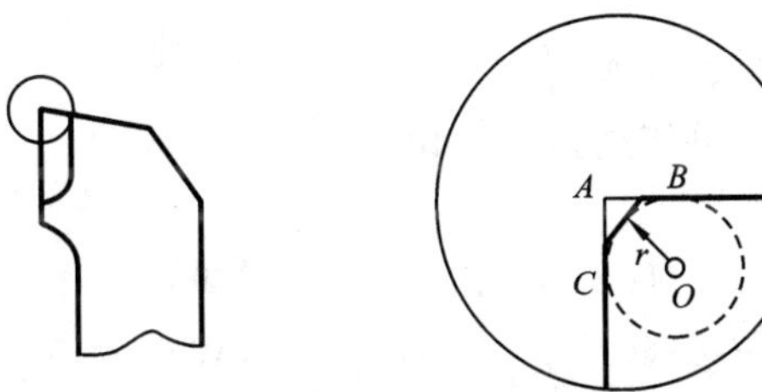

图 2-82　假想刀尖示意图

具有刀具半径补偿功能的数控车床，编程时不用计算刀尖半径的中心轨迹，只需按零件轮廓编程，并在加工前输入刀具半径数据，通过程序中的刀具半径补偿指令，数控装置可自动计算出刀具中心轨迹，并使刀具中心按此轨迹运动。也就是说，执行刀具半径补偿后，刀具中心将自动在偏离工件轮廓一个半径值的轨迹上运动，从而加工出所要求的工件轮廓。

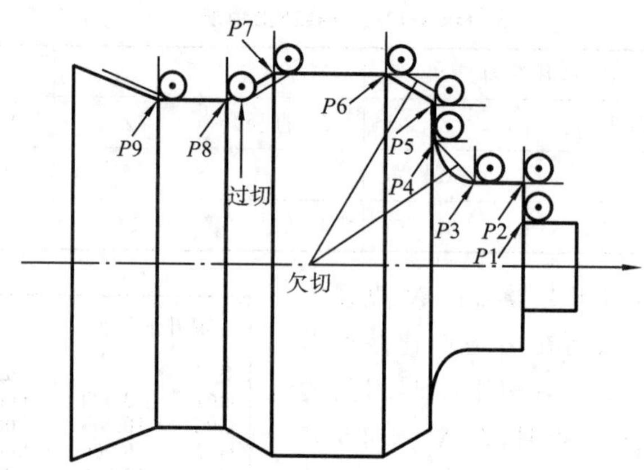

图 2-83 刀尖圆角 R 造成的欠切与过切

1. 刀尖圆弧半径补偿指令

1) 刀具半径左补偿指令 G41

沿刀具运动方向看,刀具在工件左侧时,称为刀具半径左补偿,如图 2-84(a)所示。

2) 刀具半径右补偿指令 G42

沿刀具运动方向看,刀具在工件右侧时,称为刀具半径右补偿,如图 2-84(b)所示。

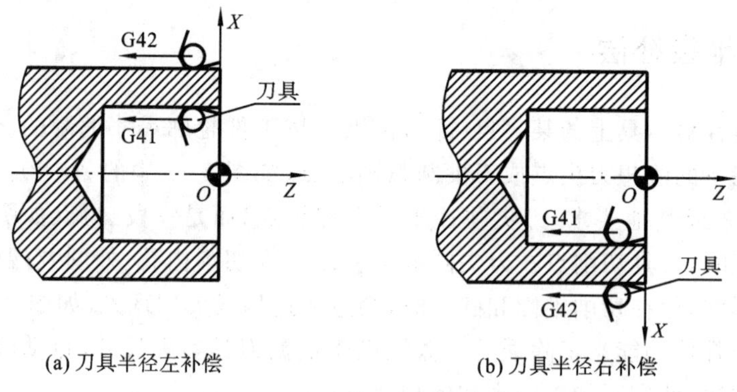

图 2-84 刀尖圆弧半径补偿方向的判别

3) 取消刀具半径补偿指令 G40

若要取消刀具半径补偿,可使用指令 G40。

4) 指令格式

刀具半径左补偿:G41 G01(G00) X(U)_ Z(W)_ F_;

刀具半径右补偿:G42 G01(G00) X(U)_ Z(W)_ F_;

取消刀具半径补偿:G40 G01(G00) X(U)_ Z(W)_;

说明:

(1) G41、G42 和 G40 是模态指令。G41 和 G42 指令不能同时使用,即前面的程序段中如果有 G41,就不能接着使用 G42,必须先用 G40 取消 G41 刀具半径补偿后,才能使用 G42,否则补偿就不正常。

(2) 不能在圆弧指令段建立或取消刀具半径补偿,只能在 G00 或 G01 指令段建立或取消。

2. 刀具半径补偿的过程

刀具半径补偿的过程分为三步：第一步为刀补的建立，刀具中心从编程轨迹重合过渡到与编程轨迹偏离一个偏移量的过程；第二步为刀补的进行，执行 G41 或 G42 指令的程序段后，刀具中心始终与编程轨迹相距一个偏移量；第三步为刀补的取消，刀具离开工件，刀具中心轨迹过渡到与编程重合的过程。如图 2-85 所示为刀补建立与取消的过程。

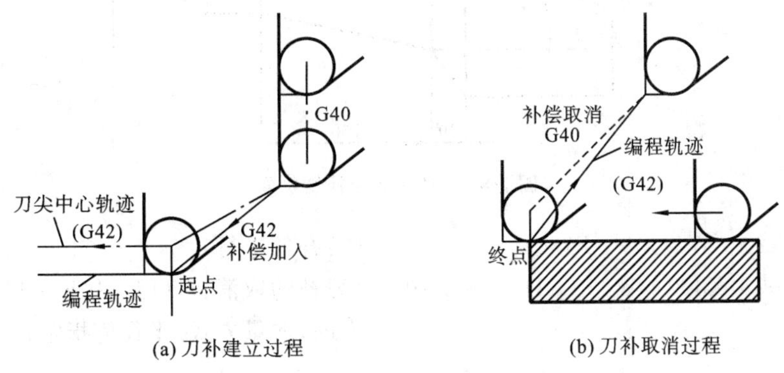

(a) 刀补建立过程　　(b) 刀补取消过程

图 2-85　刀补建立与取消过程

3. 刀尖方位的确定

刀具刀尖半径补偿功能执行时除了与刀具刀尖半径大小有关外，还与刀尖的方位有关。不同的刀具，刀尖圆弧的位置不同，刀具自动偏离零件轮廓的方向就不同。如图 2-86 所示，车刀方位有 9 个，分别用参数 0～9 表示。例如，车削外圆表面时，方位为 3。

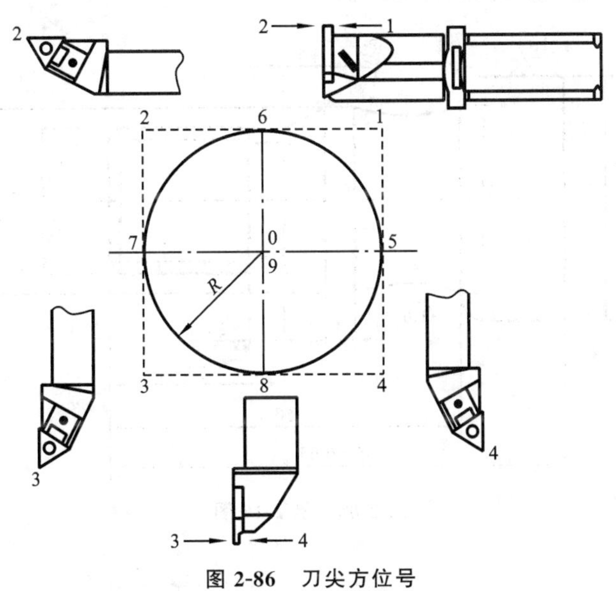

图 2-86　刀尖方位号

4. 刀尖半径补偿指令举例

【例 2-14】　编制如图 2-87 所示锥度部分外圆加工程序。

……

G42　G00　X60；　　　　　　　　　(刀补的建立)

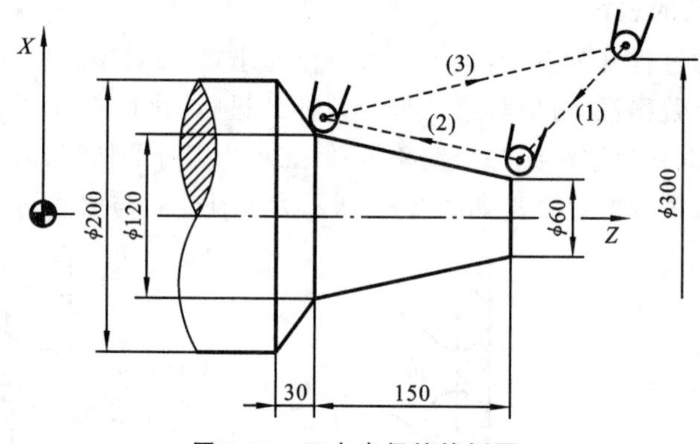

图 2-87　刀尖半径补偿例题

G01　X120　W－159　F100；　　　　　(刀补的进行)
G40　G90　X300　W150　I40　K－30；(刀补的取消，I 和 K 为下一程序段工件的方向，增量方式，半径值指定)

……

2.6　车床综合编程实例

【例 2-15】 加工如图 2-88 所示零件，该零件的毛坯尺寸为 $\phi 38$ 的棒料，材质为 45 钢，确定该零件的加工工艺，编写其数控加工程序。

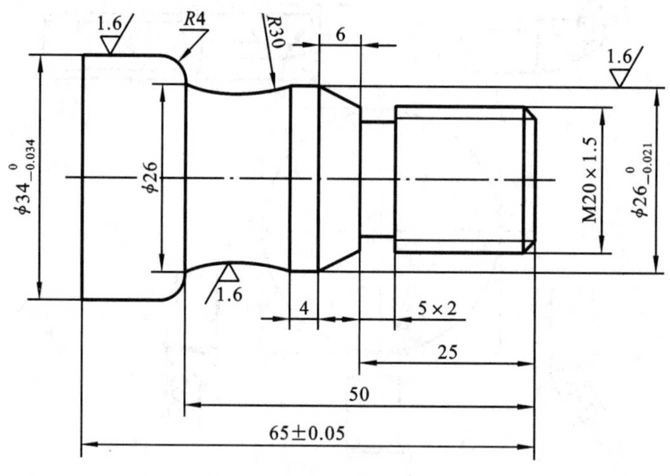

图 2-88　例 2-15 图

1）工艺的分析

审核零件图，明确加工要求，该零件加工面有螺纹外圆面、锥面、曲面、槽，对带有公差值的尺寸，取中间值加工。设工件左端外圆为安装基准，取右端面中心为零件坐标系零点。

2）工艺路线

(1) 夹左端外圆，棒料伸出离卡爪端面距离 90 mm 长。

(2) 粗车右端面—螺纹外圆—锥面—ϕ26 外圆—R30 外圆—R4 圆弧—ϕ34 外圆。

(3) 精车上述各外表面(先后次序同上)。

(4) 车 ϕ16 退刀槽。

(5) 车 M20×1.5 螺纹。

(6) 按图纸要求长度切断零件。

3) 刀具的选择

根据加工要求需要选用以下刀具各一把。

1 号刀:T0101,55°外圆车刀,用于粗加工;

2 号刀:T0202,35°外圆车刀,用于精加工;

3 号刀:T0303,宽 5 mm 切槽及其切断刀,用于切槽、切断加工;

4 号刀:T0404,60°螺纹车刀,用于车螺纹。

4) 切削参数的选择

切削参数的选择如表 2-13 所示。

表 2-13　切削参数的选择

切削用量工序	主轴转速 n/(r/min)	进给量 f/(mm/r)
粗车	600	0.2
精车	1 000	0.1
切槽、切断	500	0.1
车螺纹	500	1.5

5) 程序源码

```
O2007;                              (程序名)
G21  G97  G99;                      (程序初始化)
T0101;                              (换 1 号外圆车刀)
M03  S600;                          (主轴以 600 r/min 正转)
G00  X40.0  Z5.0;                   (到达循环起点位置)
G73  U9.0  W4.0  R5.0;              (G73 外圆粗加工切削)
G73  P10  Q20  U0.5  W0.1  F0.2;
N10  G00  X0;                       (快速靠近工件)
G01  Z0  F0.1;
X18.5;
X20.0  Z-1.5;
Z-25.0;                             (Z 方向到达-25 mm 的位置)
X26.0  W-6.0;                       (加工外圆的锥面)
W-4.0;                              (加工 φ26 mm 的外圆相对移动 4 mm)
G02  X26.0  Z-50.0  R30.0;          (加工外圆弧 R30)
G03  X34.0  W-4.0  R4.0;            (加工外圆弧 R4)
G01  Z-65.0;                        (加工外圆 φ34 mm)
N20  G00  X40.0;                    (退刀)
```

```
G00  X100.0;                 (X方向快速退刀至换刀点)
Z200.0;                      (Z方向快速退刀至换刀点)
M05;                         (主轴停止)
M00;                         (程序暂停)
T0202;                       (精加工,换二号外圆车刀)
M03  S1000;                  (主轴以1 000 r/min正转)
G00  X40.0  Z5.0;            (刀具到达循环起点位置)
G70  P10  Q20                (精加工循环)
G00  X100.0;                 (X方向快速退刀至换刀点)
Z200.0;                      (Z方向快速退刀至换刀点)
M05;                         (主轴停止)
M00;                         (程序暂停)
M03  S500;                   (车槽,主轴以500 r/min正转)
T0303;                       (换三号切槽车刀,刀宽5 mm)
G00  X22.0;                  (快速到达外圆φ22 mm)
Z—25.0;                      (Z方向到达—25 mm的位置)
G01  X16.0  F0.1;            (切到外圆φ16 mm,走刀量0.1 mm)
X22.0  F0.2;                 (退回φ22 mm,走刀量0.2 mm)
G00  X100.0;                 (X方向快速退刀至换刀点)
Z200.0                       (Z方向快速退刀至换刀点)
M05;                         (主轴停止)
M00;                         (程序暂停)
M03  S500;                   (车螺纹,主轴以500 r/min正转)
T0404;                       (换四号螺纹车刀)
G00  X22.0  Z5.0;            (快速定位到螺纹循环起点)
G92  X19.2  Z—22.0  F1.5;    (吃刀深0.8 mm,走刀量1.5 mm/r)
     X18.6;                  (吃刀深0.6 mm)
     X18.2;                  (吃刀深0.4 mm)
     X18.04;                 (吃刀深0.16 mm)
     X18.04;                 (加工光整螺纹)
G00  X100.0;                 (X方向快速退刀至换刀点)
Z200.0;                      (Z方向快速退刀至换刀点)
M05;                         (主轴停止)
M00;                         (程序暂停)
M03  S500;                   (切断零件,主轴以500 r/min正转)
T0303;                       (换三号切断车刀)
G00  X40.0;                  (快速到达外圆φ40 mm)
Z—70.0;                      (Z方向到达—70 mm的位置)
G01  X2.0  F0.1;             (切到外圆φ2 mm,走刀量0.1 mm)
```

```
X40.0  F0.2;              (退回 φ40 mm,走刀量 0.1 mm)
G00  X100.0;              (X 方向快速退刀)
Z200.0;                   (Z 方向快速退刀)
M05;                      (主轴停止)
M30;                      (程序停止并返回程序头)
```

【例 2-16】 加工如图 2-89 所示零件,该零件由复杂曲线构成,毛坯尺寸为 $\phi 30$ 的棒料,材质为 45 号钢,确定该零件的加工工艺,编写其数控加工程序。

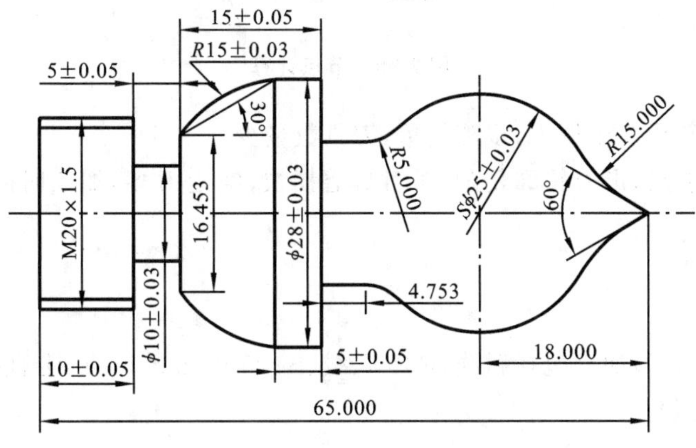

图 2-89　例 2-16 图

1) 工艺的分析

审核零件图,明确加工要求,此工件主要轮廓是圆弧的相接,包括 $R15$ 圆弧、$S\phi 25$ 球面、$R5$ 倒圆角,$R15$ 圆弧、槽、M20×1.5 的螺纹。直径方向有四处标有公差,分别为 $S\phi 25\pm 0.03$、$R15\pm 0.03$、$\phi 28\pm 0.03$、$\phi 10\pm 0.03$。长度方向有四处标有公差,分别是 15±0.05、10±0.05、两处 5±0.05。对带有公差值的尺寸,取中间值加工。所有的表面粗糙度要求均为 3.2,有一处需要锐角倒棱。

由分析可知,此工件轮廓复杂,主要以圆弧连接为主,包含切槽、加工螺纹等工序,加工难度大,必须采用数控车床加工。可以在一次装夹前提下,采用工序集中原则加工完成。设工件左端外圆为安装基准,取右端面中心为编程坐标系原点,首先要计算节点坐标。

(1) 节点的计算。

如图 2-90 所示,采用 CAD 对图形进行处理。对于一些不易用笔计算得出的坐标节点,采用 CAD 找出各个节点的坐标:

A 点坐标(X2.162,Z−1.873);

B 点坐标(X12.792,Z−7.260);

D 点坐标(X17.857,Z−26.748);

E 点坐标(X15,Z−30.247);

G 点坐标(X13.481,Z−51)。

(2) 不同工艺的比较。

① 工艺方案一。

用尖刀(G73)加工全部轮廓。然后切槽,车螺纹,切断。

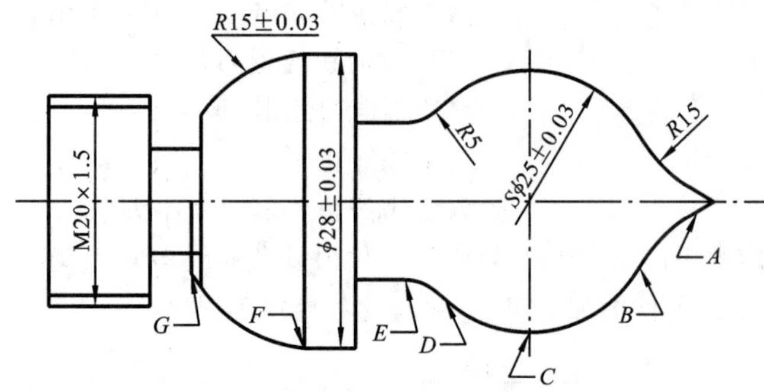

图 2-90　节点计算

优点：编程循环指令用得少，步骤简单，刀具数量少。

缺点：刀具要求高，走刀轮廓复杂，对刀具磨损快，空走刀多，加工时间长，生产效率低，不适合批量生产。

② 工艺方案二。

分段加工：

a. 用外圆刀(G71)加工包括斜线、$R15$ 弧线、$S\phi25$ 圆弧到 C 点，走直线到 $Z-35$ 处，再加工 $\phi28$ 到工件总长；

b. 用切槽刀加工 $\phi10$ 槽；

c. 用尖刀(G73)加工 $S\phi25$ 的后半部分，至 D、E 点直到 $Z-35$ 处，用 G70 进行精加工；

d. 用外圆刀(G90)加工 $\phi20$ 的圆弧到工件总长；

e. 用尖刀(G72)加工 $R15$ 圆弧到 G 点，用 G70 进行精加工；

f. 车螺纹(G76)；

g. 切槽，切断。

优点：刀具要求低，磨损小，走刀轮廓简单，空走刀少，加工时间短，生产效率高，适合批量生产。

缺点：刀具数量多，程序步骤多。

通过分析可以判断出加工工艺二要优于加工工艺一。

2）确定刀具及其切削参数

刀具及切削参数的选择如表 2-14 所示。

表 2-14　刀具及切削参数的选择

序　号	刀 具 名 称	刀号刀补	主轴转速/(r/min)	进给速度/(mm/r)
1	外圆粗车刀	T0101	S500	0.2
2	尖刀	T0202	S800	0.1
3	螺纹刀	T0303	S300	0.1
4	切槽刀(刀宽 5 mm)	T0404	S300	0.06

3）程序源码

```
O2008;
G21   G97   G99;                 (程序初始化)
```

```
T0101;                             (选 1 号刀具和 1 号刀补值)
M03  S500;                         (主轴以 500 r/min 的速度顺时针旋转)
G00  X32.0  Z2.0;                  (循环起点)
G71  U2.0  R0.5;                   (G71 进行粗加工)
G71  P10  Q20  U0.5  W0.1  F0.2;
N10  G00  X0;
G01  Z0  F0.12;
X2.163  Z-1.873;
G02  X12.792  Z-7.26  R15.0;
G03  X25.0  Z-18.0  R25.0;
G01  Z-35.0;
X28.0;
Z-72.0;
N20  G00  X32.0;
G70  P10  Q20;                     (G70 进行精加工)
G00  X100.0;                       (回换刀点)
Z100.0;
M05;                               (主轴停)
M00;                               (程序暂停)
T0404;                             (换 4 号刀具,切 φ10 槽)
M03  S300;
G00  X32.0;
Z-55.0;
G01  X10.0  F0.06;
X32.0;
G00  X100.0;
Z100.0;
M05;
M00;
T0202;                             (换 2 号刀具,加工 φ20 螺纹段外圆)
M03  S800;
G00  X32.0;
Z-54.0;
G90  X26.0  Z-72.0  F0.1;          (G90 进行外圆切削循环)
X24.0;
X22.0;
X20.0;
G00  X100.0;
Z100.0;
M05;
```

```
M00;
T0202;                        (换2号刀具,加工凹弧)
M03  S800;
G00  X32.0;
Z-16.0;
G73  U4.0  W0  R3.0;          (G73进行Sϕ25的后半部分)
G73  P30  Q40  U0.5  W0  F0.08;
N30  G00  X25.0;
G01  Z-18.0;
G03  X17.857  Z-26.748  R12.5;
G02  X15  Z-30.247  R5;
G01  Z-35.0;
N40  G00  X32.0;
G70  P30  Q40;                (G70精加工)
G00  Z-40.0;
G72  U2.0  R0.5;              (G72加工R15圆弧到G点)
G72  P50  Q60  U0.5  W0  F0.08;
N50  G03  X13.482  Z-51.0  R15.0;
N60  G00  X32.0;
G70  P30  Q40;                (G70精加工)
G00  X100.0;
Z100.0;
M05;
M00;
T0303;                        (换3号刀具,加工M20螺纹)
M03  S300;
G00  X30.0;
Z-53.0;
X20.0;
G76  P010060  Q100  R0.08;(G76进行螺纹加工)
G76  X18.05  Z-67  P975  Q350  F1.5;
G00  X100.0;
Z100.0;
M05;
M00;
T0404;                        (换4号刀具,切断)
G00  X32.0;
Z-70.0;
X21.0
G01  X0  F0.06;
```

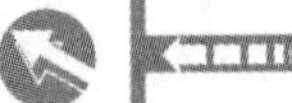

```
G00  X100.0
Z100.0;
M05;                      (主轴停止)
M30;                      (程序结束)
```

习　　题

一、填空题

1. 数控车床中 X 轴的方向是________，其正方向是________。
2. 数控车床刀架的位置有________和________两种。
3. 数控系统提供的螺纹加工指令有________和________。
4. G00 指令是________代码，其含义是________，G01 指令是________代码，其含义是________。
5. 数控车床编程时按坐标值的不同可分为________编程和________编程两种。
6. 数控车床的刀具补偿功能主要分为________和________两种。
7. 如图 2-91 所示，刀具从 A 点快进到 B 点，则从

$A \to B$ 使用绝对编程方式：____________________；

$A \to B$ 使用增量编程方式：____________________。

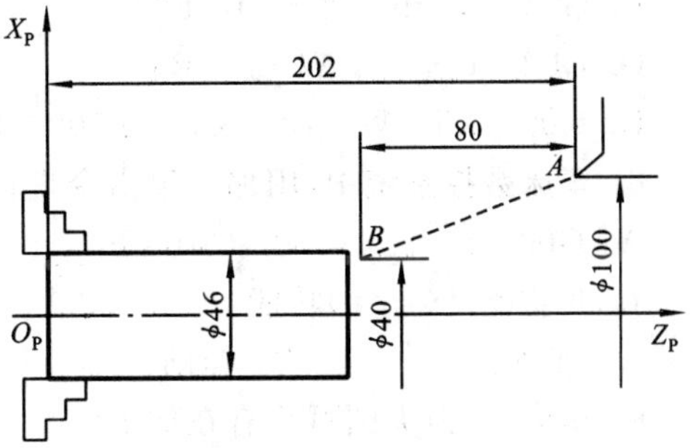

图 2-91　图示零件 1

8. 在指令 G71　P(ns)　Q(nf)　U(Δu)　W(Δw)　D(Δd)　F__　S__　T__中，ns 表示________，nf 表示________，Δu 表示________，Δw 表示________，Δd 表示________。
9. 外圆切削循环 G90 指令的格式是_______，其中 X、Z 表示_______，U、W 表示_______。
10. 数控车床的固定循环指令一般分为________和________指令。

二、判断题

1. G00 快速点定位指令控制刀具沿直线快速移动到目标位置。（　）
2. 螺纹加工指令 G32 加工螺纹，螺纹两端要设置进刀段与退刀段。（　）
3. 数控车床编程有绝对值和增量值编程，使用时不能将它们放在同一程序段中。（　）
4. G96　S100 表示切削速度是 100 m/min。（　）
5. 在 FANUC 系统中，G92 指令可用作坐标系设定。（　）
6. 在刀尖圆弧补偿中，各种不同的刀尖有不同的刀尖位置序号。（　）
7. 外圆粗车循环方式适合于加工棒料毛坯除去较大余量的切削。（　）
8. 刀尖点编出的程序在进行倒角、锥面及圆弧切削时，则会产生少切或过切现象。（　）
9. G98 指令定义 F 字段设置的切削速度单位是 mm/min。（　）
10. 数控车床使用的回转刀架实质是一种自动换刀装置。（　）

三、选择题

1. 下列指令中属于复合形状固定循环指令的是(　　)。

A. G92　　B. G71　　C. G90　　D. G32

2. 车削中心与数控车床的主要区别是(　　)。

A. 刀库的刀具数多少

B. 有动力刀具和 C 轴

C. 机床精度的高低

3. 主轴表面恒线速度控制指令为(　　)。

A. G97　　B. G96　　C. G95

4. 数控车床的纵向和横向分别定义为(　　)。

A. X 和 Y　　B. X 和 Z　　C. Z 和 X　　D. Y 和 X

5. 混合编程的程序段是(　　)。

A. G00　X100　Z200　F300

B. G01　X−10　Z−20　F30

C. G02　U−10　W−5　R30

D. G03　X5　W−10　R30　F500

6. 车床数控系统中,用那一组指令进行恒线速控制(　　)。

A. G00　S____　B. G01　F____　C. G96　S____　D. G98　S____

7. T 功能是(　　)功能。

A. 准备　　B. 辅助　　C. 换刀　　D. 主轴转速

8. 车床上,刀尖圆弧只有在加工(　　)时才产生加工误差。

A. 端面　　B. 圆柱　　C. 圆弧

9. 数控车床在加工中为了实现对车刀刀尖磨损量的补偿,可沿假设的刀尖方向,在刀尖半径值上,附加一个刀具偏移量,这称为(　　)。

A. 刀具位置补偿

B. 刀具半径补偿

C. 刀具长度补偿

10. 圆锥切削循环的指令是(　　)。

A. G90　　B. G92　　C. G94　　D. G96

四、简答与编程题

1. 数控车床的类型有哪些?

2. 数控车床的机床原点、参考点和工件原点之间有何区别? 试以某具有参考点功能的车床为例,用图示表达出它们之间的相对位置关系。

3. 数控车床的对刀内容包括哪些? 以基准车刀的对刀为例,说明具有参考点功能的数控车床的对刀过程是如何进行的?

4. 对数控车床而言,若要使工件坐标系与机床坐标系重合,应如何进行? 此时工件坐标原点的位置应如何选定?

5. 数控车床圆弧的顺逆应如何判断?

6. 简述 G71、G72、G73 指令的应用场合有何不同。

7. 编程题:加工如图 2-92～图 2-99 所示零件,并对加工工艺、加工路线、刀具、切削用

量作出说明。

① 毛坯为 ϕ50×200。

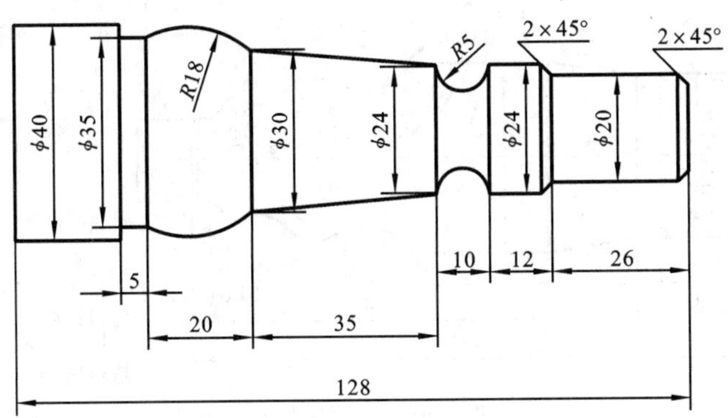

图 2-92　图示零件 2

② 毛坯为 ϕ100 × 400。

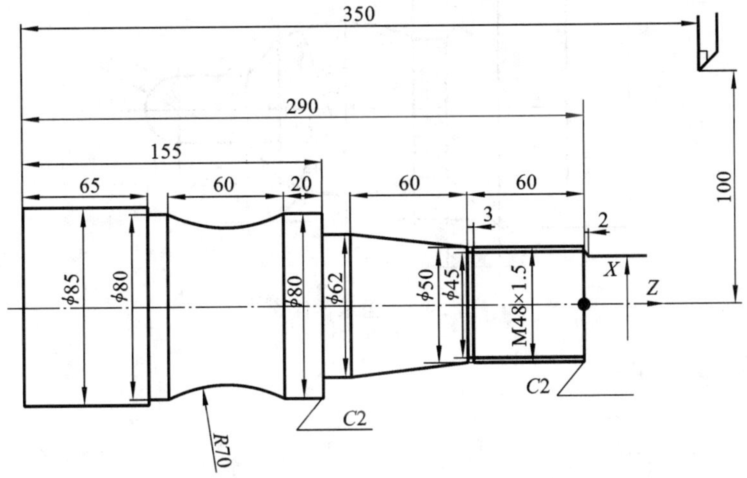

图 2-93　图示零件 3

③ 毛坯为 ϕ35×300。

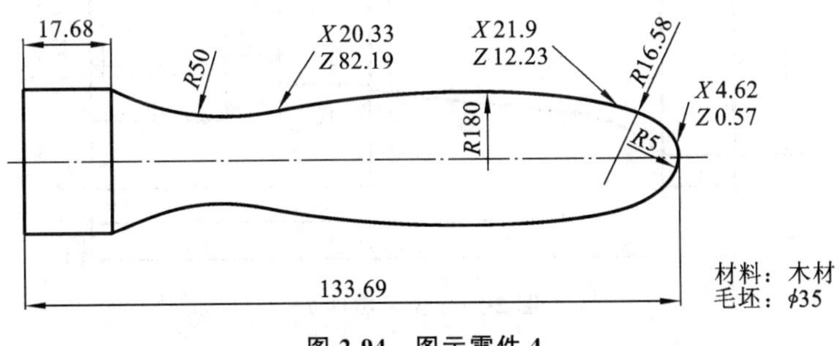

图 2-94　图示零件 4

④ 毛坯为 ϕ40×100。

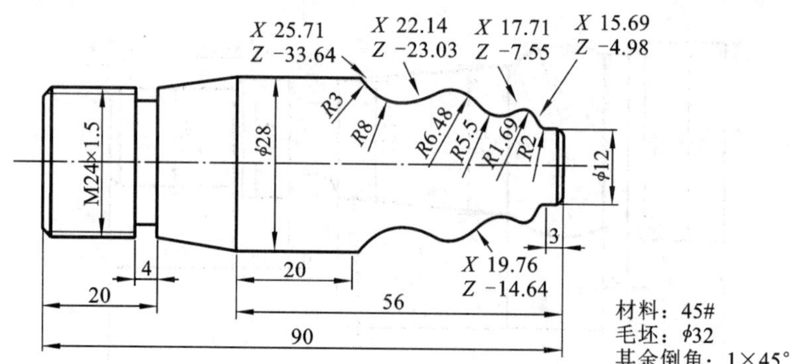

图 2-95　图示零件 5

⑤ 毛坯为 ϕ72×250。

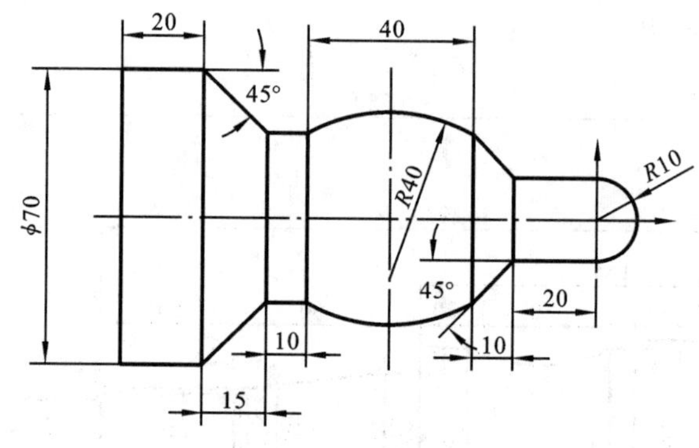

图 2-96　图示零件 6

⑥ 毛坯为 ϕ40×200。

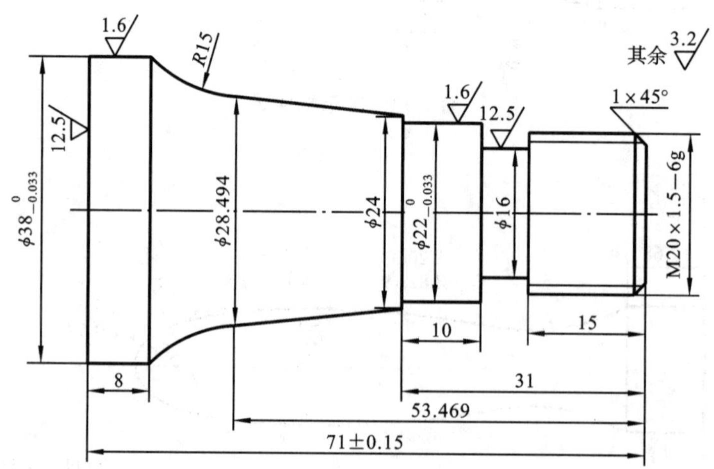

图 2-97　图示零件 7

⑦ 毛坯为 ϕ50×200。

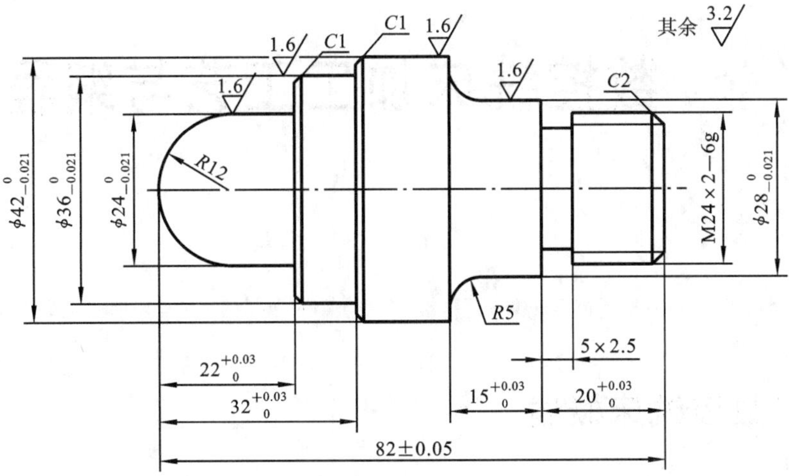

图 2-98　图示零件 8

⑧ 毛坯为 ϕ40×150。

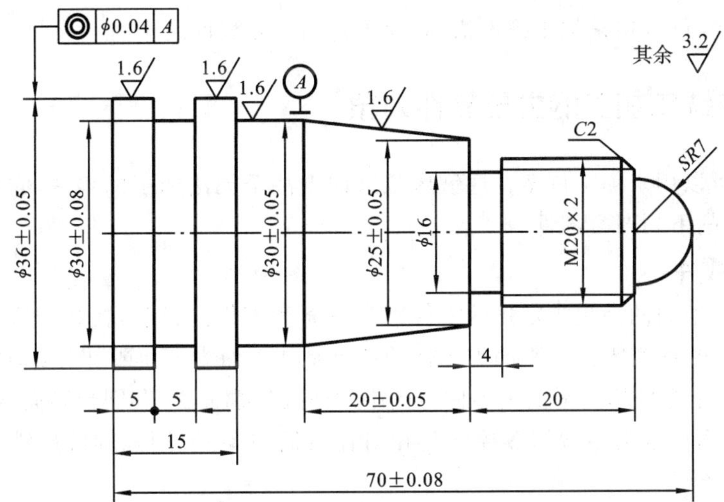

技术要求：
1. 未注倒角0.5×45°　。
2. 未注公差尺寸按GB1804—M。

图 2-99　图示零件 9

第3章 数控铣床加工工艺与编程

3.1 数控铣床概述

数控铣床是一种用途广泛的机床，在数控机床中所占比例最大，在航空航天、汽车制造、一般机械加工和模具制造业中应用非常广泛。数控铣床多为三坐标、两坐标联动的机床，也称两轴半控制数控铣床，即在 X、Y、Z 三个坐标轴中，任意两轴都可以联动，也可以三个或更多坐标轴联动，可以用来加工螺旋槽、叶片等立体曲面零件。

3.1.1 数控铣床加工的主要零件对象

数控铣床可以用来加工许多普通铣床难以加工甚至无法加工的零件，它以铣削功能为主，主要适合铣削下列四类零件。

1. 平面类零件

加工面与水平面的夹角为定角的零件称为平面类零件。目前，在数控铣床上加工的绝大多数零件属于平面类零件。平面类零件的特点是加工面为平面或可以展开成为平面。如图 3-1 所示的三个零件均属平面类零件。图中的曲线轮廓面 M 和圆台侧面 N，展开后均为平面，P 为斜平面。这类零件的数控铣削相对比较简单，一般用三轴数控铣床的两轴联动就可以加工出来。

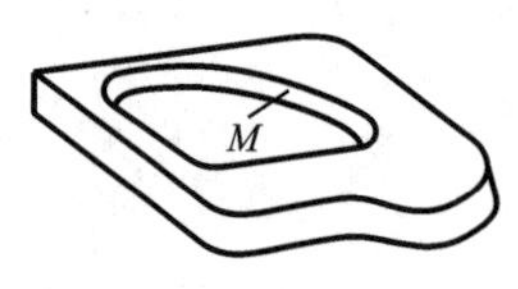

(a) 带平面轮廓的平面类零件

(b) 带斜平面的平面类零件

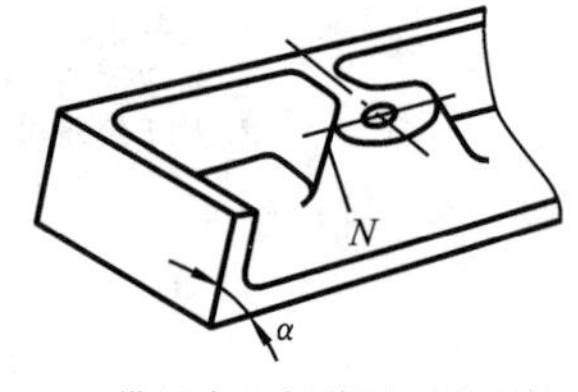

(c) 带正台和斜筋平面类零件

图 3-1 平面类零件

2. 变斜角类零件

加工面与水平面的夹角呈连续变化的零件称为变斜角类零件。这类零件的特点是加工面不能展开为平面，但在加工中，铣刀圆周与加工面接触的瞬间为一条直线。图 3-2 是飞机上的一种变斜角梁椽条。该零件在第②肋至第⑤肋的斜角 α 从 $3°10'$ 均匀变化到 $2°32'$，从

第⑤肋至第⑨肋再均匀变化到1°20′，从第⑨肋到第⑩肋又均匀变化至0°。变斜角类零件一般采用四轴或五轴联动的数控铣床加工，也可以在三轴数控铣床上通过两轴联动用鼓形铣刀分层近似加工，但精度稍差。

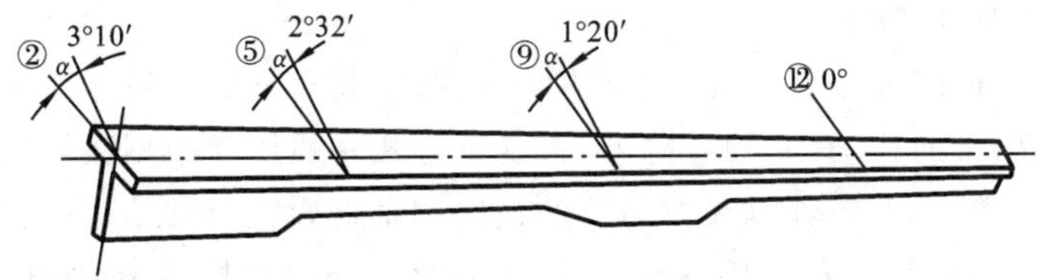

图3-2　飞机上变斜角梁缘条

3. 曲面类(立体类)零件

加工面为空间曲面的零件称为曲面类零件。曲面类零件的特点一是加工面不能展开为平面，二是加工面与铣刀始终为点接触。这类零件在数控铣床的加工中较为常见，如各种模具、叶片类零件等，如图3-3所示，通常采用两轴半联动数控铣床来加工精度要求不高的曲面，精度要求高的曲面需用三轴联动数控铣床加工，若曲面周围有干涉表面，需用四轴甚至五轴联动数控铣床加工。

(a) 模具零件

(b) 叶片零件

图3-3　曲面类零件

4. 箱体类零件

箱体类零件一般是指具有一个以上孔系，内部有一定型腔或空腔，在长、高、宽方向有一定比例的零件。这类零件在机械行业、汽车、飞机制造等各个行业中用得较多，如汽车的发动机缸体、变速箱体；机床的床头箱、主轴箱；柴油机缸体、齿轮泵壳体等。这类零件的加工一般都需要进行多工位孔系、轮廓及平面加工，当在普通铣床上加工，难以保证工件尺寸精度、形位精度和表面粗糙度等要求时，宜选择用数控铣床进行加工。

3.1.2　数控铣床的分类

数控铣床种类很多，按其体积大小可分为小型、中型和大型数控铣床，一般数控铣床是指规格较小的升降台式数控铣床，其工作台宽度多在400 mm以下，规格较大的数控铣床，例如工作台宽度在500 mm以上的，其功能已向加工中心靠近，进而演变成柔性加工单元。

常用的分类方法是按机床主轴的布局形式可分为立式数控铣床、卧式数控铣床和立卧两用数控铣床。

1. 立式数控铣床

立式数控铣床的主轴轴线垂直于水平面,是数控铣床中最常见的一种布局形式,应用范围也最广泛,如图3-4所示。立式数控铣床中又以三坐标(X、Y、Z)联动铣床居多,各坐标的控制方式主要有以下三种。

(1) 工作台纵、横向移动并升降,主轴不动方式,目前小型数控铣床一般采用这种方式。

(2) 工作台纵、横向移动,主轴升降方式,这种方式一般用在中型数控铣床中。

(3) 龙门架移动式,即主轴可在龙门架的横向和垂直导轨上移动,龙门架则沿床身作纵向移动。许多大型数控铣床都采用这种结构,又称之为龙门数控铣床,如图3-4(b)所示。

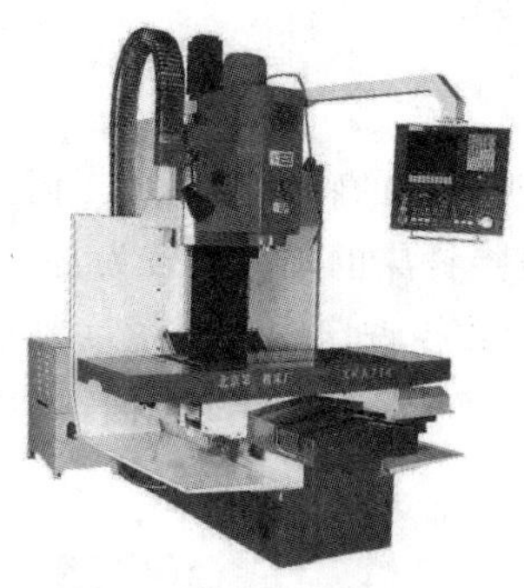

(a) 立式数控铣床

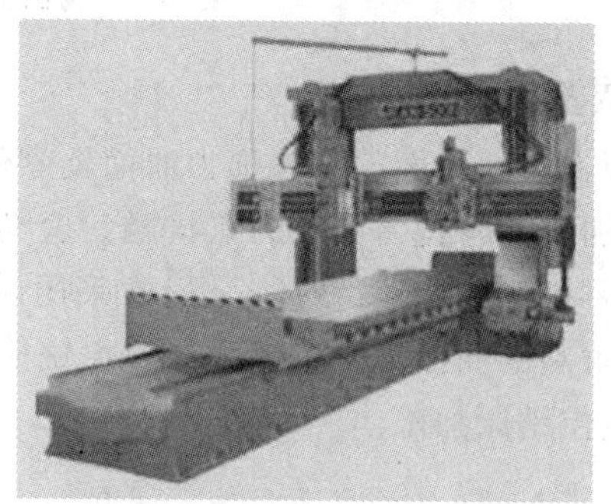

(b) 龙门数控铣床

图3-4 立式数控铣床

2. 卧式数控铣床

卧式数控铣床的主轴轴线平行于水平面,主要用来加工箱体类零件,如图3-5所示。为了扩大功能和加工范围,通常采用增加数控转盘来实现四轴或五轴加工。这样,工件在一次加工中可以通过转盘改变工位,进行多方位加工。配有数控转盘的卧式数控铣床在加工箱体类零件和需要在一次安装中改变加工工位的零件时具有明显的优势。

3. 立卧两用数控铣床

立卧两用数控铣床(如图3-6所示)的主轴轴线方向可以改变,使一台铣床具备立式数

图3-5 卧式数控铣床

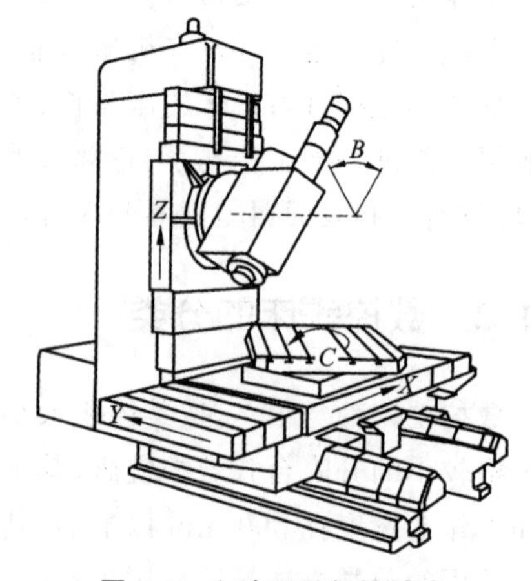

图3-6 立卧两用数控铣床

控铣床和卧式数控铣床的功能，达到在一台机床上既可以进行立式加工，又可以进行卧式加工。立卧两用数控铣床的主轴方向的更换有手动与自动两种。采用数控万能主轴头的立卧两用数控铣床，其主轴头可以任意转换方向，可以加工出与水平面呈各种不同角度的工件表面。当立卧两用数控铣床增加数控转盘后，就可以实现对工件的“五面加工”，即除了工件与转盘贴面的定位面外，其他表面都可以在一次安装中进行加工。因此，立卧两用数控铣床的加工性能非常优越。

3.2　数控铣床的加工工艺

数控铣床加工工艺以普通铣床的加工工艺为基础，结合数控铣床的特点，综合运用多方面的知识解决数控铣床加工过程中面临的工艺问题，其内容包括金属切削原理与刀具、加工工艺、典型零件加工及工艺性分析等方面的基础知识和基本理论。

3.2.1　数控铣床的加工范围

铣削加工是机械加工中最常用的加工方法之一，铣削时，铣刀作旋转的主运动，工件作缓慢直线的进给运动。铣削加工主要包括平面铣削和轮廓铣削，可以加工平面（水平面、垂直面）、沟槽（键槽、T 形槽、燕尾槽等）、分齿零件（齿轮、花键轴、链轮）及各种曲面，也可以对零件进行钻、扩、铰、镗、锪加工及螺纹加工等。此外，还可用于对回转体表面、内孔加工及进行切断加工等。铣削加工的加工范围如图 3-7 所示。

3.2.2　数控铣床的刀具

1. 数控铣床对刀具的要求

(1) 铣刀刚性要好，一是为提高生产效率而采用大切削用量的需要；二是为适应数控铣床加工过程中难以调整切削用量的特点。例如，当工件各处的加工余量相差悬殊时，通用铣床遇到这种情况很容易采取分层铣削方法加以解决，而数控铣削就必须按程序规定的走刀路线前进，遇到余量大时无法如通用铣床那样“随机应变”，除非在编程时能够预先考虑到这一点，否则铣刀必须返回原点，用改变切削面高度或加大刀具半径补偿值的方法从头开始加工，多走几刀。但这样势必造成余量少的地方经常走空刀，降低了生产效率，如刀具刚性较好就不必如此操作。再者，在通用铣床上加工时，若遇到刚性不强的刀具，也比较容易从振动、手感等方面及时发现并及时调整切削用量加以弥补，而数控铣削时则很难办到。在数控铣削中，因铣刀刚性较差而断刀并造成工件损伤的事例是经常发生的，所以解决数控铣刀的刚性问题是至关重要的。

(2) 铣刀的耐用度要高，尤其是当一把铣刀加工的内容很多时，如刀具不耐用而磨损较快，就会影响工件的表面质量与加工精度，而且会增加因换刀而引起的调刀与对刀次数，也会使工作表面留下因对刀误差而形成的接刀台阶，降低了工件的表面质量。

除上述两点之外，铣刀切削刃的几何角度参数的选择及排屑性能等也非常重要，切屑黏刀形成积屑瘤在数控铣削中是十分忌讳的。总之，根据被加工工件材料的热处理状态、切削

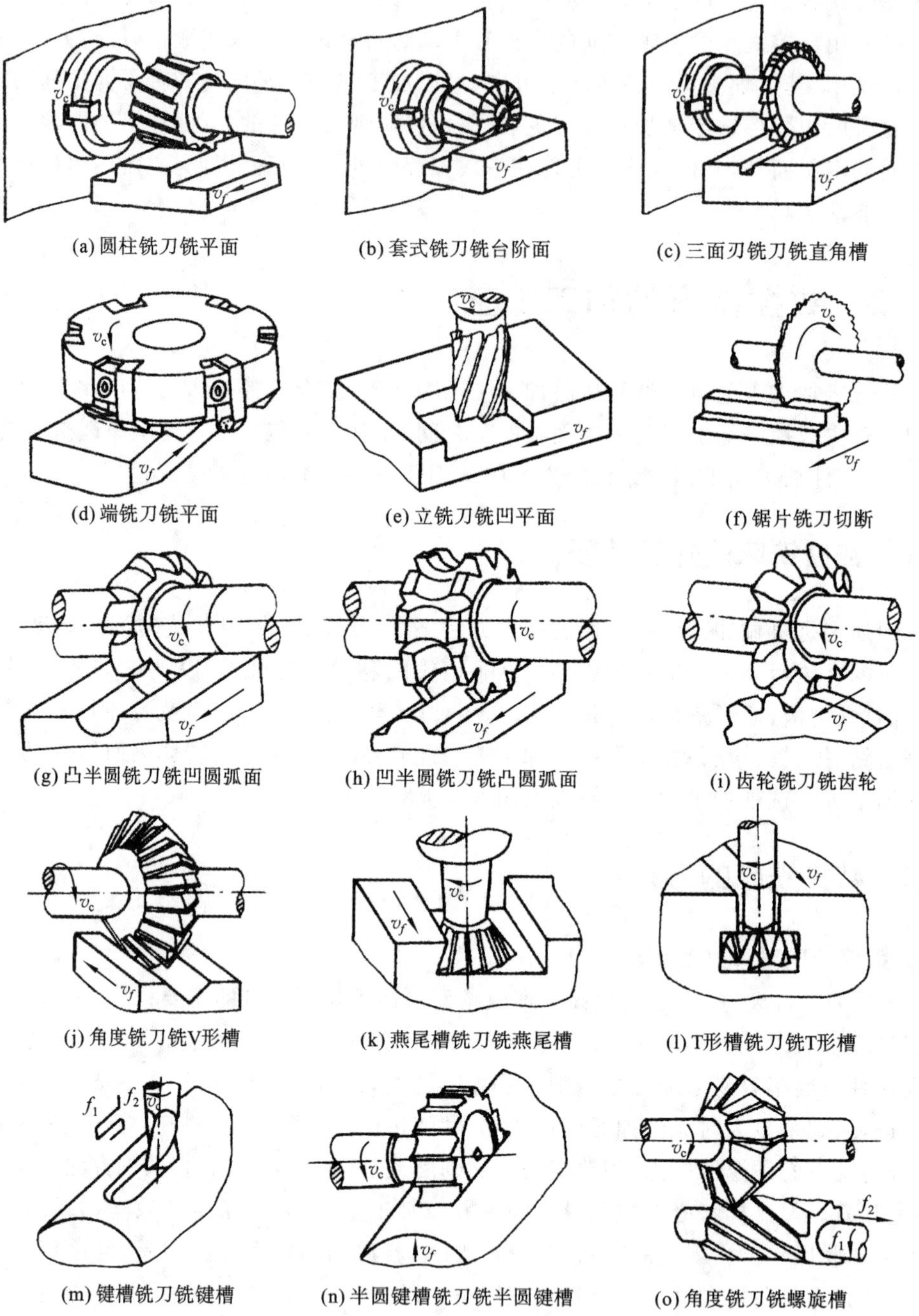

(a) 圆柱铣刀铣平面　(b) 套式铣刀铣台阶面　(c) 三面刃铣刀铣直角槽

(d) 端铣刀铣平面　(e) 立铣刀铣凹平面　(f) 锯片铣刀切断

(g) 凸半圆铣刀铣凹圆弧面　(h) 凹半圆铣刀铣凸圆弧面　(i) 齿轮铣刀铣齿轮

(j) 角度铣刀铣V形槽　(k) 燕尾槽铣刀铣燕尾槽　(l) T形槽铣刀铣T形槽

(m) 键槽铣刀铣键槽　(n) 半圆键槽铣刀铣半圆键槽　(o) 角度铣刀铣螺旋槽

图 3-7　铣削加工的加工范围

性能及加工余量，选择刚性好、耐用度高的铣刀，是充分发挥数控铣床的生产效率和获得满意的加工质量的前提。

2. 数控铣刀的选择

数控铣床上所采用的刀具要根据被加工零件的材料、几何形状、表面质量要求、热处理状态、切削性能及加工余量等，选择刚性好、耐用度高的刀具。应用于数控铣削加工的刀具

主要有圆柱铣刀、立铣刀、面铣刀、球头刀、环形刀、鼓形刀和锥形刀等。

1）圆柱铣刀

圆柱铣刀主要用于卧式铣床加工平面，一般为整体式，如图 3-8 所示。该铣刀材料为高速钢，主切削刃分布在圆柱上，无副切削刃。该铣刀有粗齿和细齿之分。粗齿铣刀的齿数少，刀齿强度大，容屑空间大，重磨次数多，适用于粗加工；细齿铣刀的齿数多，工作较平稳，适用于精加工。圆柱铣刀直径范围 $d=50\sim100$ mm，齿数 $Z=6\sim14$ 个，螺旋角 $\beta=30°\sim45°$。当螺旋角 $\beta=0°$时，螺旋刀齿变为直刀齿，目前生产上应用少。

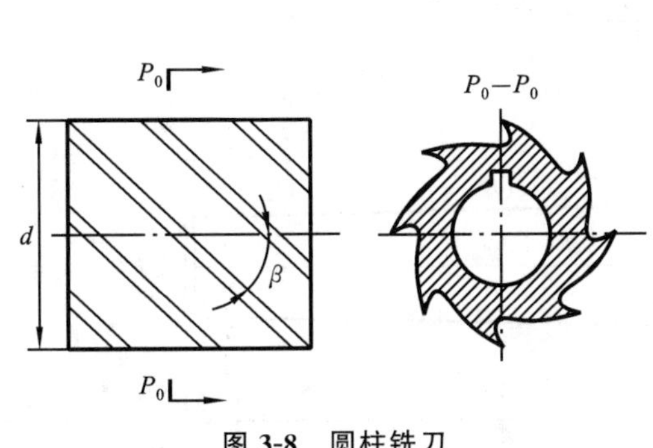

图 3-8　圆柱铣刀

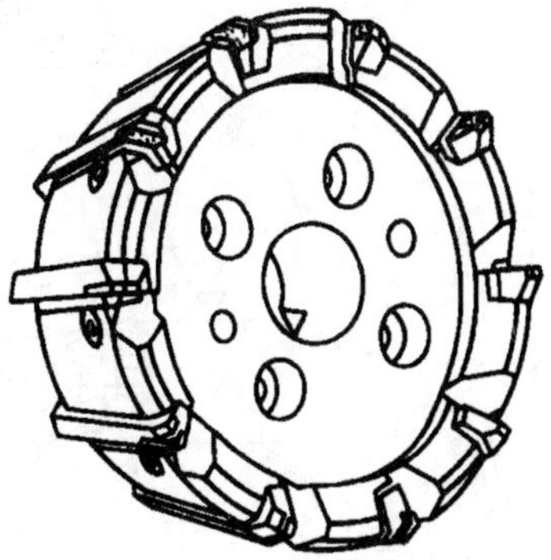

图 3-9　面铣刀

2）面铣刀

面铣刀主要用于立式铣床上加工面积较大平面、台阶面等，如图 3-9 所示。面铣刀的主切削刃分布在铣刀的圆柱面或圆锥面上，副切削刃分布在铣刀的端面上。面铣刀多制成套式镶齿结构，刀齿为高速钢或硬质合金，刀体材质为 40Cr。高速钢面铣刀按国家标准规定，直径 $d=80\sim250$ mm，螺旋角 $\beta=10°$，刀齿数 $Z=10\sim26$ 个。

硬质合金面铣刀与高速钢铣刀相比，铣削速度较高、加工效率高、加工表面质量也较好，并可加工带有硬皮和淬硬层的工件，故得到广泛应用。合金面铣刀按刀片和刀齿的安装方式不同，可分为整体焊接式、机夹-焊接式和可转位式。

3）立铣刀

立铣刀也称为圆柱铣刀，如图 3-10 所示，广泛用于加工平面类零件，主要用于立式铣床上加工凹槽、台阶面、成形面（利用靠模）等。立铣刀圆柱表面和端面上都有切削刃，它们可同时进行切削，也可单独进行切削。立铣刀圆柱表面的切削刃为主切削刃，端面上的切削刃为副切削刃。主切削刃一般为螺旋齿，这样可以增加切削平稳性，提高加工精度。还有一种先进的结构，其切削刃是波形的，特点是排屑更流畅，切削厚度更大，有利于刀具散热且提高了刀具寿命，刀具不易产生振动。

立铣刀按端部切削刃的不同可分为过中心刃立铣刀和不过中心刃立铣刀两种。过中心刃立铣刀可直接轴向进刀。由于不过中心刃立铣刀端面中心处无切削刃，所以它不能作轴向进给，端面刃主要用来加工与侧面相垂直的底平面。

立铣刀按齿数可分为粗齿、中齿、细齿三种。为了改善切屑卷曲情况，增大容屑空间，防止切屑堵塞，刀齿数比较少，容屑槽圆弧半径则较大。一般粗齿立铣刀齿数 $Z=3\sim4$ 个，细齿立铣刀齿数 $Z=5\sim8$ 个，套式结构立铣刀齿数 $Z=10\sim20$ 个，容屑槽圆弧半径 $r=2\sim5$

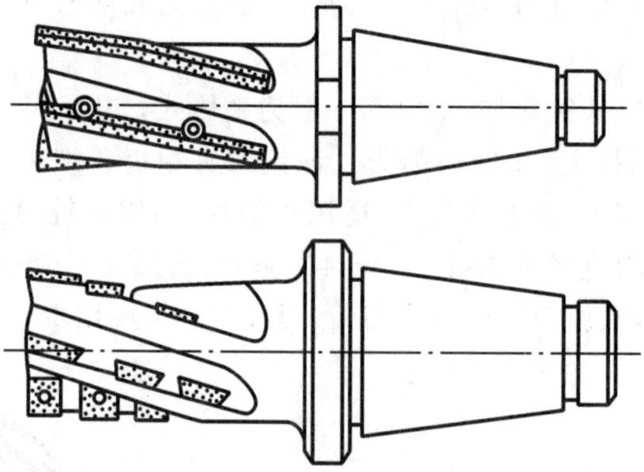

(a) 硬质合金立铣刀

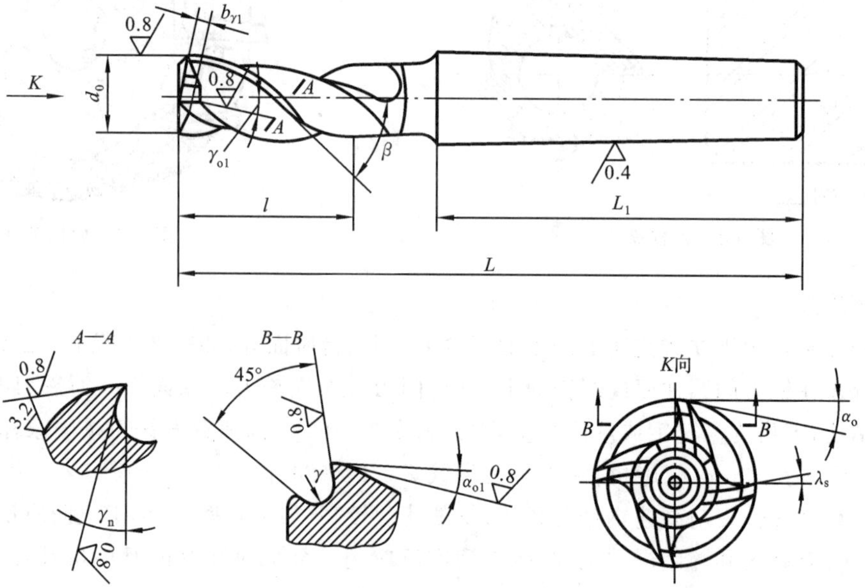

(b) 高速钢立铣刀

图 3-10　立铣刀

mm。当立铣刀直径较大时，还可制成不等齿距结构，以增强抗振作用，使切削过程平稳。

立铣刀按螺旋角大小可分为 30°、40°、60°等几种形式。标准立铣刀的螺旋角 $\beta=40°\sim45°$(粗齿)和 $\beta=60°\sim65°$(细齿)，套式结构立铣刀的螺旋角 β 为 15°～25°。

直径较小的立铣刀，一般制成带柄形式。$\phi2\sim\phi71$ mm 的立铣刀制成直柄；$\phi6\sim\phi66$ mm 的立铣刀制成莫氏锥柄；$\phi25\sim\phi80$ mm 的立铣刀做成 7∶24 锥柄，内有螺孔用来拉紧刀具。直径大于 $\phi40\sim\phi160$ mm 的立铣刀可做成套式结构。

4) 键槽铣刀

键槽铣刀主要用于立式铣床上加工圆头封闭键槽等，如图 3-11 所示。该铣刀外形似立铣刀，端面无顶尖孔，端面刀齿从外圆延伸至轴心，且螺旋角较小，增强了端面刀齿强度。端面刀齿上的切削刃为主切削刃，圆柱面上的切削刃为副切削刃。加工键槽时，每次先沿铣刀轴向进给较小的量，然后再沿径向进给，这样反复多次，就可完成键槽的加工。由于该铣刀

的磨损是在端面和靠近端面的外圆部分，所以修磨时只要修磨端面切削刃，这样，铣刀直径可保持不变，使加工键槽的精度较高，铣刀寿命较长。键槽铣刀的直径范围为 $\phi2\sim\phi63$ mm。

图 3-11　键槽铣刀

5）三面刃铣刀

三面刃铣刀主要用于卧式铣床上加工槽、台阶面等。三面刃铣刀的主切削刃分布在铣刀的圆柱面上，副切削刃分布在两端面上。该铣刀按刀齿结构可分为直齿、错齿和镶齿三种形式。图 3-12 所示是直齿三面刃铣刀。该铣刀结构简单，制造方便，但副切削刃前角为 0°，切削条件较差。该铣刀直径范围是 50～200 mm，宽度为 4～40 mm。

6）角度铣刀

角度铣刀主要用于卧式铣床上加工各种角度槽、斜面等。角度铣刀的材料一般是高速钢。角度铣刀根据本身外形不同，可分为单刃铣刀、不对称双角铣刀和对称双角铣刀三种。图 3-13 所示为单角铣刀。圆锥面上的切削刃是主切削刃，端面上的切削刃是副切削刃。该铣刀直径范围是 40～100 mm。

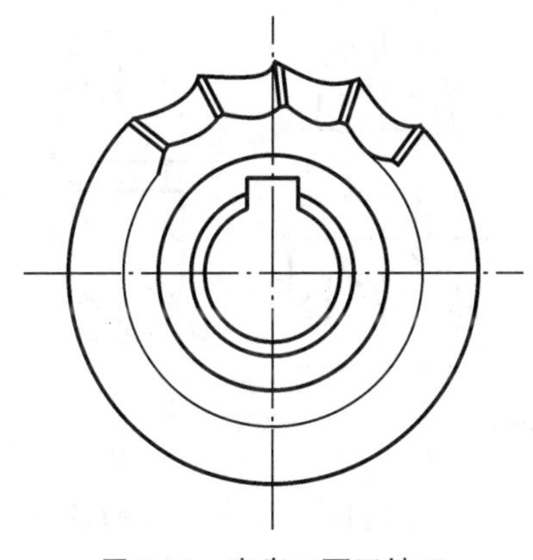

图 3-12　直齿三面刃铣刀

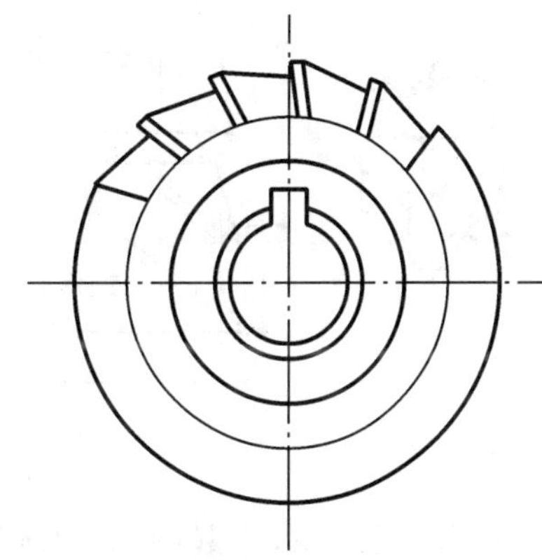

图 3-13　单角铣刀

7）模具铣刀

模具铣刀主要用于立式铣床上加工模具型腔、三维成形表面等。模具铣刀按工作部分形状不同，可分为圆柱形球头铣刀、圆锥形球头铣刀和圆锥形立铣刀三种形式。图 3-14 所示为圆柱形球头铣刀，图 3-15 所示为圆锥形球头铣刀。在该两种铣刀的圆柱面、圆锥面和球面上的切削刃均为主切削刃，铣削时不仅能沿铣刀轴向做进给运动，也能沿铣刀径向做进给运动，而且球头与工件接触往往为一点，这样，该铣刀在数控铣床的控制下，就能加工出各种复杂的成形表面，所以该铣刀用途独特，很有发展前途。如图 3-16 所示为圆锥形立铣刀，其作用与立铣刀基本相同，只是该铣刀可以利用本身的圆锥体，方便地加工出模具型腔的出模角。

加工中心上用的立铣刀主要有三种形式：球头刀（$R=D/2$），端铣刀（$R=0$）和 R 刀（R

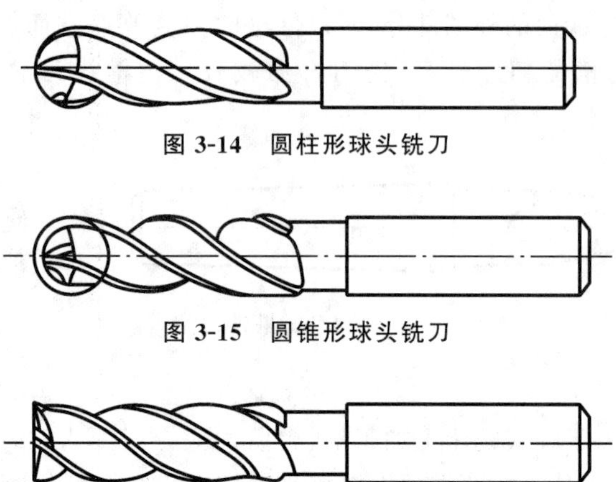

图 3-14　圆柱形球头铣刀

图 3-15　圆锥形球头铣刀

图 3-16　圆锥形立铣刀

$<D/2$)(俗称“牛鼻刀”或“圆鼻刀”),其中 D 为刀具的直径、R 为刀角半径。某些刀具还可能带有一定的锥度 A。

8) 成形铣刀

成形铣刀一般都是为特定的工件或加工内容专门设计制造的,适用于加工平面类零件的特定形状(如角度面、凹槽面等),也适用于异形孔或台,图 3-17 所示的是几种常用的成形铣刀。

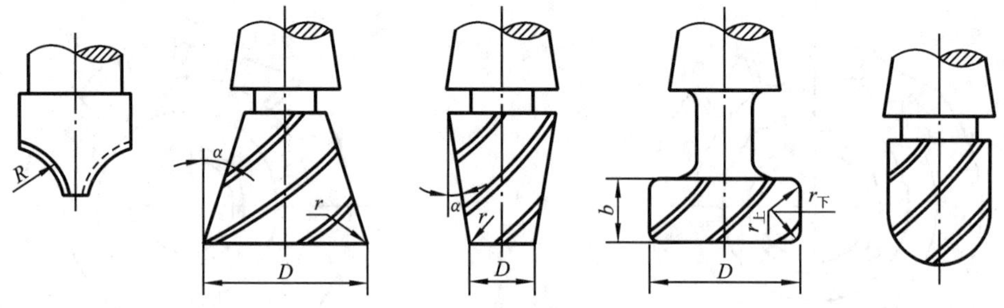

图 3-17　几种常用的成形铣刀

选取刀具时,要使刀具的尺寸与被加工工件的表面尺寸相适应。刀具直径的选用主要取决于设备的规格和工件的加工尺寸,还需要考虑刀具所需功率应在机床功率范围之内。

生产中,平面零件周边轮廓的加工,常采用立铣刀;铣削平面时,应选端铣刀或面铣刀;加工凸台、凹槽时,选高速钢立铣刀;加工毛坯表面或粗加工孔时,可选取镶硬质合金刀片的铣刀;对一些立体型面和变斜角轮廓外形的加工,常采用球头铣刀、环形铣刀、锥形铣刀和盘形铣刀。

平面铣削应选用不重磨硬质合金端铣刀、立铣刀或可转位面铣刀。一般采用二次走刀,第一次走刀最好用端铣刀粗铣,沿工件表面连续走刀。选好每次走刀的宽度和铣刀的直径,使接痕不影响精铣精度。因此,加工余量大又不均匀时,铣刀直径要选小些。精加工时,铣刀直径要选大些,最好能够覆盖加工面的整个宽度。表面要求高时,还可以选择使用具有修光效果的刀片。在实际工作中,平面的精加工,一般用可转位密齿面铣刀,可以达到理想的表面加工质量,甚至可以实现以铣代磨。密布的刀齿使进给速度大大提高,从而提高切削效

率。精切平面时，可以设置 6～8 个刀齿，直径大的刀具甚至可以有超过 10 个的刀齿。

加工空间曲面和变斜角轮廓外形时，由于球头刀具的球面端部切削速度为零，而且在走刀时，每两行刀位之间，加工表面不可能重叠，总存在没有被加工去除的部分。每两行刀位之间的距离越大，没有被加工去除的部分就越多，其高度（通常称为“残留高度”）就越高，加工出来的表面与理论表面的误差就越大，表面质量也就越差。加工精度要求越高，走刀步长和切削行距越小，编程效率越低。因此，应在满足加工精度要求的前提下，尽量加大走刀步长和行距，以提高编程和加工效率。而在 2 轴及 2.5 轴加工中，为提高效率，应尽量采用端铣刀，由于相同的加工参数，利用球头刀加工会留下较大的残留高度。因此，在保证不发生干涉和工件不被过切的前提下，无论是曲面的粗加工还是精加工，都应优先选择平头刀或 R 刀（带圆角的立铣刀）。不过，由于平头立铣刀和球头刀的加工效果是明显不同的，当曲面形状复杂时，为了避免干涉，建议使用球头刀，调整好加工参数也可以达到较好的加工效果。

镶硬质合金刀片的端铣刀和立铣刀主要用于加工凸台、凹槽和箱口面。为了提高槽宽的加工精度，减少铣刀的种类，加工时应采用直径比槽宽小的铣刀，先铣槽的中间部分，然后再利用刀具半径补偿（或称直径补偿）功能对槽的两边进行铣加工。

对于要求较高的细小部位的加工，可使用整体式硬质合金刀，它可以取得较高的加工精度，但是要注意刀具悬升不能太大，否则刀具不但让刀量大、易磨损，而且会有折断的危险。

铣削盘类零件的周边轮廓一般采用立铣刀。所用的立铣刀的刀具半径一定要小于零件内轮廓的最小曲率半径。一般取最小曲率半径的 0.8～0.9 倍即可。零件的加工高度（Z 方向的吃刀深度）最好不要超过刀具的半径。若是铣毛坯面时，最好选用硬质合金波纹立铣刀，它在机床、刀具、工件系统允许的情况下，可以进行强力切削。

3.2.3　数控铣床的夹具及附件

数控铣床夹具的选用可首先根据生产零件的批量来确定。对单件、小批量、工作量较大的零件加工来说，一般可直接在机床工作台面上通过调整实现定位与夹紧，然后通过加工坐标系的设定来确定零件的位置。对有一定批量的零件来说，可选用结构较简单的夹具。数控加工的特点对夹具提出了两个基本要求：一是保证夹具的坐标方向与机床的坐标方向相对固定；二是要能协调零件与机床坐标系的尺寸。

1. 数控铣床对夹具的要求

(1) 为保持工件在本工序中所有需要完成的待加工面充分暴露在外，夹具要做得尽可能开敞，因此夹紧机构元件与加工面之间应保持一定的安全距离，同时要求夹紧机构元件能低则低，以防止夹具与铣床主轴套筒或刀套、刃具在加工过程中发生碰撞。

(2) 为保持零件安装方位与机床坐标系及编程坐标系方向的一致性，夹具应能保证在机床上实现定向安装，还要求能协调零件定位面与机床之间保持一定的坐标联系。

(3) 夹具的刚性与稳定性要好。尽量不采用在加工过程中更换夹紧点的设计，当非要在加工过程中更换夹紧点不可时，要特别注意不能因更换夹紧点而破坏夹具或工件的定位精度。

夹具选用时应符合以下几个原则。

(1) 单件小批量生产时，优先选用组合夹具或其他通用夹具，以缩短生产准备时间和节省生产费用。

(2) 在成批生产时，才考虑采用专用夹具，并力求结构简单。

(3) 零件的装卸要快速、方便、可靠，以缩短机床的停顿时间。

(4) 夹具上各零部件应不妨碍机床对零件各表面的加工，即夹具要敞开，其定位、夹紧机构元件不能影响加工中的进给(如产生碰撞等)。

(5) 为提高数控加工的效率，批量较大的零件加工可以采用多工位、气动或液压夹具。

2. 数控铣床常用夹具及附件

1) 平口钳

在铣削加工时，常使用平口钳夹紧工件，如图3-18所示为回转式平口钳。它具有结构简单、夹紧牢靠等特点，所以使用广泛。平口钳尺寸规格是以其钳口宽度来区分的。平口钳分为固定式和回转式两种。回转式平口钳可以绕底座旋转360°，固定在水平面的任意位置上，因而扩大了其工作范围，是目前平口钳应用的主要类型。平口钳用两个T形螺栓固定在铣床上，底座上还有一个定位键，它与工作台上中间的T形槽相配合，以提高平口钳安装时的定位精度。

图3-18 回转式平口钳

2) 铣床用卡盘

数控铣床有时根据需要，也可用三爪自定心卡盘装夹回转体零件或用四爪单动卡盘装夹非回转体零件，通过T形槽螺栓将卡盘固定在工作台上。

3) 压板装夹

对于部分平面类零件或用平口钳和卡盘无法装夹时，往往采用压板装夹的方式。直接用T形螺栓连接工作台的T形槽和压板，同时借助于垫块将工件固定在工作台上。如利用斜楔夹紧机构或螺旋夹紧机构，如图3-19所示。

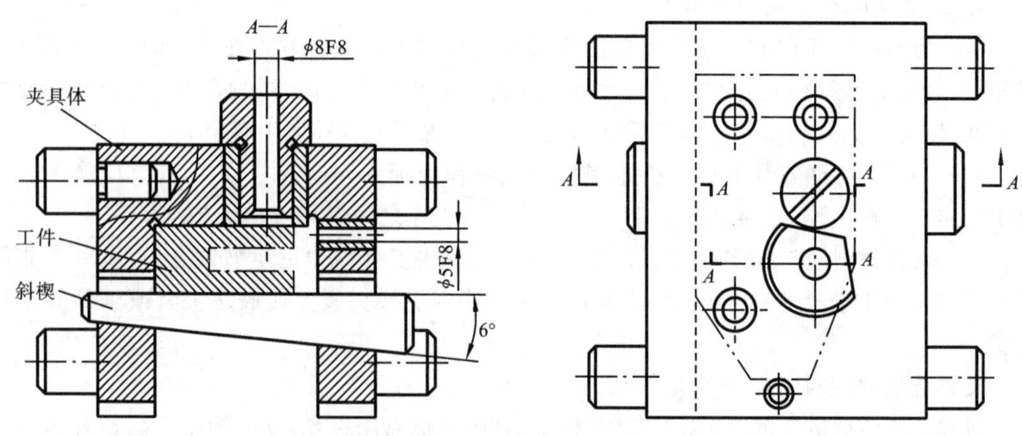

图3-19 斜楔夹紧机构

4）分度头

在铣削加工中，常会遇到铣六方、齿轮、花键和刻线等工作。这时，就需要利用分度头分度，分度头是万能铣床上的重要附件，如图 3-20 所示。

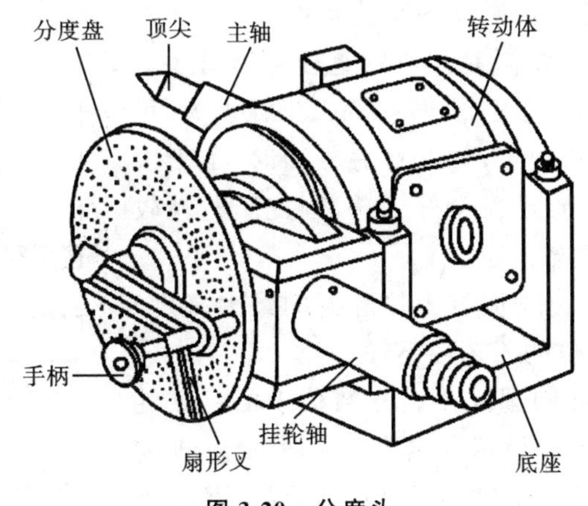

图 3-20　分度头

分度头的作用有以下几个方面。

（1）能使工件实现绕自身的轴线周期地转动一定的角度（即进行分度）。

（2）利用分度头主轴上的卡盘夹持工件，使被加工工件的轴线相对于铣床工作台在向上 90°和向下 10°的范围内倾斜成需要的角度，以加工各种位置的沟槽、平面等（如铣圆锥齿轮）。

（3）与工作台纵向进给运动配合，通过配换挂轮，能使工件连续转动，以加工螺旋沟槽、斜齿轮等。

万能分度头具有广泛的用途，在单件小批量生产中应用较多。

3.2.4　数控铣床的加工工艺分析

1. 数控铣削加工零件的工艺性分析

零件的工艺性分析关系到零件加工的成败，包括零件图样的工艺性分析和零件毛坯的工艺性分析，因此数控铣削加工的工艺性分析是编程前的重要准备工作，其要解决的主要问题大致可归纳为以下两大方面。

1）零件图样的工艺性分析

根据数控铣削加工的特点，列举出一些经常遇到的工艺性问题，作为对零件图样进行工艺性分析的要点来加以分析与考虑。

（1）零件图样尺寸的正确标注。

由于加工程序是以准确的坐标点来编制的，因此，各图形几何要素间的相互关系（如相切、相交、垂直和平行等）应明确，各种几何要素的条件要充分，应无引起矛盾的多余尺寸或影响工序安排的封闭尺寸等。

（2）保证获得要求的加工精度。

虽然数控机床精度很高，但对一些特殊情况，例如过薄的底板与肋板，因为加工时产生

的切削拉力及薄板的弹性退让极易产生切削面的振动,使薄板厚度尺寸公差难以保证,其表面粗糙度值也将提高。根据实践经验,当面积较大的薄板厚度小于 3 mm 时就应充分重视这一问题。

(3) 尽量统一零件轮廓内圆弧的有关尺寸。

轮廓内圆弧半径 R 常常限制刀具的直径。如图 3-21 所示,如工件的被加工轮廓高度低,转接圆弧半径也大,可以采用较大直径的铣刀来加工,加工其底板面时,走刀次数也相应减少,表面加工质量也会好一些,因此工艺性较好;反之,数控铣削工艺性较差。

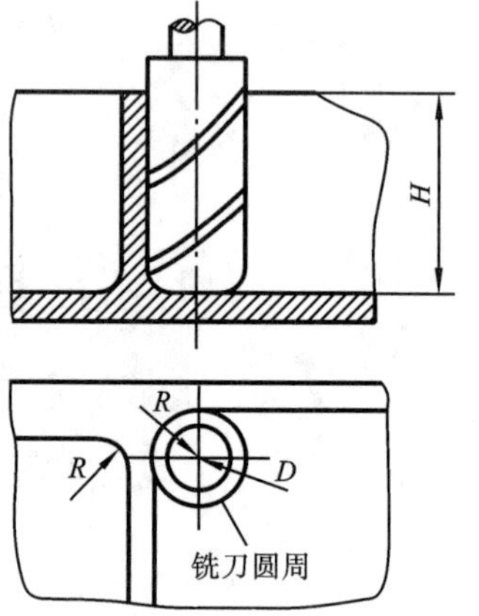

图 3-21　肋板的高度与内转接圆

一般来说,当 $R<0.2H$(被加工轮廓面的最大高度)时,可以判定为零件该部位的工艺性不好。

在一个零件上的这种凹圆弧半径在数值上的一致性问题对数控铣削的工艺性显得相当重要。一般来说,即使不能寻求完全统一,也要力求将数值相近的圆弧半径分组靠拢,达到局部统一,以尽量减少铣刀规格与换刀次数,并避免因频繁换刀增加了工件加工面上的接刀阶差而降低了表面质量。

(4) 保证基准统一的原则。

有些工件需要在铣完一面后再重新安装铣削另一面,由于数控铣削时不能使用通用铣床加工时常用的试切方法来接刀,往往会因为工件的重新安装而接不好刀。这时,最好采用统一基准定位,因此零件上应有合适的孔作为定位基准孔。如果零件上没有基准孔,也可以专门设置工艺孔作为定位基准(如在毛坯上增加工艺凸台或在后继工序要铣去的余量上设置基准孔)。

(5) 分析零件的变形情况。

数控铣削工件在加工时的变形,不仅影响加工质量,而且当变形较大时,将使加工不能继续进行下去。这时就应当考虑采取一些必要的工艺措施来进行预防,例如,对钢件进行调质处理,对铸铝件进行退火处理,对不能用热处理方法解决的,也可考虑粗、精加工及对称去余量等常规方法。此外,还要分析加工后的变形问题,采取什么工艺措施来解决。总之,加工工艺取决于产品零件的结构形状、尺寸和技术要求。

2) 零件毛坯的工艺性分析

进行零件铣削加工时,由于加工过程的自动化,使余量的大小、如何定位装夹等问题在设计毛坯时就要仔细考虑清楚;否则,如果毛坯不适合数控铣削,加工将很难进行下去。根据经验,下列几方面应作为毛坯工艺性分析的要点。

(1) 毛坯应有充分、稳定的加工余量。

(2) 分析毛坯在装夹定位方面的适应性。

应考虑毛坯在加工时的装夹定位方面的可靠性与方便性,以便使数控铣床在一次安装中加工出更多的待加工面。主要是考虑要不要另外增加装夹余量或工艺凸台来定位与夹紧,什么地方可以制出工艺孔或要不要另外准备工艺凸耳来特制工艺孔。如图 3-22 所示,该工件缺少定位用的基准孔,用其他方法很难保证工件的定位精度,如果在图示位置增加 4

个工艺凸台，在凸台上制出定位基准孔，这一问题就能得到圆满解决。对于增加的工艺凸耳或凸台，可以在它们完成作用后通过补加工去掉。

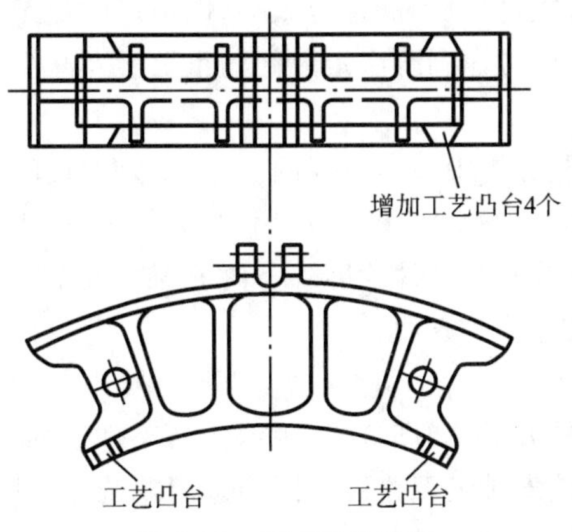

图 3-22　提高定位精度

(3) 分析毛坯的余量大小及均匀性。

主要考虑在加工时是否要分层切削，分几层切削，也要分析加工中与加工后的变形程度，考虑是否应采取预防性措施与补救措施。如对于热轧的中、厚铝板，经淬火时效后很容易在加工中与加工后变形，最好采用经预拉伸处理后的淬火板坯。

2. 数控铣削加工零件的工艺设计

1) 选择加工方案

原则上，加工方法的选择是保证加工表面的加工精度和表面粗糙度的要求。由于获得同一级精度及表面粗糙度的加工方法一般有许多，因而在实际选择时，要结合零件的形状、尺寸大小和热处理要求等全面考虑。确定加工方案时，应先根据主要表面的精度和表面粗糙度的要求，确定为达到这些要求所需要的最终加工方法，再确定半精加工和粗加工的加工方法。

2) 确定加工顺序

按照先粗后精、先面后孔的原则及为了减少换刀次数不划分加工阶段来确定加工顺序。

3) 确定装夹方案和选择夹具

按照前面所介绍的，对零件的定位、夹紧方式及夹具的选择要注意以下几点。

(1) 当工件加工批量不大时，应尽量采用组合夹具、可调式夹具及其他通用夹具，以缩短生产准备时间、节省生产费用。当工件批量较大、工件精度要求较高时，可以设计专用夹具，并力求结构简单。

(2) 零件定位、夹紧的部位应考虑到不妨碍各部位的加工、更换刀具及测量。尤其要注意不要发生刀具与工件、刀具与夹具相撞的现象。

(3) 夹紧力应力求通过靠近主要支承点上或在支承点所组成的三角形内，应力求靠近切削部位，并选择在刚性较好的地方。尽量不要选择在被加工孔径的上方，以减少零件变形。

(4) 零件的装夹和定位要考虑到重复安装的一致性，以减少对刀时间，提高同一批零件加工的一致性。一般同一批零件采用同一定位基准、同一装夹方式。

4) 选择刀具

根据加工内容选择所需要的刀具，其规格根据加工尺寸选择，一般来说，粗铣铣刀直径应选小一些，以减小切削力矩，但也不能选得太小，以免影响加工效率；精铣铣刀直径应选大一些，以减少接刀痕迹。还应考虑到两次走刀间的重叠量及减少刀具种类。

5) 确定走刀路线

走刀路线的安排是工艺分析中一项重要的工作，它是编程的基础。确定走刀路线时，应考虑加工表面的质量、精度、效率及机床等情况。与数控车床相比，数控铣床加工刀具轨迹为空间三维坐标，一般刀具首先在工件轮廓外下降到某一位置，再开始切削加工，针对不同加工的特点，应着重考虑以下几个方面。

(1) 顺铣和逆铣的选择。

铣削有顺铣和逆铣两种方式，如图3-23所示。当工件表面无硬皮，机床进给机构无间隙时，应选用顺铣，按照顺铣安排走刀路线。因为采用顺铣加工后，零件已加工表面质量好、刀齿磨损小。精铣时，应尽量采用顺铣。

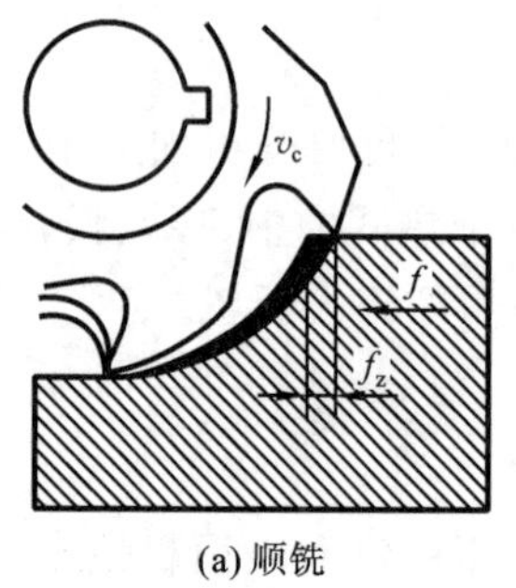

(a) 顺铣

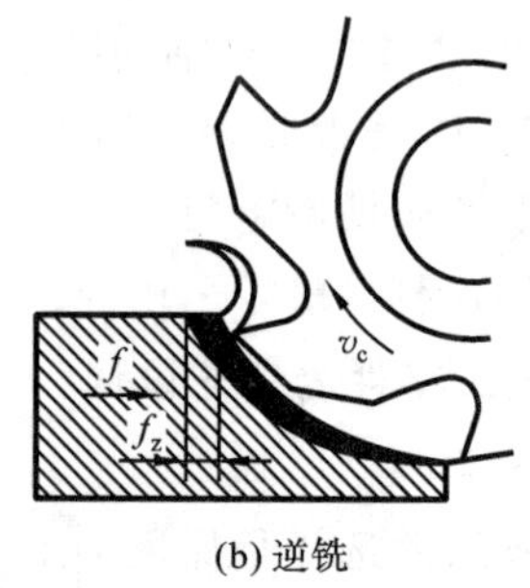

(b) 逆铣

图3-23　顺铣与逆铣

当工件表面有硬皮、机床的进给机构有间隙时，应选用逆铣，按照逆铣安排走刀路线。因为逆铣时，刀齿是从已加工表面切入，不会崩刀，机床进给机构的间隙不会引起振动和爬行。

(2) 铣削外轮廓的进给路线。

铣削平面零件外轮廓时，一般采用立铣刀侧刃切削。刀具切入工件时应沿切削起始点的延伸线逐渐切入工件，保证零件曲线的平滑过渡。在切离工件时，也要沿着切削终点延伸线逐渐切离工件，如图3-24所示。

当用圆弧插补方式铣削外整圆时，如图3-25所示，要安排刀具从切向进入圆周铣削加工，当整圆加工完毕后，不要在切点处直接退刀，而应让刀具沿切线方向多运动一段距离，以免取消刀补时，刀具与工件表面相碰，造成工件报废。

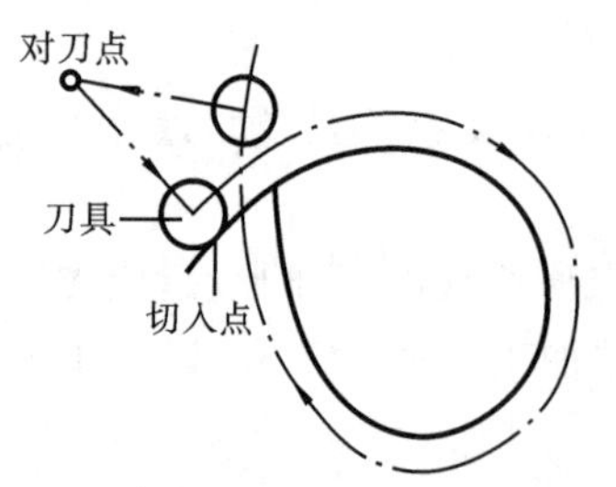

图3-24　外轮廓加工刀具的切入和切出

(3) 铣削内轮廓的进给路线。

铣削封闭的内轮廓表面，若内轮廓曲线不允许外延(如图3-26所示)，刀具只能沿内轮廓曲线的法向切入、切出，此时刀具的切入、切出点应尽量选在内轮廓曲线两几何元素的交点处。当内部几何元素相切

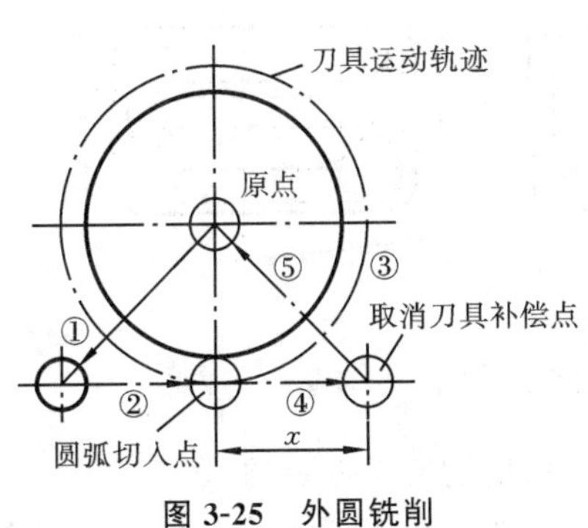

图 3-25　外圆铣削

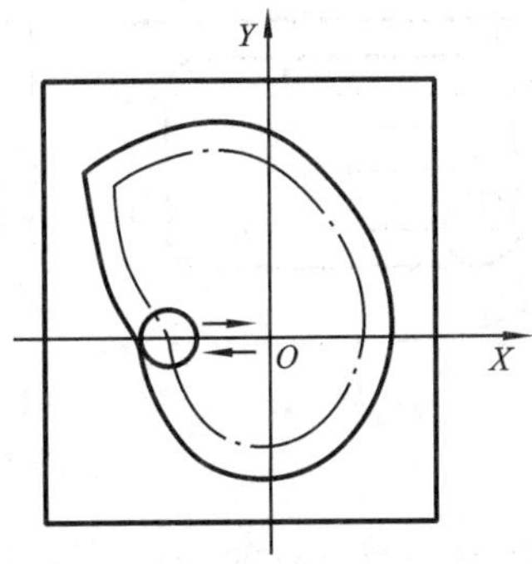

图 3-26　内轮廓加工刀具的切入切出

无交点时(如图 3-27(b)所示),为防止刀补取消时在轮廓拐角处留下凹口,刀具切入、切出点应远离拐角。

当用圆弧插补铣削内圆弧时也要遵循从切向切入、切出的原则,最好安排从圆弧过渡到圆弧的加工路线(如图 3-28 所示),以提高内孔表面的加工精度和质量。

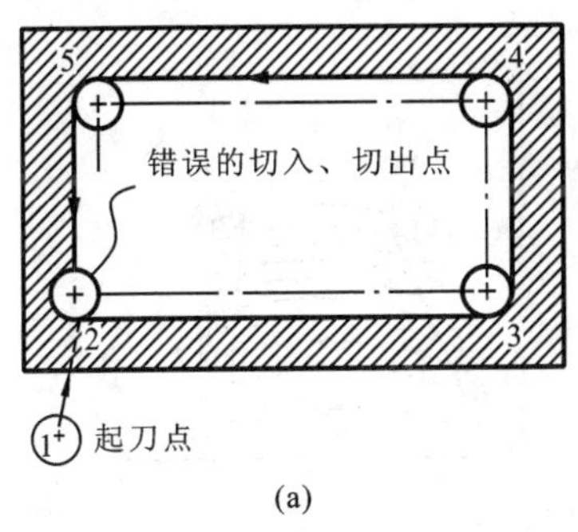

(a)

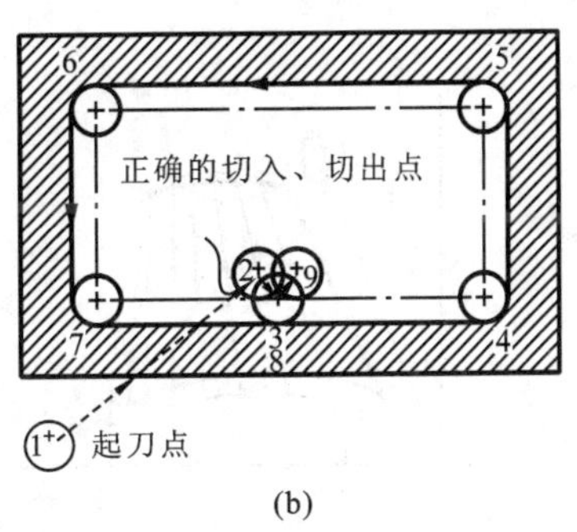

(b)

图 3-27　无交点内轮廓加工刀具的切入和切出

(4) 铣削内槽的进给路线。

内槽是指以封闭曲线为边界的平底凹槽。内槽一律用平底立铣刀加工,刀具圆角半径应符合内槽的图纸要求。图 3-29 所示为加工内槽的三种进给路线。图 3-29(a)和图 3-29(b)分别为用行切法和环切法加工内槽。两种进给路线的共同点是都能切净内腔中的全部面积,不留死角,不伤轮廓,同时尽量减少重复进给的搭接量。不同点是行切法的进给路线比环切法短,但行切法将在每两次进给的起点与终点间留下残留面积,而达不到所要求的表面粗糙度;用环切法获得的表面粗糙度要好于行切法,但环切法需要逐次向外扩展轮廓线,刀位点计算稍微复杂一些。采用图 3-29(c)所示的进给路线,即先用行切法切去中间部分余量,最后用环切法环切一刀光整轮廓表面,既能使总的进给路线较短,又能获得较好的表面粗糙度。

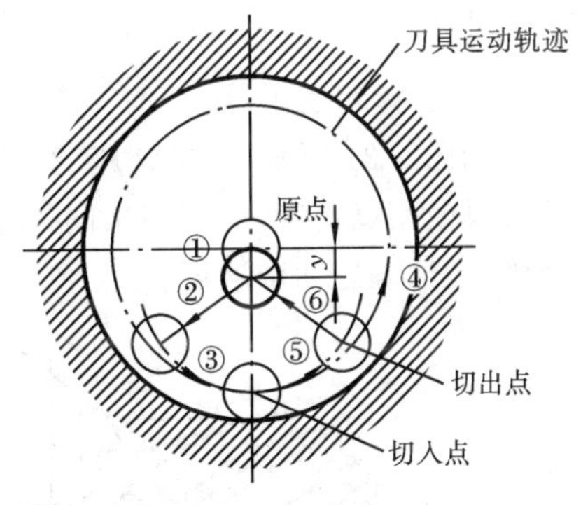

图 3-28　内圆铣削

(5) 铣削曲面轮廓的进给路线。

铣削曲面时,常用球头刀并采用"行切法"进行加工。所谓行切法是指刀具与零件轮廓

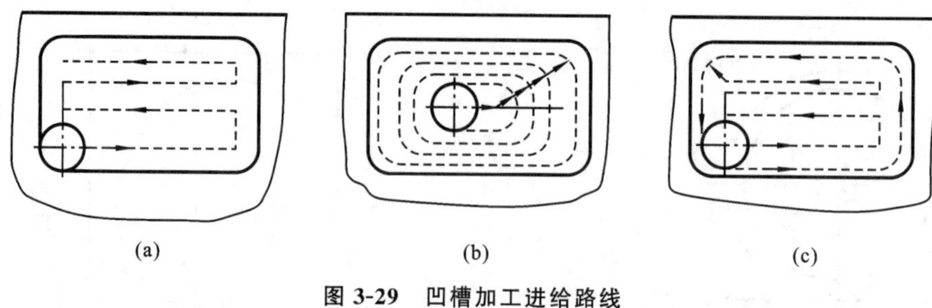

图 3-29　凹槽加工进给路线

的切点轨迹是一行一行的,而行间的距离是按零件加工精度的要求确定的。

对于边界敞开的曲面加工,可采用两种加工路线,如图 3-30 所示为发动机大叶片的进给路线,当采用图 3-30(a)所示的加工方案时,每次沿直线加工,刀位点计算简单,程序少,加工过程符合直纹面的形成,可以准确保证母线的直线度。当采用图 3-30(b)所示的加工方案时,符合这类零件数据给出情况,便于加工后检验,叶形的准确度较高,但程序较多。由于曲面零件的边界是敞开的,没有其他表面限制,所以曲面边界可以延伸,球头刀应由边界外开始加工。

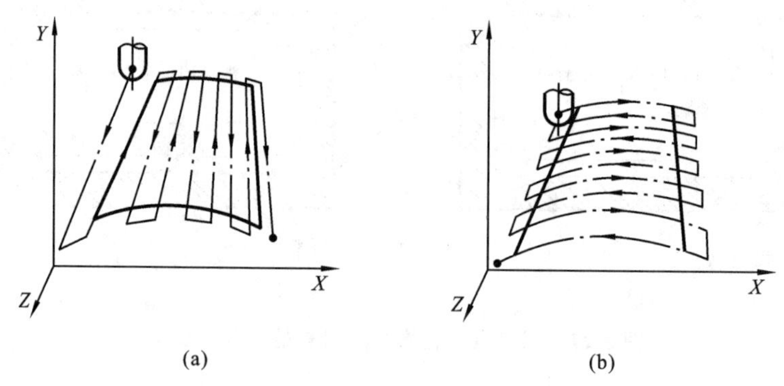

图 3-30　发动机大叶片的进给路线

6)选择切削用量

如图 3-31 所示,数控铣床的切削用量包括切削速度、进给速度、背吃刀量和侧吃刀量。从刀具耐用度出发,切削用量的选择方法如下:先选取背吃刀量或侧吃刀量,其次确定进给速度,最后确定切削速度。

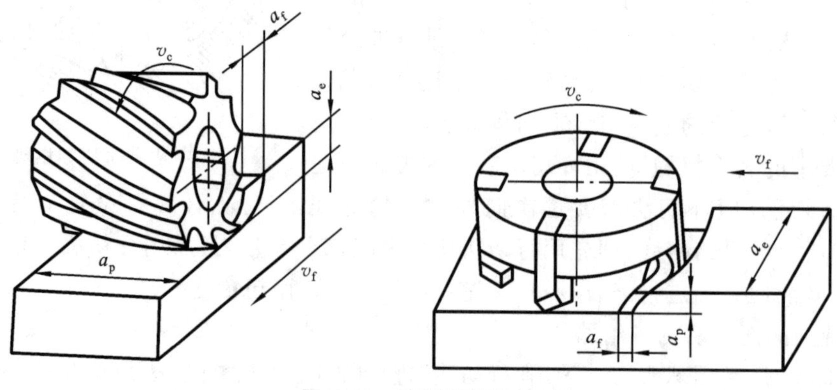

图 3-31　铣削切削用量

(1) 端铣背吃刀量(或周铣侧吃刀量)选择。

吃刀量(a_p)为平行于铣刀轴线方向测量的切削层尺寸。端铣时,背吃刀量为切削层的深度;而圆周铣削时,背吃刀量为被加工表面的宽度。

侧吃刀量(a_e)为垂直于铣刀轴线方向测量的切削层尺寸。端铣时,侧吃刀量为被加工表面的宽度;而圆周铣削时,侧吃刀量为切削层的深度。

背吃刀量或侧吃刀量的选取,主要由加工余量和对表面质量的要求来决定。

① 工件表面粗糙度 Ra 值为 12.5～25 μm 时,如果圆周铣削的加工余量小于 5 mm,端铣的加工余量小于 6 mm,粗铣时一次进给就可以达到要求。但在余量较大、工艺系统刚性较差或机床动力不足时,可分两次进给完成。

② 在工件表面粗糙度 Ra 值为 3.2～12.5 μm 时,可分粗铣和半精铣两步进行。粗铣时背吃刀量或侧吃刀量选取同①。粗铣后留 0.5～1 mm 余量,在半精铣时切除。

③ 在工件表面粗糙度 Ra 值为 0.8～3.2 μm 时,可分粗铣、半精铣、精铣三步进行。半精铣时背吃刀量或侧吃刀量取 1.5～2 mm;精铣时,圆周铣侧吃刀量取 0.3～0.5 mm,端铣背吃刀量取 0.5～1 mm。

(2) 进给速度。

进给速度(v_f)是单位时间内工件与铣刀沿进给方向的相对位移,它与铣刀转速(n)、铣刀齿数(z)及每齿进给量(f_z)的关系为 $v_f = f_z z n$

每齿进给量 f_z 的选取主要取决于工件材料的力学性能、刀具材料、工件表面粗糙度等因素。工件材料的强度和硬度越高,每齿进给量越小;反之,则越大。硬质合金铣刀的每齿进给量高于同类高速钢铣刀。工件表面粗糙度 Ra 值越小,每齿进给量就越小。工件刚性差或刀具强度低时,每齿进给量应取小值。

(3) 切削速度。

铣削的切削速度与刀具耐用度 T、每齿进给量 f_z、背吃刀量 a_p、侧吃刀量 a_e、铣刀齿数 Z 成反比,而与铣刀直径成正比。其原因是当 f_z、a_p、a_e、和 Z 增大时,刀刃负荷增加,工作齿数也增多,使切削热增加,刀具磨损加快,从而限制了切削速度的提高。同时,刀具耐用度的提高使允许使用的切削速度降低。但加大铣刀直径 d 则可改善散热条件,因而提高切削速度。铣削的切削速度可参考相关的切削手册。

在确定进给速度时,要注意一些特殊情况。例如,在高速进给的轮廓加工中,由于工艺系统的惯性在拐角处易产生“超程”和“过切”现象,如图 3-32 所示。因此,在拐角处应选择变化的进给速度,接近拐角时减速,过了拐角后加速。

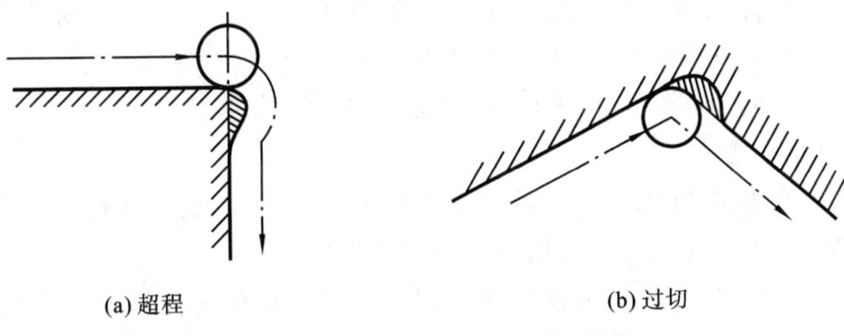

(a) 超程　　(b) 过切

图 3-32　拐角处的超程和过切现象

3.3 数控铣床编程基础

3.3.1 数控铣床的坐标系

1. 机床坐标系

数控铣床的机床坐标系统同样遵循右手笛卡儿直角坐标系原则。铣床坐标系是以机床原点为坐标系原点建立起来的 XYZ 直角坐标系。

Z 坐标轴:平行与机床主轴轴线,如果机床有几个主轴,则选一垂直于装夹平面的主轴作为主要主轴;如机床没有主轴(龙门刨床),则规定垂直于工件装夹平面为 Z 轴。其正向为远离装夹面的方向,如图 3-33 所示。

X 坐标轴:当 Z 轴水平时,从刀具主轴后向工件看,正 X 为右方向(如图 3-33(a)所示)。当 Z 轴处于铅垂面时,对于单立柱式,从刀具主轴后向工件看,正 X 为右方向;对于龙门式,从刀具主轴右侧看,正 X 为右方向(如图 3-33(b)所示)。

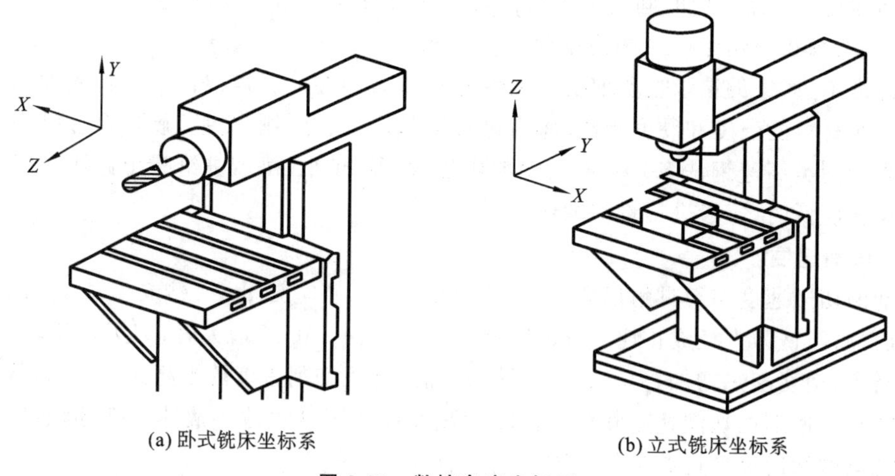

(a) 卧式铣床坐标系　　(b) 立式铣床坐标系

图 3-33　数控车床坐标系

Y 轴垂直于 X、Z 坐标轴,Y 轴的正方向根据 X 和 Z 轴的正方向,按照标准笛卡儿直角坐标系来判断。

围绕 X、Y、Z 坐标旋转的旋转坐标分别用 A、B、C 表示。根据右手螺旋定则,大拇指的指向为 X、Y、Z 坐标中任意的正向,则其余四指的旋转方向(对应 X、Y、Z 坐标)即为旋转坐标 A、B、C 的正向。若有第二直角坐标系,可用 U、V、W 表示。

1) 机床原点与参考点

通常立式数控铣床的机床原点位置因生产厂家而异,有的设置在机床工作台中心,有的设置在进给行程范围的正极限点,可从机床用户手册中查到。

在数控铣床上,机床参考点一般取在 X、Y、Z 三个直角坐标轴正方向的极限位置上。在数控机床回参考点(也称为回零)操作后,CRT 显示的是机床参考点相对机床坐标原点的相对位置的数值,此时,实际上也是建立了机床坐标系。对于编程人员和操作人员来说,它

比机床原点更重要。对于某些数控机床来说，坐标原点就是参考点。铣床机床原点和参考点如图 3-34 所示。

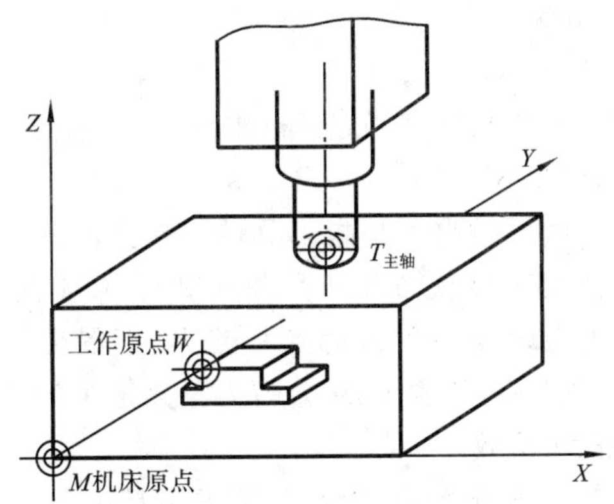

图 3-34　铣床机床原点和参考点

2）机床参考点相关指令

(1) 返回参考点检查指令——G27。

G27 用于检验 X 轴、Y 轴与 Z 轴是否正确返回参考点。

指令格式：(G91/G90)G27　X＿　Y＿　Z＿；

其中 X、Y、Z 为参考点的坐标。执行 G27 指令的前提是机床通电后必须手动返回一次参考点。

(2) 自动返回参考点指令——G28、G30。

G28 和 G30 用于刀具从当前位置返回机床参考点。

指令格式：(G91/G90)G28　X＿　Y＿　Z＿；

其中 X、Y、Z 是回参考点时经过的中间点(非参考点)。在 G90 时为中间点在工件坐标系中的坐标；在 G91 时为中间点相对于起点的位移量。G28 指令先使所有的编程轴都快速定位到中间点，然后再从中间点到达参考点，如图 3-35 所示。一般情况下，G28 指令用于刀具自动更换或消除机械误差，在执行该指令之前应取消刀具半径补偿和刀具长度补偿。在 G28 的程序段中不仅产生坐标轴移动指令，而且记忆了中间点坐标值，以供 G29 使用。G28 指令仅在其被规定的程序段中有效。

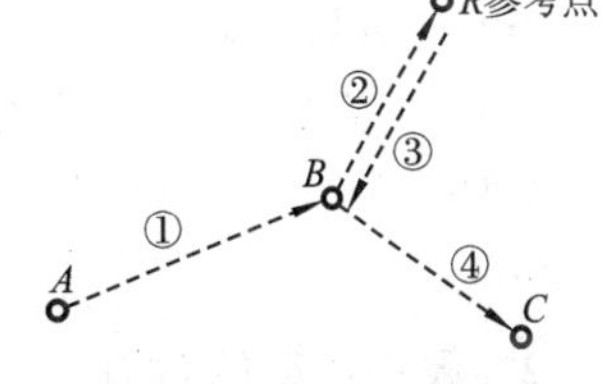

图 3-35　G28 自动返回参考点

参考点返回过程如图 3-35 所示。

如果需要返回到机床 Z 轴的机械原点，程序段可以写成“G91 G28 Z0”的形式。其中，G91 和 Z0 指出了刀具要经过距当前点为 Z0 的点移动到机床 Z 轴原点(相当于直接运动到机床原点)。如果改成为“G90 G28 Z0”，则刀具先经过工件坐标系 Z 轴原点，然后再返回机床 Z 轴原点，则相当危险。

例：如果刀具当前在工件坐标 $Z=8$ 的位置处，考虑 G91G28Z5 与 G90G28Z5 两种编程方式，刀具的运动轨迹有何不同？

G30　P　n　X＿　Y＿　Z＿；自动返回第 2、3、4 参考点。

$n=2、3、4$，表示选择第 2、3、4 参考点。若省略不写 P 和 n，则表示选择第 2 参考点。X__ Y__ Z__为中间点坐标。

当自动换刀位置不在G28指令的参考点上时，通常用G30指令使机床回到自动换刀位置。G30执行过程同G28指令。

(3) 从参考点返回指令——G29。

G29指令的功能是使刀具由机床参考点经过中间点到达目标点。

指令格式：(G91/G90)G29 X__ Y__ Z__；

其中X__ Y__ Z__后面的数值是指刀具的目标点坐标。在G91时为定位终点相对于G28中间点的位移量。该指令使刀具从参考点出发，快速到达G28指令中的中间点，即图中的动作③，然后到达G29指令的目标点C定位，即图中的动作④，如图3-35所示。通常该指令紧跟在G28指令之后，否则G29会因为不知道中间点位置，而发生错误。G29指令仅在其被规定的程序段中有效。

例：用G28、G29对图3-36所示的路径编程，要求刀具由点A经过中间点B并返回参考点，然后从参考点经由中间点B返回到C点。

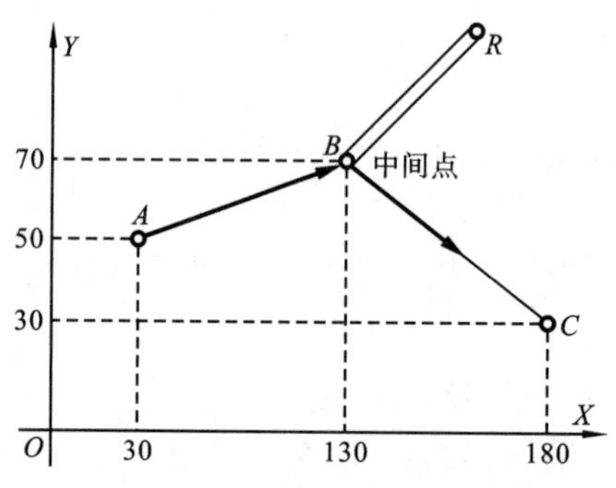

图3-36 G28、G29编程举例

图3-36的轨迹编程如下：

……

G92 X30 Y50 Z20；	(以A(30,50,20)为起刀点建立工件坐标系)
G91 G28 X100 Y20 Z0；	(从A点按增量移动到B点，最后到达R点)
G29 X50 Y−40；	(从参考点经过B点，到达C点)

……

2. 数控铣床的对刀

数控操作人员确定工件原点相对机床原点的位置关系的操作过程称为对刀操作，其实质是找到编程原点在机床坐标系中的坐标位置，然后通过执行G92或G54～G59等工件坐标系建立指令创建和编程坐标系一致的工件坐标系。

1) 刀位点

刀位点是指在加工程序编制中，用以表示刀具特征的点，编程时我们通常用这一点来代替刀具，而不需要考虑刀具的实际大小形状。刀位点也是对刀和加工的基准点。各类铣刀的刀位点如图3-37所示。

2) 对刀点

对刀点，即程序的起点，是数控加工时刀具相对工件运动的起点，如图3-38所示。在数

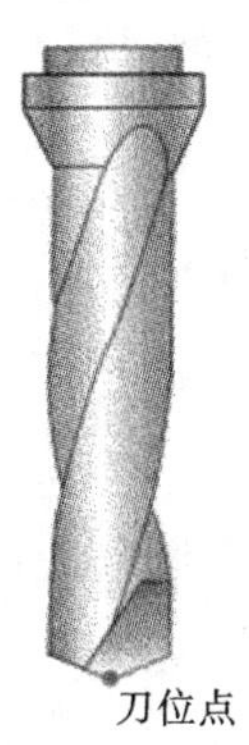

图3-37　各类铣刀的刀位点

控编程时对刀点选择应考虑以下几点：①对刀点应便于数学处理和程序编制；②对刀点在机床上容易校准；③在加工过程中便于检查；④引起的加工误差小。对刀点可以设置在零件、夹具上面或机床上面。

为了加工方便，一般选取工件编程原点为对刀点。

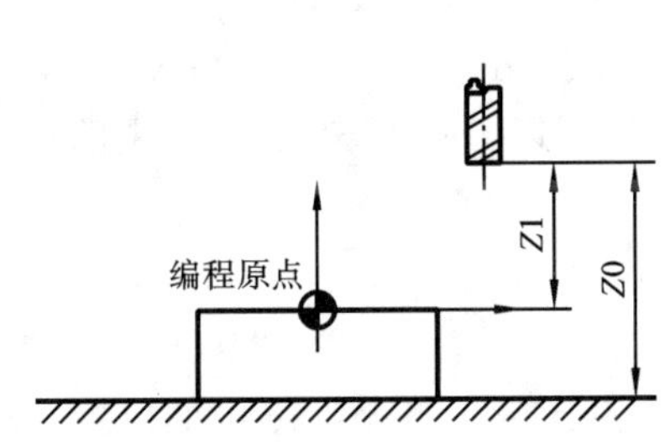

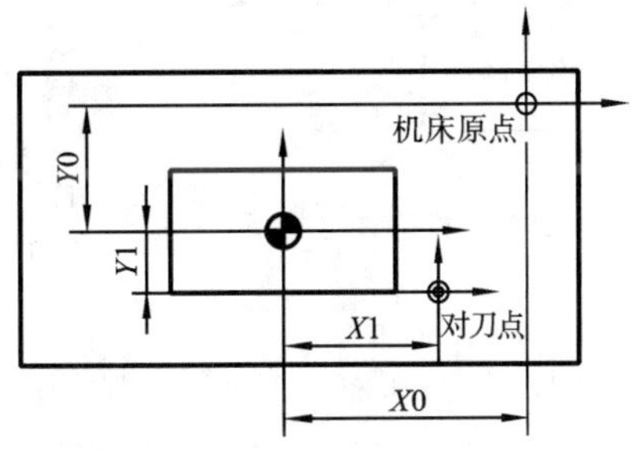

图3-38　对刀点

3）数控铣床对刀操作

当工件及刀具都安装好后，可按下述步骤进行对刀操作。

先将方式开关置于“回参考点”位置，分别按$+X$、$+Y$、$+Z$方向按键令机床进行回参考点操作，此时屏幕将显示对刀参照点在机床坐标系中的坐标。若机床原点与参考点重合，则坐标显示为(0,0,0)。

用寻边器找毛坯对称中心。将电子寻边器和普通刀具一样装夹在主轴上，其柄部和触头之间有一个固定的电位差，当触头与金属工件接触时，即通过床身形成回路电流，寻边器上的指示灯就被点亮；逐步降低步进增量，使触头与工件表面处于极限接触(进一步即点亮，退一步则熄灭)，即认为定位到工件表面的位置处。定位到工件正对的两侧表面，记下对应的$X1$、$X2$、$Y1$、$Y2$坐标值，则对称中心在机床坐标系中的坐标应是$((X1+X2)/2,(Y1+Y2)/2)$。

当对刀工具中心(即主轴中心)在X、Y方向上的对刀完成后，可取下对刀工具，换上基准刀具，进行Z向对刀操作。Z向对刀点通常都是以工件的上下表面为基准，这可利用Z向设定器进行精确对刀，其原理与寻边器相同。

在实际操作中，当需要用多把刀具加工同一工件时，常常是在不装刀具的情况下进行对刀。这时，常以刀座底面中心为基准刀具的刀位点先进行对刀；然后，分别测出各刀具实际刀位点相对于刀座底面中心的位置偏差，填入刀具数据库即可；执行程序时由刀具补偿指令功能来实现各刀具位置的自动调整。

3. 坐标系建立指令

1）工件坐标系的建立指令——G92

编程格式：G92　X__　Y__　Z__；

说明：G92是用来确定刀具起刀点在工件坐标系中的坐标位置。X__　Y__　Z__为刀具刀位点在工件坐标系中的初始位置。G92指令是将加工原点设定在相对于刀具起始点的某一空间点上。G92指令为非模态指令，一般放在一个零件程序的第一段。该指令只改变当前位置的用户坐标，不产生任何机床移动，该坐标系在机床重开机时消失。

如图3-39所示，用G92指令设置加工坐标系的程序段如下：

G92　X30.0　Y30.0　Z20.0；

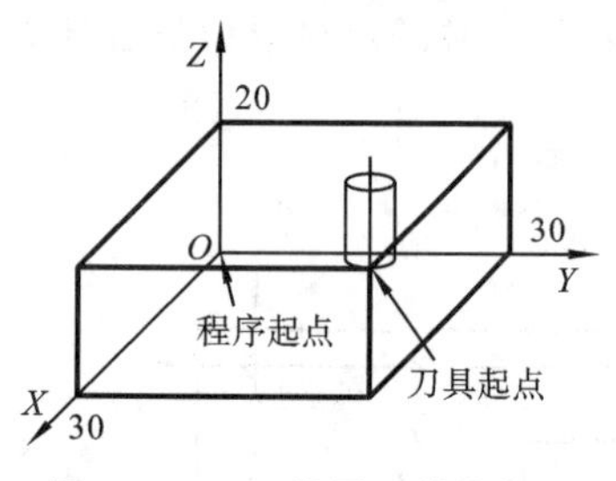

图3-39　G92设置工件坐标系

其确立的工件原点(程序原点)在距离刀具起始点X＝－30，Y＝－30，Z＝－20的位置上，如图3-39所示。

思考：如果刀具依然在工件的该位置，该指令写成：G92　X0　Y0　Z0，则工件原点设在哪？

2）工件坐标系选择指令——G54～G59

G54～G59指令可以分别用来建立相应的工件坐标系，如图3-40所示。

编程格式：G54　G90　G00　(G01)　X__　Y__　Z__　(F__)；

该指令执行后，所有坐标值指定的坐标尺寸都是选定的工件坐标系中的位置。1～6号工件坐标系是通过CRT/MDI方式设置的，在机床重开机时仍然存在，在程序中可以分别选取其中之一使用。一旦指定了G54～G59之一，则该工件坐标系原点即为当前程序原点，后续程序段中的工件绝对坐标均为相对此程序原点的值。

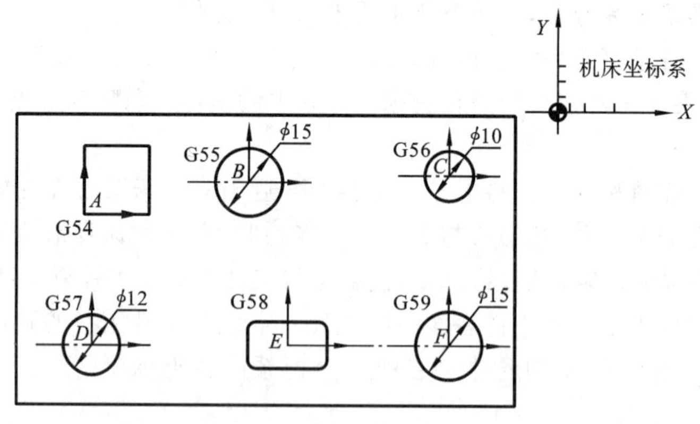

图3-40　工件坐标系选择指令

例：如图3-41所示，用G54和G59选择工件坐标系指令编程。要求刀具从当前点(任一点)移动到A点，再从A点移动到B点。

……

N01 G54;　　　　　　　(选择工件坐标系1)

N02 G00 G90 X30 Y40；（当前点→A 点）

N03 G59；　　　　　（选择工件坐标系 2）

N04 G00 X30 Y30；　（A 点→B 点）

……

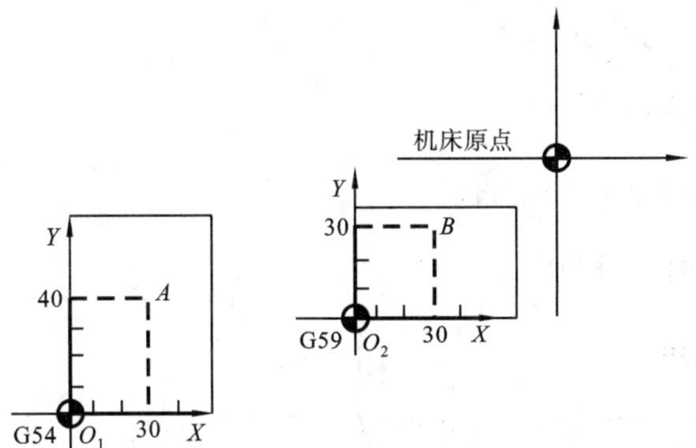

数控铣床坐标系G92、G54～G59指令：数控铣床坐标系指令.MP4

图 3-41　工件坐标系选择指令举例

用 G54～G59 设定工件坐标系的具体步骤如下。

(1) 进行系统回零操作。

(2) 用加工刀具分别试切工件正对的两侧表面，记下对应的 $X1$、$X2$、$Y1$、$Y2$ 坐标值，则对称中心在机床坐标系中的坐标应是$((X1+X2)/2,(Y1+Y2)/2)$。

(3) 用刀具试切工件上表面，记下此时数控显示屏上显示的机床坐标值 $Z1$。

(4) 进入数控面板上的 MDI 方式，在工件坐标系页面，选择一个工件坐标系（如 G54），并输入前述工件原点在机床坐标系中的坐标值，数控系统就保存了这个工件坐标系的零点位置。

(5) 在程序中使用工件坐标系调用指令（如 G54），则数控系统就把这个工件坐标系的零点偏置到需要的位置上。

G54～G59 是系统预置的六个坐标系，可根据需要选用。

3) 机床坐标系选择指令——G53

G53 指令使刀具快速定位到机床坐标系中的指定位置上。

编程格式：G90　G53　X__　Y__　Z__；

该指令在执行前，必须以手动或自动完成机床回零操作。G53 指令是非模态指令，且只有在 G90 状态下有效。

例：G90　G53　X−100　Y−100　Z−20；

则执行后刀具在机床坐标系中的位置如图 3-42 所示。

4) 局部坐标系设定指令——G52

编程格式：G52　X__　Y__　Z__；

其中 X__　Y__　Z__是局部坐标系原点在当前工件坐标系中的坐标值。

G52 指令能在所有的工件坐标系（G92、G54～G59）内形成子坐标系，即局部坐标系，如图 3-43 所示。局部坐标系只在指令的工件坐标系内有效，不影响其余的工件坐标系，适用于所有的工件坐标系，因使用方便，在编程中被广泛使用。含有 G52 指令的程序段中，绝对

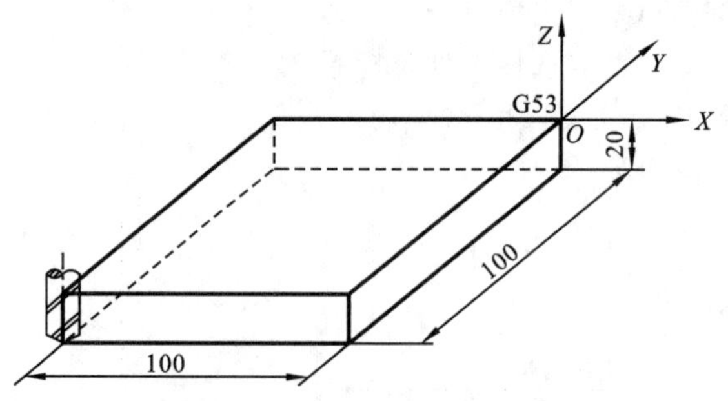

图 3-42　G53 机床坐标系选择指令

值编程方式的指令值就是在该局部坐标系中的坐标值。

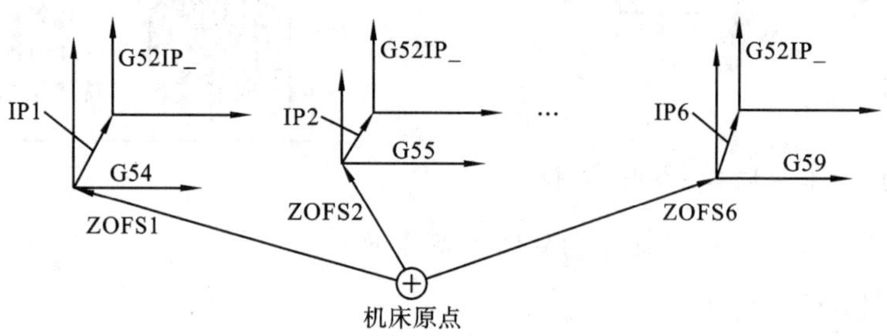

图 3-43　G52 局部坐标系指令

在用 G52 建立了一个局部坐标系后，可重新用 G52 建立新的局部坐标系。

使用 G52　X0　Y0　Z0 指令，可使局部坐标系原点与工件坐标系原点在同一位置，相当于删除了局部坐标系，回复到工件坐标系，即可重新按工件坐标系编程。

例：如图 3-44 所示，要求刀具运动轨迹为 $A \to B \to C \to D$。

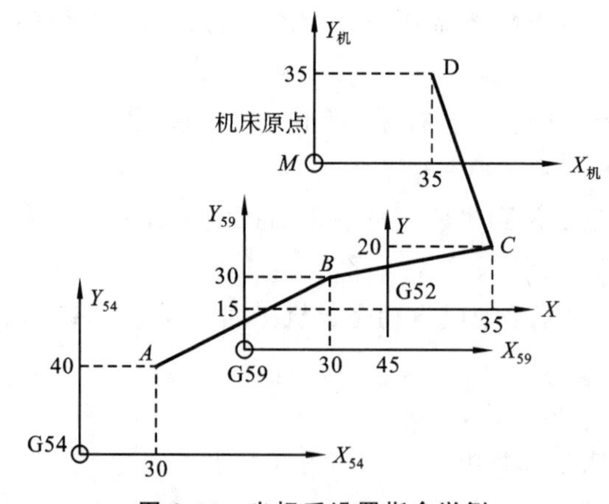

图 3-44　坐标系设置指令举例

编程如下：

N01　G54　G90　G00　X30.0　Y40.0；(快速移到 G54 中的 A 点)

N02　G59；　(将 G59 置为当前工件坐标系)

N03　G00　X30.0　Y30.0；　(移到 G59 中的 B 点)

N04 G52 X45.0 Y15.0; （在当前工件坐标系 G59 中建立局部坐标系 G52）
N05 G00 G90 X35.0 Y20.0; （移到 G52 中的 *C* 点）
N06 G53 X35.0 Y35.0; （移到 G53 机械坐标系中的 *D* 点）

3.3.2 数控铣床编程的基本指令

1. 绝对编程与相对编程——G90、G91

数控铣床的位置/运动控制指令可采用两种坐标方式进行编程，即采用绝对坐标尺寸编程和增量坐标尺寸编程。

1）绝对坐标尺寸编程 G90

G90 指令规定在编程时按绝对值方式输入坐标，即移动指令终点的坐标值 *X*、*Y*、*Z* 都是以工件坐标系坐标原点（程序零点）为基准来计算。

2）增量坐标尺寸编程 G91

G91 指令规定在编程时按增量值方式输入坐标，即移动指令终点的坐标值 *X*、*Y*、*Z* 都是以起始点为基准来计算，再根据终点相对于起始点的方向判断正负，与坐标轴同向取正，反向取负。

G90、G91 为模态功能，可相互注销，G90 为缺省值。

G90、G91 可用于同一程序段中，但要注意其顺序所造成的差异。

例：如图 3-45 所示，使用 G90、G91 编程，要求控制刀具由 1 点移动到 2 点。

绝对值编程：G90 X40 Y50；

增量值编程：G91 X20 Y30；

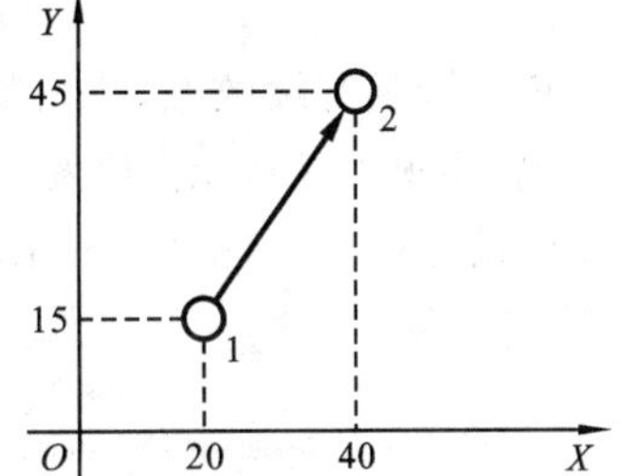

图 3-45 绝对坐标和增量坐标

选择合适的编程方式可使编程简化。当图纸尺寸由一个固定基准给定时，采用绝对方式编程较为方便。当图纸尺寸是以轮廓顶点之间的间距给出时，则采用增量方式编程较为方便。

2. 平面选择指令——G17、G18、G19

G17——选择 *XY* 平面编程；

G18——选择 *XZ* 平面编程；

G19——选择 *YZ* 平面编程。

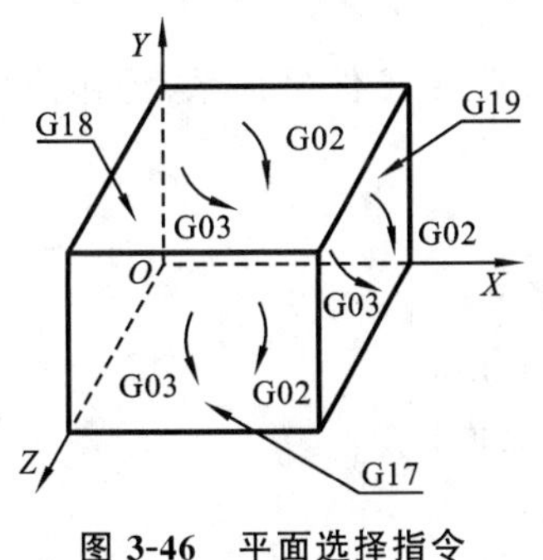

图 3-46 平面选择指令

平面选择指在铣削过程中指定圆弧插补平面和刀具补偿平面。铣削时在 *XY* 平面内进行圆弧插补，则应选用准备功能 G17；在 *XZ* 平面内进行圆弧插补，应选用准备功能 G18；在 *YZ* 平面内进行插补加工，则需选用准备功能 G19。如图 3-46 所示。平面指定与坐标轴移动无关，不管选用哪个平面，各坐标轴的移动指令均会执行。

3. 快速定位指令——G00

编程格式：G00 X__ Y__ Z__；

其中 X__ Y__ Z__是快速定位终点，在 G90 时为终点在工件坐标系中的坐标，在G91时为终点相对于起点的位移量。

G00指令刀具相对于工件以各轴预先设定的速度，从当前位置快速移动到程序段指令的定位目标点。其快移速度由机床参数“快移进给速度”对各轴分别设定，而不能用F规定。G00一般用于加工前的快速定位或加工后的快速退刀。

4. 直线插补指令——G01

编程格式：G01 X_ Y_ Z_ F_；

G01是指令编程坐标轴按指定进给速度作直线插补运动。*X*、*Y*、*Z*坐标位置为切削终点，可三轴联动或二轴联动或单轴移动，而由F值指定切削时的进给速度，单位一般设定为mm/min。G01是模态指令，可由G00、G02或G03功能注销。

现以图3-47(a)来说明G01用法，假设刀具由程序原点逆时针铣削轮廓外形。

编程如下：

```
G90  G01  Y17.0  F80;
X-10.0  Y30.0;
G91  X-40.0;
Y-18.0;
G90  X-22.0  Y0;
X0;
```

F功能具有续效性，故切削速度相同时，下一程序段可省略。

例：要求刀具从原点出发，沿图3-47(b)所示的轨迹，加工完成之后再回到原点。毛坯大小为100 mm×100 mm×40 mm，选用直径为6 mm、长度120 mm的端铣刀，切深为2 mm。

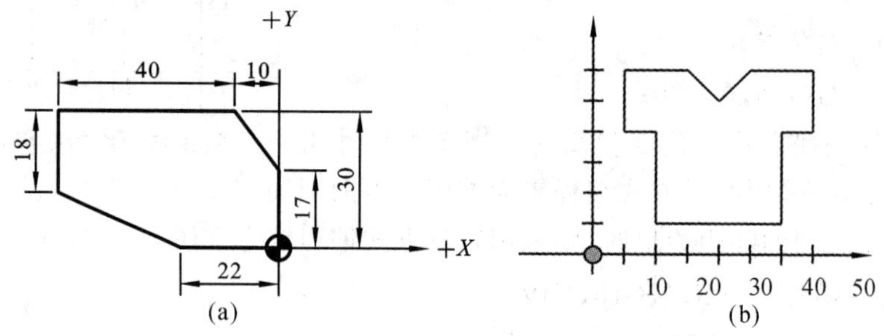

图3-47 G01指令用法

编程如下：

```
O0304;
G54  G90  G17  G21  G49  G40;    (程序初始化，G54设置工件坐标系，绝对坐标编程)
G00  Z30.0;                      (Z轴下刀)
X20.0  Y10.0;                    (X、Y轴下刀点定位)
S500  M03;                       (主轴顺时针500 r/min)
Z5.0;                            (刀具靠近工件上表面)
G01  Z-2.  F100.0;               (下刀到指定深度)
X60.0;
```

Y40.0;
X70.0;
Y60.0;
X50.0;
X40.0　Y50.0;
X30.0　60.0;
X10.0;
Y40.0;
X20.0;
Y10.0;
G00　Z50.0;　　（加工结束，抬刀）
M05;　　（主轴停）
M30;　　（程序结束）

数控铣床G00、G01指令：G00、G01指令举例及仿真加工.MP4

思考：上述例中，如果采用 G91 模式编程，程序该如何书写？

5. 圆弧插补指令——G02、G03

G02、G03 是圆弧插补指令，在指定平面上，按指定进给速度进行圆弧切削，G02 为顺时针圆弧插补，G03 为逆时针圆弧插补。

所谓顺圆、逆圆指的是从第三轴正向朝零点或朝负方向看，如在 XY 平面内，从 Z 轴正向向原点观察，顺时针转为顺圆，反之为逆圆。如图 3-48 所示。

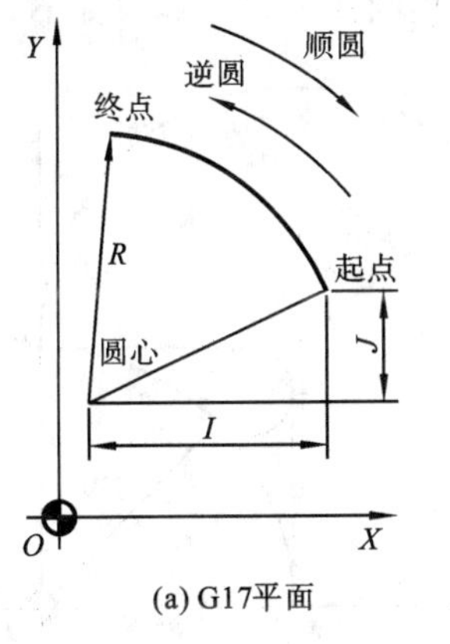

(a) G17平面

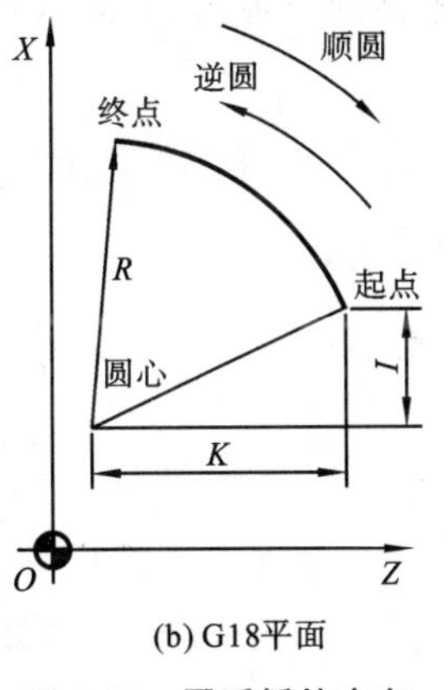

(b) G18平面

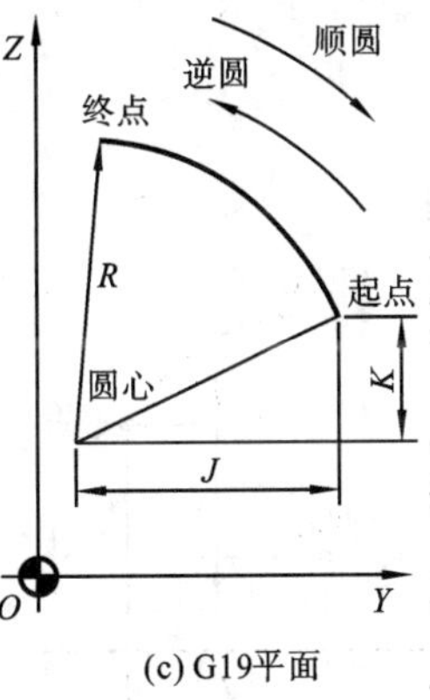

(c) G19平面

图 3-48　圆弧插补方向

编程格式如下：

$$G17\begin{Bmatrix}G02\\G03\end{Bmatrix}\begin{Bmatrix}X\_\ Y\_\end{Bmatrix}\begin{Bmatrix}I\_\ J\_\\R\_\end{Bmatrix}F\_;$$

$$G18\begin{Bmatrix}G02\\G03\end{Bmatrix}\begin{Bmatrix}X\_\ Z\_\end{Bmatrix}\begin{Bmatrix}I\_\ K\_\\R\_\end{Bmatrix}F\_;$$

$$G19\begin{cases}G02\\ \\G03\end{cases}\left\{Y\_\_\ Z\_\_\begin{cases}J\_\_\ K\_\_\\ \\R\_\_\end{cases}\right\}F\_\_;$$

其中 X、Y、Z 为圆弧终点坐标位置,可用绝对值(G90)或增量值(G91)表示。

I、J、K:从圆弧起点到圆心位置,在 X、Y、Z 轴上的分向量,总是以增量方式表示(以 I、J、K 表示的称为圆心法)。

X 轴的分向量用地址 I 表示,I=圆心的 X 坐标值-起点的 X 坐标值。

Y 轴的分向量用地址 J 表示,J=圆心的 Y 坐标值-起点的 Y 坐标值。

Z 轴的分向量用地址 K 表示,K=圆心的 Z 坐标值-起点的 Z 坐标值。

R:圆弧半径,以半径值表示(以 R 表示的称为半径法)。

F:切削进给速率,单位为 mm/min。

圆弧的表示有圆心法及半径法两种,现分述如下。

1) 圆心法

I、J、K 后面的数值定义为从圆弧起点到圆心的距离,用圆心编程的情况如图 3-49 所示。

2) 半径法

以 R 表示圆弧半径。此法以圆弧起点及终点和圆弧半径来表示一段圆弧,在圆上会有二段圆弧出现,如图 3-50 所示。故以 R 是正值时,表示圆心角小于等于 180°的圆弧;R 是负值时,表示圆心角为大于 180°的圆弧。

图 3-50 中,R=30 mm,终点坐标绝对值为(0,30),则各类圆弧的指令编写如下。

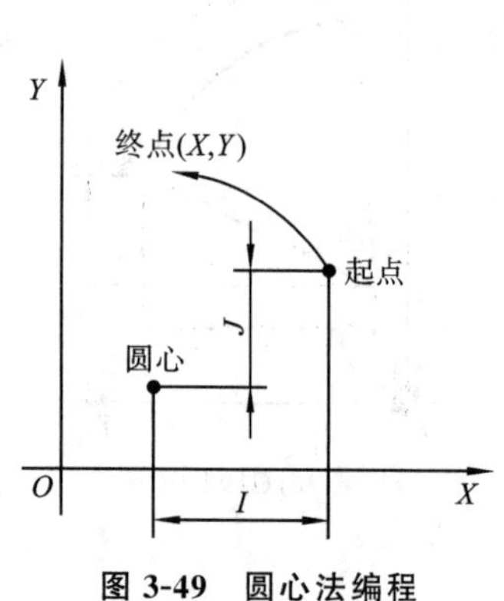

图 3-49 圆心法编程

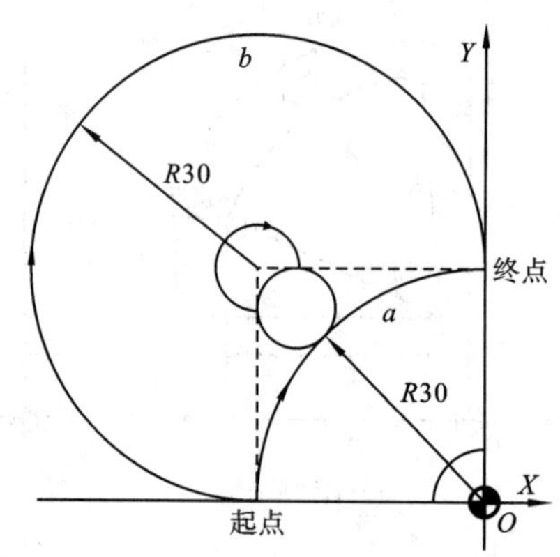

图 3-50 半径法编程

(1) 圆心角大于 180°的圆弧(即路径 *b*)。

指令如下:G90 G02 X0.0 Y30.0 R-30.0 F80;

(2) 圆心角小于等于 180°的圆弧(即路径 *a*)。

指令如下:G90 G02 X0.0 Y30.0 R30.0 F80;

CNC 铣床上使用半径法或圆心法来表示某一圆弧,要从工作图上的尺寸标注而定,以使用较方便者(即不用计算,即可看出数值者)为取舍。但若要铣削一整圆时,只能用圆心法表示,半径法无法执行。若用半径法以两个半圆相接,其真圆度误差会较大。

如图 3-51 所示铣削一整圆的指令写法如下：

G91 G02 I－50. F80；

现以图 3-52 为例，说明 G01、G02、G03 指令的用法。假设刀具由程序原点逆时针沿轮廓铣削。

编程如下：

G90 G01 Y12.0 F80.0；	（程序原点→A 点）
G02 X38.158 Y40.0 I38. 158 J-12.0；	（A 点→B 点）
G91 G01 X11.0；	（B 点→C 点）
G03 X24.0 R12.0；	（C 点→D 点）
G01 X8.0；	（D 点→E 点）
G02 X10.0 Y－10. 0R10.0；	（E 点→F 点）
G01 Y－20.0；	（F 点→G 点）
X－15. Y－10.0；	（G 点→H 点）
X－20.0；	（H 点→I 点）
G90 G03 X20. 158 Y0.0 R18.0；	（I 点→J 点）
G01 X0.；	（J 点→程序原点）

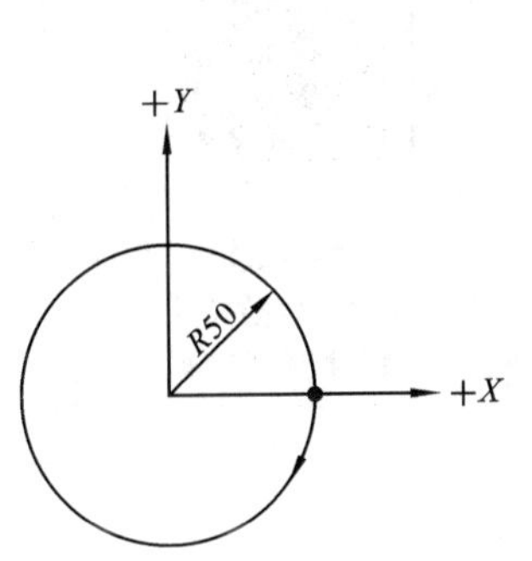

图 3-51　整圆程序的编写

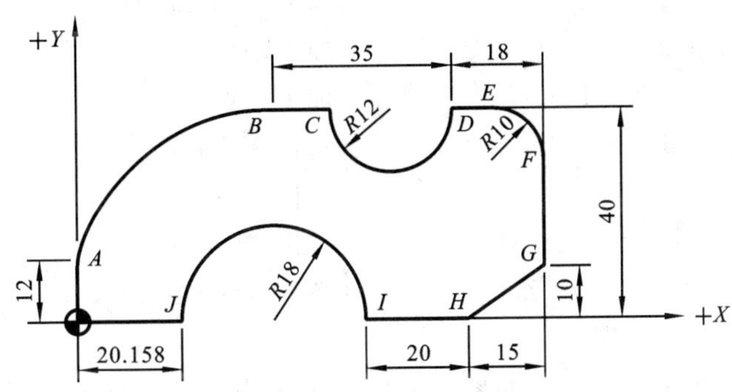

图 3-52　G01、G02、G03 应用例图

使用 G02、G03 圆弧切削指令时的注意点：

(1) 一般 CNC 铣床或 MC 开机后，即设定为 G17（*XY* 平面），故在 *XY* 平面上铣削圆弧，可省略 G17 指令。

(2) 当某一程序段中同时出现 I、J 和 R 时，以 R 为优先（即有效），I、J 无效。

(3) I0 或 J0 或 K0 时，可省略不写。

(4) 省略 X、Y、Z 终点坐标时，表示起点和终点为同一点，是切削整圆。若用半径法则刀具无运动产生。

(5) 当终点坐标与指定的半径值未交于同一点时，会报警显示。

(6) 直线切削后接圆弧切削时，其 G 指令必须转换为 G02 或 G03，若再执行直线切削时，则必须再转换为 G01 指令，这些很容易被疏忽。

(7) 使用切削指令（G01，G02，G03）须先指令主轴转动，且须指令进给速度 *F*。

G02、G03 指令举例如下：

用 φ6 mm 的刀具铣图 3-53 所示的 B 字母，刀心轨迹为虚线（深 2 mm），毛坯材料为 80

mm×80 mm×22 mm,各表面已加工。

参考如下:

(1)数控系统:FANUC 0i。

(2)毛坯大小:80 mm×80 mm×22 mm。

(3)刀具:φ6 mm 立铣刀。

(4)程序编程原点:工件上表面左下角。

(5)程序名:O0305。

(6)加工路线:顺时针方向切削。

(7)程序代码:

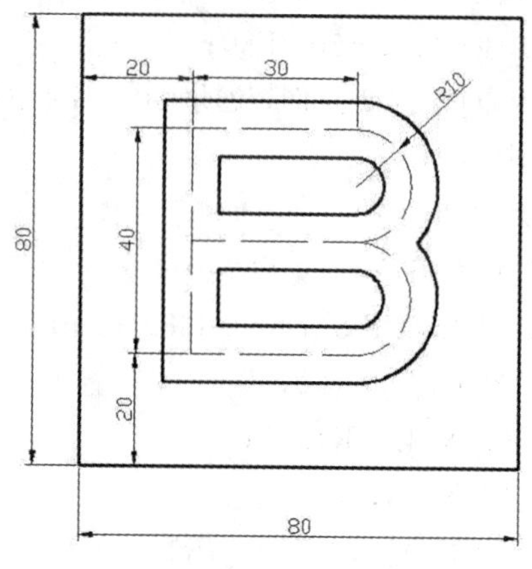

图 3-53　B 字母

```
G54  G90  G17  G21;     (初始化)
G00  Z30;               (安全高度)
X20  Y20;               (下刀点)
M03  S1000;             (主轴开始转)
G00  Z5;                (接近工件)
G01  Z-2  F100;         (切进去 2 mm)
G91  Y40;               (相对坐标,上移 40 mm)
X30;                    (向又移动 30 mm)
G02  Y-20  R10;         (加工圆弧)
Y-20  R10;              (加工圆弧)
G01  X-30;              (左移 30 mm)
Y20;                    (上移 20 mm)
X30;                    (右移 30 mm)
G90  G00  Z30;          (绝对坐标,抬刀)
M05  M30;               (停止)
```

数控铣床G02、G03指令:数控铣床G02、G03指令.MP4

思考:上例中,如果按逆时针方向切削,程序该如何书写?

6. 刀具半径补偿指令——G41、G42、G40

数控机床在实际加工过程中是通过控制刀具中心轨迹来实现切削加工任务的。由于刀具半径的存在,刀具中心轨迹和工件轮廓不重合。在编程过程中,为了避免复杂的数值计算,一般按零件的实际轮廓来编写数控程序,但刀具具有一定的半径尺寸,如果不考虑刀具半径尺寸,那么加工出来的实际轮廓就会与图纸所要求的轮廓相差一个刀具半径值。因此,采用刀具半径补偿功能来解决这一问题。当数控系统具备刀具半径补偿功能时,数控编程只需按工件轮廓进行,数控系统会自动计算刀心轨迹,使刀具偏离工件轮廓一个刀具半径值,即进行刀具半径补偿。

1)G41——刀具半径左补偿

沿刀具运动(前进)方向看,刀具位于工件左侧时的刀具半径补偿,称为刀具半径左补偿功能,如图 3-54 所示。

2) G42——刀具半径右补偿

沿刀具运动(前进)方向看,刀具位于工件右侧时的刀具半径补偿,称为刀具半径右补偿功能,如图 3-54 所示。

3）G40——取消刀具半径补偿

G40 指令是用来取消 G41 与 G42 的指令。G40、G41、G42 都是模态代码，可相互注销。

4）编程格式

编程格式如下：

G01 $\begin{Bmatrix} G41 \\ G42 \end{Bmatrix}$ X＿Y＿D＿；

G01　G40 X＿Y＿；

D：G41/G42 的参数，即刀补号码（D00～D99），它代表了刀补表中对应的半径补偿值，即设置所使用刀具的直径。

例：考虑刀具半径补偿，编制图 3-55 所示零件的加工程序，要求建立如图所示的工件坐标系，按箭头所指示的路径进行加工，设加工开始时刀具距离工件上表面 50 mm，切削深度为 2 mm，采用直径为 ϕ10 的立铣刀。

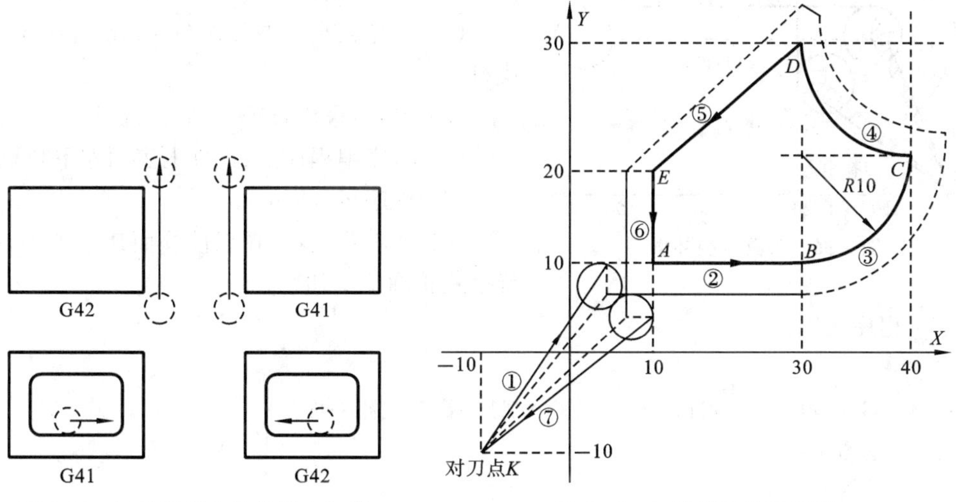

图 3-54　刀具半径左补偿和右补偿　　图 3-55　刀具半径补偿编程

O3001；	（程序名）
G92　X−10　Y−10　Z50；	（确定对刀点）
G90　G17；	（在 *XY* 平面，绝对坐标编程）
M03　S900；	
G00　Z5；	（*Z* 轴进到离上表面 5 mm 的位置）
G01　Z-2　F50；	（进给到切削深度）
G42　G01　X4　Y10　D01；	（右刀补，进刀到（4，10）的位置，*D*01＝10）
X30；	（插补直线 *A*→*B*）
G03　X40　Y20　I0　J10；	（插补圆弧 *B*→*C*）
G02　X30　Y30　I0　J10；	（插补圆弧 *C*→*D*）
G01　X10　Y20；	（插补直线 *D*→*E*）
Y5；	（插补直线 *E*→（10，5））
G40　G00　X−10　Y−10；	（取消刀补）

```
G00  Z50;                  (返回 Z 方向的安全高度)
M05  M30;
```

注意:

(1) 加工前应先用手动方式对刀,将刀具移动到相对于编程原点(−10,−10,50)的对刀点处;在系统“刀具表”中设定 01 号刀具的直径值,即 D01=10。

(2) 图中带箭头的实线为编程轮廓,不带箭头的虚线为刀具中心的实际路线。

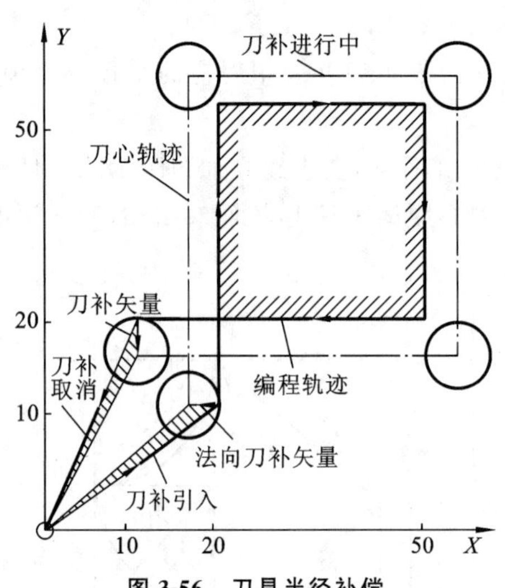

图 3-56 刀具半径补偿

(3) 刀具半径补偿的建立与取消只能用 G00 或 G01 指令,而不是用 G02 或 G03。

例如:加工图 3-56 所示 30 mm×30 mm 的凸台,高 3 mm,毛坯为 40 mm×40 mm×20 mm。

程序参考如下:

(1) 数控系统:FANUC 0iM。

(2) 毛坯大小:40 mm×40 mm×20 mm 的块料。

(3) 刀具:采用直径 12 的立铣刀。

(4) 程序编程原点:工件上表面左下角点。

(5) 程序名:O0903。

(6) 加工路线:先在工件外面建立刀补,再进行正式轮廓加工切削。

(7) 程序代码:

```
O0903
G54  G90  G17  G21;          (由 G17 指定刀补平面)
G00  Z30.0;
X−50  Y−50;
M03  S500;
Z5.0;
G01  Z−3.0  F100.0;
G41  G01  X−15  Y−40  D01;    (刀补建立,G41 确定刀补方向,D01 指定刀补大小)
G01  Y15;
X15;
Y−15;
X−40;
G40  G00  X−50  Y−50;    (由 G40 解除刀补)
G00  Z30;
M05  M30;
```

讨论:(1) 如果想对工件先进行粗加工,单边留 0.5 mm 余量,再进行精加工,D01 的值如何确定?

（2）如果毛坯变为了 80 mm×80 mm×20 mm，在不修改程序及刀具半径时，如何保证加工 30 mm×30 mm×3 mm 的凸台？

（3）程序中使用了刀具半径补偿指令后，当由于刀具的磨损或因换刀引起刀具半径变化时，不必重新编程，只须修改相应的偏置参数即可。另外，刀具半径补偿指令可以实现粗、精加工程序的编制。加工余量的预留可通过修改偏置参数实现，而不必为粗、精加工各编制一个程序。

（4）在刀具半径补偿指令有效期内，不能出现第三轴的运动坐标。

数控铣床刀具半径补偿指令：数控铣床刀具半径补偿指令.MP4

数控铣床G41、G42仿真加工举例.MP4

3.4　简化编程指令

3.4.1　子程序编程指令

为了简化编程，当一组程序段在一个程序中多次出现，或者在几个程序中都要使用时，可将这组程序段编写为单独的程序，并通过程序调用的形式来执行，这样的程序称为子程序。

子程序具有以下几个特点。

（1）子程序可以被任何主程序或其他子程序所调用，并且可以多次循环执行。

（2）被主程序调用的子程序，还可以调用其他的子程序，称为子程序的嵌套，如图 3-57 所示。

（3）子程序执行结束后，能自动返回到调用的程序中。

（4）子程序一般都不可以作为独立加工程序使用，它只能通过调用来实现加工功能。

（5）在数控铣床上，当一次装夹多个相同零件或一个零件有多个相同的加工内容时，可使用子程序。

主程序　子程序A　子程序B
调用子程序A　调用子程序B
返回　返回

图 3-57　子程序的嵌套

1. 子程序的格式

子程序的形式和组成与主程序大体相同，也是由子程序名、子程序体和子程序结束指令组成。例如：

```
O××××；      （子程序名，命名规则与主程序名相同）
……；         （子程序体，编程指令和格式与主程序相同）
M99；         （子程序结束）
```

程序结束字 M99 表示子程序结束,并返回到调用子程序的主程序中。

2. 子程序的调用格式

调用格式:M98 __ __ __ ××××

M98 是主程序调用子程序的指令,指令中,__ __ __表示调用次数,FANUC 系统允许重复调用的最多次数为 999 次,如果省略了重复次数,则为 1 次。后面四位数字××××表示被调用的子程序名。

如 M98 P3001 表示调用子程序 O3001 一次,M98 P23001 表示调用子程序 O3001 两次。

华中数控系统调用格式:

M98 P_ _ _ _ L_ _ _

P 表示被调用的子程序名,L 后面的数字表示调用次数。

由于子程序的调用目前尚没有完全统一,对于不同的数控系统,使用时必须参照有关系统的编程说明。

例:编制如图 3-58 所示零件的程序,零件四边已加工过,尺寸为 180 mm×110 mm×40 mm,零件上 4 个方槽的尺寸、形状相同,槽深 2 mm,槽宽 10 mm,未注圆角半径为 $R5$,设编程原点为零件左下角点,采用直径为 ϕ10 mm 的立铣刀。

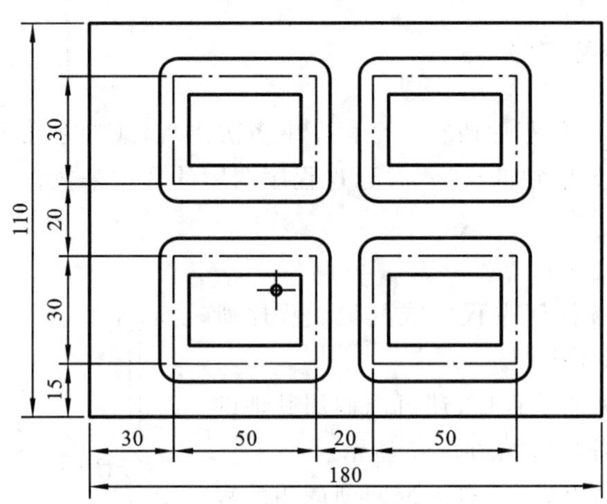

图 3-58 子程序编程

O3002;	(主程序)
G54 G90 G17 G40 G49 G80;	(程序初始化)
G00 Z30;	(Z 轴下刀到安全高度)
M03 S600;	(主轴正转速度为 600 r/min)
G00 X30. Y15.;	(刀具定位到第一个槽加工起始点处)
Z5;	(刀具快速靠近工件上表面)
G91;	(相对坐标)
M98 P3003;	(调用子程序 O3003 一次,加工第一个槽)
G00 X70;	(定位到第二个槽加工起始点处)
M98 P3003;	(调用子程序 O3003,加工第二个槽)

```
G00  X-70.  Y50;
M98  P3003;                   (调用子程序,加工第三个槽)
G00  X70;
M98  P3003;                   (调用子程序,加工第四个槽)
G90  G00  X0.  Y0.  Z200;
M05  M30;

O3003;                        (子程序)
G01  Z-7.  F50;               (下刀到切深 2 mm)
X50.0  F150;                  (逆时针加工槽)
Y30;
X-50;
Y-30;
G00  Z7;                      (抬刀到工件上表面 2 mm 处)
M99;                          (子程序结束)
```

讨论:在图 3-57 中,如果想上下各加工 10 个图示的相同方槽,程序该如何实现?

```
O3002;                        (主程序)
G54  G90  G17  G40  G49  G80; (程序初始化)
G00  Z30;                     (Z 轴下刀到安全高度)
M03  S600;                    (主轴正转 600 r/min)
G00  X30.  Y15.;              (刀具定位到第一个槽加工起始点处)
Z5;                           (刀具快速靠近工件上表面)
G91;                          (相对坐标)
M98  P103003;                 (调用子程序 O3003 十次,加工下排 10 个槽)
G00  X-700.  Y50;
M98  P103003;                 (调用子程序 O3003 十次,加工上排 10 个槽)
G90  G00  X0.  Y0.  Z200;
M05  M30;
O3003;                        (子程序)
G01  Z-7.  F50;               (下刀到切深 2 mm)
X50.  F150;                   (逆时针加工槽)
Y30;
X-50;
Y-30;
G00  Z7;                      (抬刀到工件上表面 2 mm 处)
X70;                          (定位到第二个槽加工起始点处)
M99;                          (子程序结束)
```

数控铣床子程序编程指令:数控铣床子程序编程指令.MP4

3.4.2 缩放编程指令

指令格式:G51 X__ Y__ Z__ P__;

M98 P__;

G50;

其中:G51——建立缩放;G50——取消缩放;X、Y、Z——缩放中心的坐标值;P——缩放倍数;M98 P__——调用子程序。

G51既可指定平面缩放也可指定空间缩放。在G51后运动指令的坐标值以X、Y、Z为缩放中心,按P规定的缩放比例进行计算。在有刀具补偿的情况下,先进行缩放,然后才进行刀具半径补偿和刀具长度补偿。G51、G50为模态指令,可相互注销,G50为默认值。

例:使用缩放功能编制如图3-59所示轮廓的加工程序。设刀具起点距工件上表面30 mm,切削深度为2 mm。

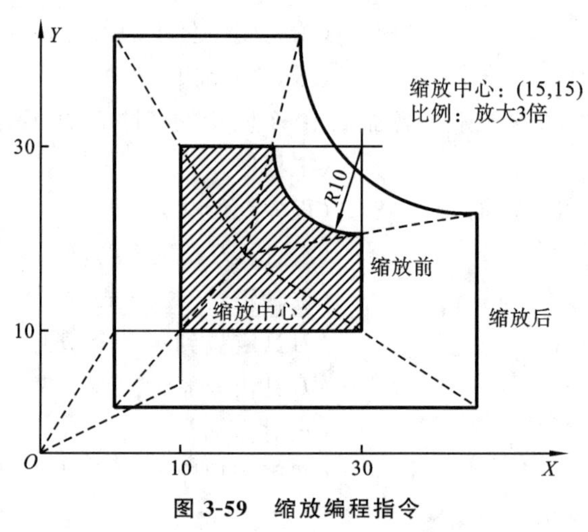

图3-59 缩放编程指令

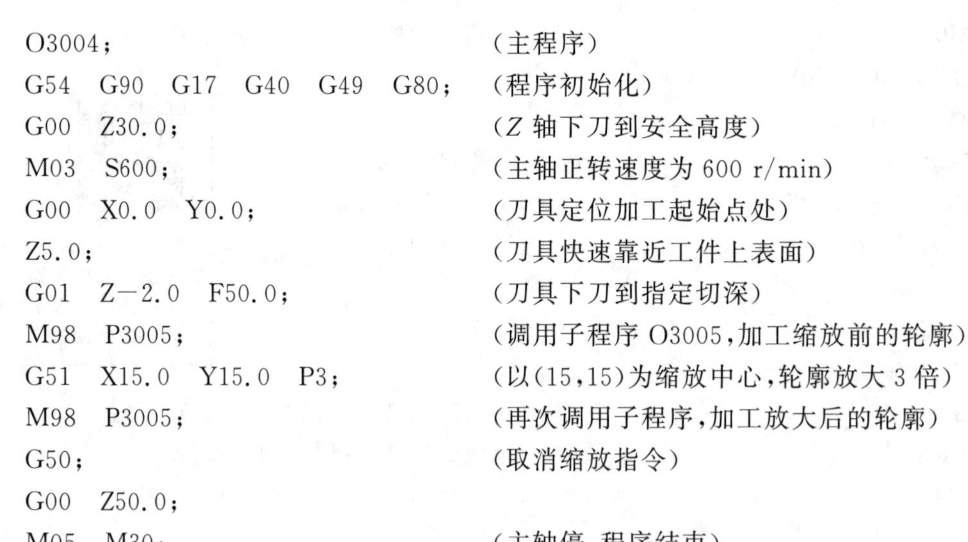

```
O3004;                              (主程序)
G54 G90 G17 G40 G49 G80;            (程序初始化)
G00 Z30.0;                          (Z轴下刀到安全高度)
M03 S600;                           (主轴正转速度为600 r/min)
G00 X0.0 Y0.0;                      (刀具定位加工起始点处)
Z5.0;                               (刀具快速靠近工件上表面)
G01 Z-2.0 F50.0;                    (刀具下刀到指定切深)
M98 P3005;                          (调用子程序O3005,加工缩放前的轮廓)
G51 X15.0 Y15.0 P3;                 (以(15,15)为缩放中心,轮廓放大3倍)
M98 P3005;                          (再次调用子程序,加工放大后的轮廓)
G50;                                (取消缩放指令)
G00 Z50.0;
M05 M30;                            (主轴停,程序结束)
```

```
O3005;                          (轮廓加工子程序)
G41  G00  X10.0  Y4.0  D01;
G01  Y30.0  F100.;
X20.0;
G03  X30.0  Y20.0  I10.0;
G01  Y10.0;
X5.0;
G40  G00  X0.0  Y0.0;
M99;                            (子程序结束)
```

3.4.3　镜像编程指令

当工件相对于某一轴具有对称形状时，可以利用镜像功能和子程序，只对工件的一部分进行编程，而能加工出工件的对称部分，这就是镜像功能。当某一轴的镜像有效时，该轴执行与编程方向相反的运动。

指令格式：G51　X_Y_I_J_;

M98　P_;

G50;

其中：G51——建立镜像；G50——取消镜像；X、Y——镜像中心的坐标值；I、J 分别为 1、−1，以 X 方向为对称轴镜像；I、J 分别为 −1、1，以 Y 方向为对称轴镜像；I、J 分别为 −1、−1，以 X、Y 方向为对称轴镜像；M98　P_——调用子程序。

华中数控系统像编程指令：

格式：G24 X____ Y____ Z____

M98 P_

G25 X____ Y____ Z____

其中：G24——建立镜像。

G25——取消镜像。

X、Y、Z——镜像位置。

G24、G25 ——模态指令，可相互注销，G25 为缺省值。

镜向功能可让图形按指定规律产生镜像变换。

例：使用缩放功能编制如图 3-60 所示轮廓的加工程序。设刀具起点距工件上表面 30 mm，切削深度为 2 mm。

程序如下：

```
……
G01  Z−2.0  F100.0;               (下刀到指定切深)
M98  P3006;                       (调用轮廓加工子程序，加工右上角第一个轮廓)
G51  X60.0  Y50.0  I−1.0  J1.0;(X=60 为镜像轴镜像图形)
M98  P3006;                       (加工左上角轮廓)
G50;                              (取消镜像指令)
```

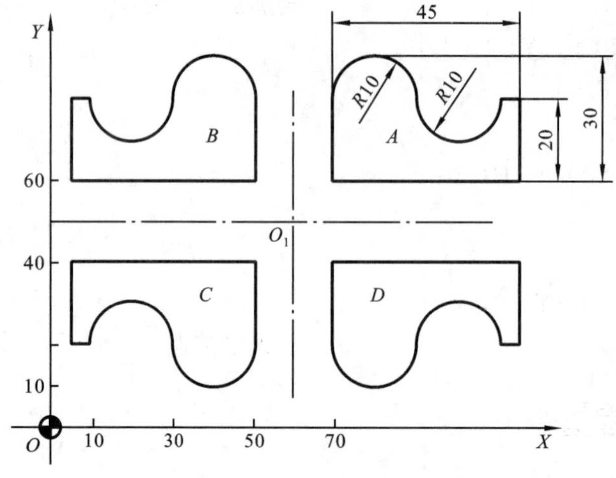

图 3-60　镜像编程指令

```
G51  X60.0  Y50.0  I-1.0  J-1.0；（以O1为镜像中心镜像图形）
M98  P3006；                      （加工左下角轮廓）
G50；
G51  X60.0  Y50.0  I1.0  J-1.0；（以Y=50为镜像轴镜像图形）
M98  P3006；                      （加工右下角轮廓）
G50；
……

O3006；                           （轮廓加工子程序）
G42  G01  X60.0  Y60.0  D01；
X115.0；
Y80.0；
X110.0；
G02  X90.0  R10.0；
G03  X70.0  R10.0；
G01  Y50.0；
G40  G01  X60.0；
M99；                             （子程序结束）
```

3.4.4　旋转编程指令

旋转编程指令可使编程图形按照指定旋转中心及旋转方向旋转一定的角度，G68 表示开始坐标系旋转，G69 用于撤销旋转功能。

指令格式：G17　G68　X__ Y__ P__；

　　　　　M98　P__；

　　　　　G69；

其中：G68——建立旋转；G69——取消旋转；X、Y、Z——旋转中心的坐标值；P——旋转角度，单位是(°)，0°≤P≤360°。

在有刀具补偿的情况下，先旋转后刀补（刀具半径补偿、长度补偿），在有缩放功能的情况下，先缩放后旋转。

例：使用旋转功能编制如图 3-61 所示轮廓的加工程序。设刀具起点距工件上表面 50 mm，切削深度为 5 mm。

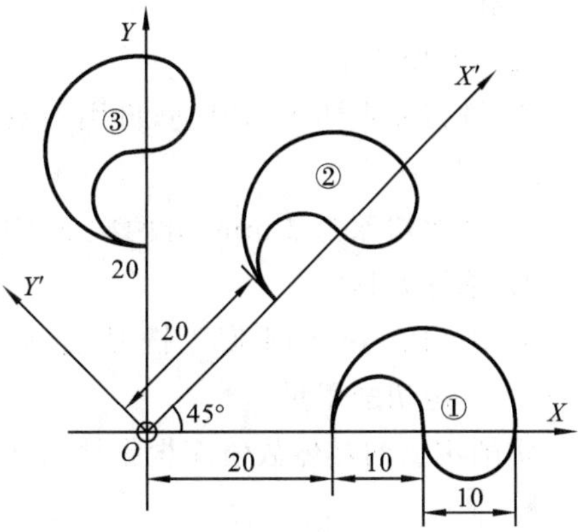

图 3-61　旋转变换功能示例

程序如下：

```
……
G01  Z-2.0  F100.0;               (下刀到指定切深)
M98  P3007;                       (调用轮廓加工子程序，加工①)
G68  X0  Y0  P45;                 (旋转 45°)
M98  P3007;                       (加工轮廓②)
G68  X0  Y0  P90;                 (旋转 90°)
M98  P3007;                       (加工轮廓③)
G69;                              (取消旋转)
……

O3007;                            (子程序，①的加工程序)
G41  G01  X20  Y-5  D01  F100;
Y0;
G02  X40  I10;
X30  I-5;
G03  X20  I-5;
G00  Y-6;
G40  X0  Y0;
M99;                              (子程序结束)
```

子程序、镜像、旋转、缩放等指令只是简化编程的一种方法，对提高产品的加工质量、提高加工的效率没有帮助。

3.5　铣床综合编程实例

【例 3-1】　毛坯为 70 mm×70 mm×18 mm 板材，六面已粗加工过，要求数控铣出如图 3-61 所示的槽，工件材料为 45 钢。

1) 根据图样要求、毛坯及前道工序加工情况，确定工艺方案及加工路线

(1) 以已加工过的底面为定位基准，用通用台虎钳夹紧工件前后两侧面，台虎钳固定于

铣床工作台上。

(2) 工步顺序。

① 铣刀先走两个圆轨迹,再用刀具半径左补偿加工 50 mm×50 mm 四角倒圆的正方形。

② 每次切深为 2 mm,分两次加工完。

2) 选择刀具

采用 ϕ12 mm 的平底立铣刀,定义为 T01,并把该刀具的直径输入到刀具参数表中。

3) 确定切削用量

切削用量的具体数值应根据该机床性能、相关的手册并结合实际经验确定,详见加工程序。

4) 确定工件坐标系和对刀点

在 *XOY* 平面内确定以工件中心为工件原点,*Z* 方向以工件表面为工件原点,建立工件坐标系,如图 3-62 所示。采用手动试切对刀方法(操作与前面介绍的数控铣床对刀方法相同)把点 *O* 作为对刀点。

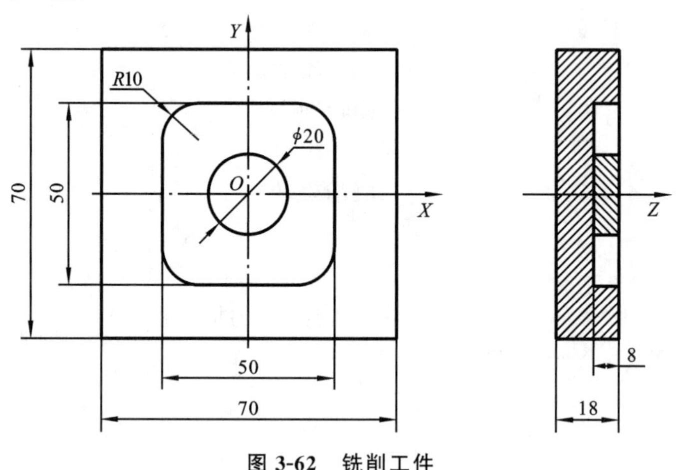

图 3-62 铣削工件

5) 编写程序

按该机床规定的指令代码和程序段格式,把加工零件的全部工艺过程编写成程序清单。

考虑到加工图示的槽,深为 4 mm,每次切深为 2 mm,分两次加工完,为编程方便,同时减少指令条数,需采用子程序。该工件的加工程序如下:

```
O3008;                              (主程序)
G54  G90  G17  G40  G49  G80;       (程序初始化)
G00  Z30.0;                         (Z 轴下刀到安全高度)
M03  S600;                          (主轴正转速度为 600 r/min)
G00  X16.0  Y0.0;                   (刀具定位加工起始点处)
Z5.0;                               (刀具快速靠近工件上表面)
G01  Z-2.0  F100.0;                 (刀具下刀到指定切深)
M98  P3009;                         (调用子程序,槽深为 2 mm)
```

```
G01   Z-4;
M98   P3009;                              (再调一次子程序,槽深为 4 mm)
G00   Z30;
G00   X0   Y0   Z150;
M05   M30;                                (主程序结束)

O3009;                                    (子程序开始)
G03   X16   Y0   I-16   J0 F80;
G01   X20;
G03   X20   Y0   I-20   J0;
G41   G01   X25   Y15;                    (左刀补铣四角倒圆的正方形)
G03   X15   Y25   R10;
G01   X-15;
G03   X-25   Y15   R10;
G01   Y-15;
G03   X-15   Y-25   R10;
G01   X15;
G03   X25   Y-15   R10;
G01   Y10;
G40   G01   X16   Y0;                     (左刀补取消)
M99;                                      (子程序结束)
```

例如:零件如图 3-63 所示,毛坯尺寸为 60 mm×60 mm×22 mm,毛坯各表面已加工。现需铣出图中 45 mm×45 mm 方形、ϕ45 圆形、八角形轮廓,编制零件在数控铣床上的加工工艺方案、粗/精加工程序并按要求加工。

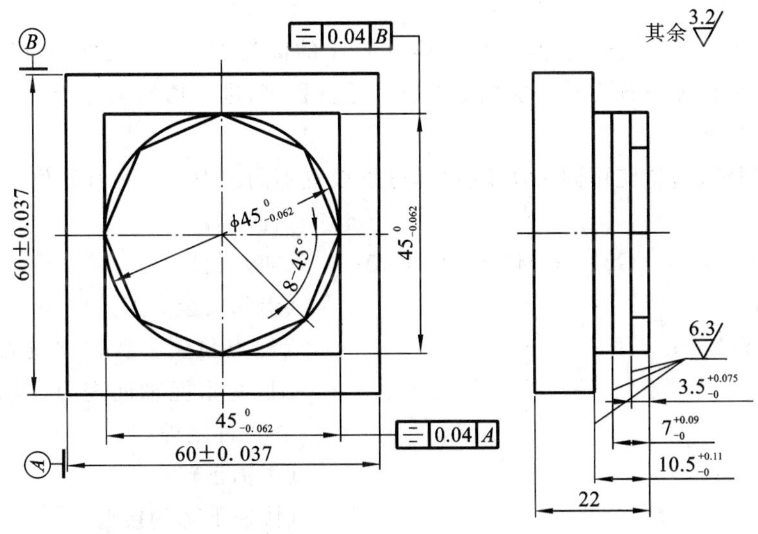

图 3-63　加工零件

数控加工工序表如表 3-1 所示。

表3-1 数控加工工序表

工步号	工步内容	刀号	刀具	半径补偿
1	粗加工45 mm×45 mm×10.5 mm方形外轮廓,分3层到切削要求的深度	T01	ϕ20立铣刀	D01
2	粗加工八角形轮廓	T01	ϕ20立铣刀	D01
3	粗加工ϕ45外圆	T01	ϕ20立铣刀	D01
4	重复运行加工程序,半精加工各轮廓	T01	ϕ20立铣刀	D01
5	重复运行加工程序,精加工各轮廓	T01	ϕ20立铣刀	D01

加工步骤如下。

(1) 仔细阅读零件图,确定加工内容,制定工艺方案并检查坯料尺寸。

(2) 编制加工程序并输进机床。

(3) 用平口钳装夹工件,并伸出钳口适当高度。用百分表对工件进行找正。

(4) 安装寻边器,以坯料上表面中心为工件坐标系原点,用碰双边法进行对刀,并设置原点的X、Y向偏置到G54。Z方向用Z轴设定器对刀。在不影响加工质量的前提下,也可用试切法进行X、Y、Z向对刀。

(5) 安装ϕ20立铣刀并对刀,设置Z向偏置到G54;设置刀具半径补偿号D01的值为10.5。

(6) 运行程序,进行零件的粗加工,留0.5 mm余量。

(7) 设置刀具半径补偿号D01的值为10.1,运行程序,进行零件的半精加工,留0.1 mm余量。

(8) 测量零件尺寸,设置刀具半径补偿号D01的值为10.0,并根据测量得到的程序指令值与实际值的误差设置刀具的磨损量补偿。运行程序,进行精加工。

参考程序如下。

粗铣、半精铣、精铣使用同一加工程序,分别设置不同的刀具半径补偿值。

```
O0101;                                  (程序名)
G54  G90  G17  G21  G94  G49  G40;      (初始化)
G00  Z30.0;                             (走到安全高度)
X60.0  Y60.0;                           (起点位置。普通立铣刀只能径向进
                                         刀,而不能轴向进刀,因此,起点必须
                                         在工件之外)
S500  M03;                              (主轴正转)
Z1.0;                                   (快速下降到接近工件)
G01  Z-3.5  F200.0;                     (垂直进给到第1层切削深度)
M98  P0102;                             (调用方形轮廓加工子程序)
G01  Z-7.0  F200.0;                     (进给到第2层切削深度)
```

```
M98  P0102;                     (调用方形轮廓加工子程序)
G01  Z-10.5  F200.0;            (进给到第 3 层切削深度)
M98  P0102;                     (调用方形轮廓加工子程序)
G00  Z1.0;                      (快速上升到工件表面)
G01  Z-3.5  F200.0;             (进给到八角形的加工深度)
G41  G00  X22.5  D01;           (建立左刀补)
G01  Y0  F50.0;                 (进给到图 3-64 中的起点)
X15.908  Y-15.908;              (加工八角形,顺铣)
X0  Y-22.5;
X-15.908  Y-15.908;
X-22.5  Y0;
X-15.908  Y15.908;
X0  Y22.5;
X15.908  Y15.908;
X22.5  Y0;                      (八角形加工结束)
X30.0;                          (退刀)
G00  Z1.0;                      (提刀)
G40  G00  X60.0  Y60.0;         (取消刀补,回起点)
G01  Z-7.0  F200.0;             (进给到外圆的加工深度)
G41  G00  X22.5  D01;           (建立左刀补)
G01  Y0  F50.0;                 (进给到圆弧起点,切线切入,见图 3-65(a))
G02  I-22.5;                    (顺铣整圆)
G03  X34.5  Y-12.0  R12.0;      (圆弧退出)
G00  Z30.0;                     (升到安全高度)
G40  G00  X60.0  Y60.0;         (取消刀偏,回起点)
M05;                            (主轴停)
M30;                            (程序停)
O0102;                          (方形轮廓子程序,见图 3-65(b))
G41  G00  X22.5  D01;           (左刀补)
G01  Y-22.5  F50.0;
X-22.5;
Y22.5;
X30.0;
G40  G00  X60.0  Y60.0;         (取消刀补,回起点)
M99;
```

数控铣床综合编程：数控铣床综合编程实例.MP4

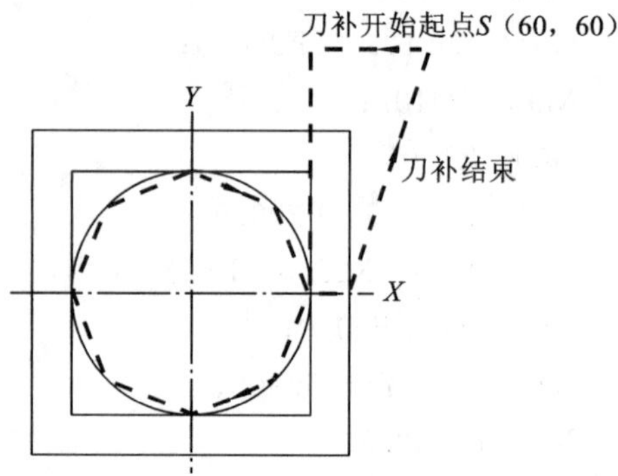

图 3-64　八角形外轮廓编程轨迹

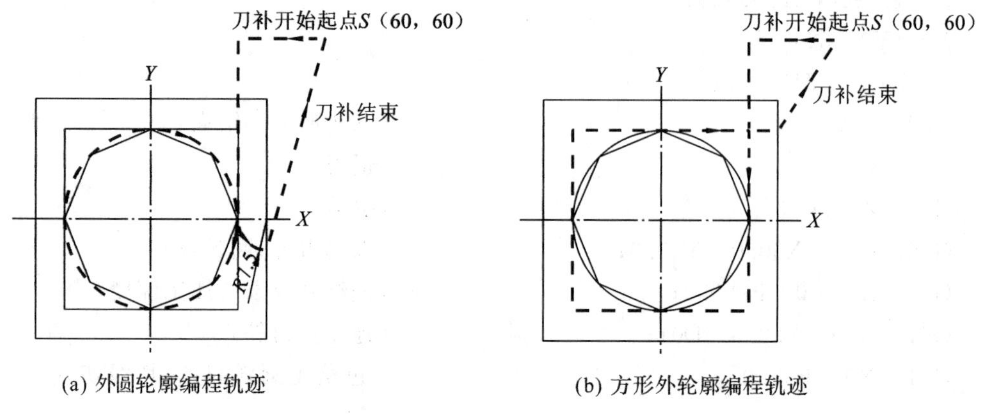

(a) 外圆轮廓编程轨迹　　(b) 方形外轮廓编程轨迹

图 3-65　外圆和方形外轮廓编程轨迹

【例 3-2】 如图 3-66 所示，毛坯尺寸为 100 mm×100 mm×15 mm，加工内容为四个成缩放、镜像关系的型腔。编制零件在数控铣床上的加工工艺方案、粗/精加工程序并按要求加工。

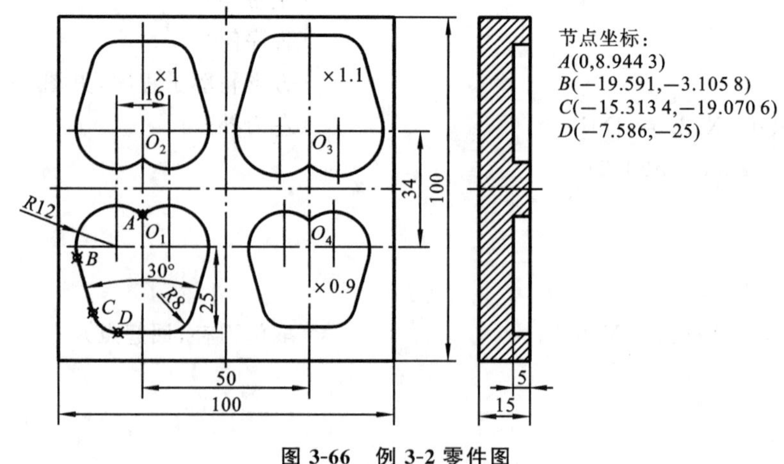

图 3-66　例 3-2 零件图

1）根据图样要求、毛坯及前道工序加工情况，确定工艺方案及加工路线

（1）以已加工过的底面为定位基准，用通用台虎钳夹紧工件前后两侧面，台虎钳固定于铣床工作台上。

（2）工步顺序。

① 用 ϕ12 立铣刀粗铣各个型腔，留 0.5 mm 单边余量。

② 通过改变刀补值，精铣各个型腔。

2）选择刀具

由于轮廓的最小半径为 7.2，因此刀具直径须小于 ϕ14.4，选用 ϕ12 刀具，定义为 T01，并把该刀具的直径输入到刀具参数表中。

3）确定切削用量

切削用量的具体数值应根据该机床性能、相关的手册并结合实际经验确定，详见加工程序。

4）确定工件坐标系和对刀点

在 XOY 平面内确定以工件中心为工件原点，Z 方向以工件表面为工件原点，建立工件坐标系，如图 3-66 所示。采用手动试切对刀方法（操作与前面介绍的数控铣床对刀方法相同）把点 O 作为对刀点。

5）编写程序

按该机床规定的指令代码和程序段格式，把加工零件的全部工艺过程编写成程序清单。子程序编程轨迹如图 3-67 所示。

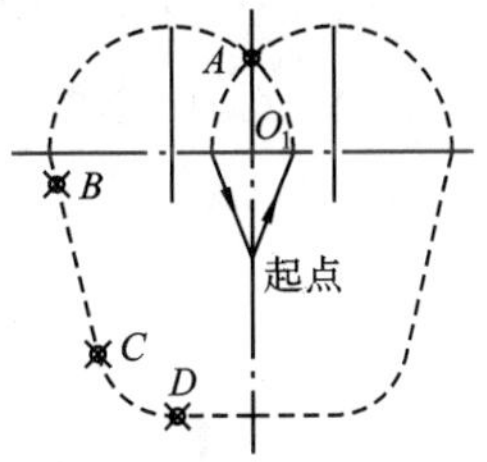

图 3-67　子程序编程轨迹

加工程序如下：

```
O3010;                              (铣型腔主程序)
G54  G90  G17  G21  G94  G49  G40;  (初始化)
G00  Z30.0;                         (走到安全高度)
X0  Y0;                             (平移到工件中心)
S1000  M03;                         (主轴正转)
Z3.0  M08;                          (快速靠近工件，以提高效率)
G52  X-25.0  Y-17.0;                (坐标平移至O1点)
M98  P3011;                         (调用子程序，加工基本型腔轮廓)
G52  X-25.0  Y17.0;                 (坐标平移至O2点)
G51  X0  Y0  I1.0  J-1.0;           (缩放镜像)
M98  P3011;                         (加工左上方型腔轮廓)
G50;                                (取消缩放镜像)
G52  X25.0  Y17.0;                  (坐标平移到O3点)
G51  X0  Y0  I-1.1  J-1.1;          (缩放镜像)
M98  P3011;                         (加工右上方放大1.1倍的型腔轮廓)
G50;                                (取消缩放镜像)
G52  X25.0  Y-17.0;                 (坐标平移到O4点)
G51  X0  Y0  I-0.9  J0.9;           (缩放镜像)
M98  P3011;                         (加工右下方型腔轮廓)
G50;                                (取消缩放镜像)
```

```
G52  X0  Y0;                         (工件坐标系回初始原点)
G00  Z30;
M05  M09;
M30;

O3011;                               (基本轮廓子程序)
G90  G00  X0  Y-10.0;                (平移至起点位置)
G01  Z-5.0  F60.0;                   (进给到型腔深度)
G41  G01  X4.0  Y0  D01  F100.0;     (建立左刀补)
G03  X-19.591  Y-3.106  R-12.0;      (沿轮廓插补加工,到B点)
G01  X-15.313  Y-19.071;             (到C点)
G03  X-7.586  Y-25.0  R8.0;          (到D点)
G01  X7.586  Y-25.0;                 (到D点的对称点)
G03  X15.313  Y-19.071  R8.0;        (到C点的对称点)
G01  X19.591  Y-3.106;               (到B点的对称点)
G03  X-4.0  Y0  R-12;
G40  G01  X0  Y-10.0;                (取消刀补,回起点)
G00  Z3.0;                           (上升到可以平行移动的高度)
M99;
```

习　　题

一、判断题

1. G41左补偿指令是指刀具偏在工件轮廓的左侧,而G42则偏在右侧。 (　　)

2. 要调用子程序,必须在主程序中用M98指令编程,而在子程序结束时用M99返回主程序。 (　　)

3. 铣削零件轮廓时进给路线对加工精度和表面质量无直接影响。 (　　)

4. 铣削内轮廓时,刀具应由过渡圆方向切入、切出。 (　　)

5. 圆弧铣削时,已知起点和圆心就可以编写出圆弧插补程序。 (　　)

6. G00和G01的运行轨迹都一样,只是速度不一样。 (　　)

7. 轮廓铣削加工中,若采用刀具半径补偿指令编程,刀补的建立与取消应在轮廓上进行,这样的程序才能保证零件的加工精度。 (　　)

8. 数控回转工作台不是机床的一个旋转坐标轴,不能与其他坐标轴联动。 (　　)

二、选择题

1. 在三坐标加工中心上通常用球头铣刀加工比较平缓的曲面时,表面粗糙度的质量不会很高。这是因为(　　)而造成的。

A. 行距不够密　　　　B. 步距太小

C. 球头铣刀刃不太锋利　　　　D. 球头铣刀尖部的切削速度几乎为零

2. 在铣削一个 XY 平面上的圆弧时,圆弧起点在(30,0),终点在(-30,0),半径为50,圆弧起点到终点的旋转方向为顺时针,则铣削圆弧的指令为(　　)。

A. G17　G90　G02　X－30.0　Y0　R50.0　F50

B. G17　G90　G03　X－300.0　Y0　R－50.0　F50

C. G17　G90　G02　X－30.0　Y0　R－50.0　F50

D. G18　G90　G02　X30.0　Y0　R50.0　F50

3. FANUC系统中，程序段G51　X0　Y0　P1000中，P地址符是(　　)。

A. 子程序号　　B. 缩放比例　　C. 暂停时间　　D. 循环参数

4. 球头铣刀的球半径通常(　　)加工曲面的曲率半径。

A. 小于　　B. 大于　　C. 等于　　D. A、B、C都可以

5. 在主程序中调用子程序O1000一次，其正确的指令是(　　)。

A. M98　O1000　　B. M99　O1000　　C. M98　P1000　　D. M99　P1000

6. 有些零件需要在不同的位置上重复加工同样的轮廓形状，可采用(　　)。

A. 比例缩放加工功能　　B. 子程序调用

C. 旋转功能　　D. 镜像加工功能

7. 用ϕ10的刀具进行轮廓的粗、精加工，要求精加工余量为0.5 mm，则粗加工时半径补偿量D01为(　　)。

A. 9.5　　B. 10.5　　C. 11　　D. 9

8. 在G01　X30.　Y6.　F100段后执行了G91　Y15.，则当前位置在Y轴上距原点(　　)。

A. 9 mm　　B. 21 mm　　C. 15 mm　　D. 30 mm

9. 在数控铣床中，如果当前刀具刀位点在机床坐标系中的坐标现显示为(150，－100，－80)，若用MDI功能执行指令G92　X100.0　Y100.0　Z100.0后，屏幕上显示的工件坐标系原点在机床坐标系中的坐标将是(　　)，切换到工件坐标系显示后，当前刀具刀位点在工件坐标系中的坐标将是(　　)。若执行指令G90　G00　X100.0　Y100.0　Z100.0后，当前刀具刀位点在工件坐标系中的坐标将是(　　)，若执行指令G91　G00　X100.0　Y100.0　Z100.0后，当前刀具刀位点在工件坐标系中的坐标将是(　　)。

A. (250，0，20)　　B. (50，－200，－180)　C. (100，100，100)　D. (200，200，200)

10. 机床运行G54　G90　G00　X100.0　Y180.0

G91　G01　X－20.0　Y－80.0　F100.0

程序段后，机床坐标系中的坐标值为X30.　Y－20.此时G54设置值为(　　)。

A. X－30.Y－20.　B. X80.Y40.　　C. X－50.Y－120.　D. X10.Y－60.

三、简答题

1. 数控铣床的编程特点有哪些？

2. 数控铣床主要适合加工哪些类型的零件？

3. G92与G54～G59之间有哪些差别？

4. G27、G28、G29各指令之间有哪些差别？

5. 什么是刀具半径补偿？使用刀具半径补偿功能有哪些好处？怎样建立和取消刀具半径补偿？

6. 采用球头铣刀和鼓形铣刀加工变斜角平面哪个加工效果好？为什么？

7. 试述两轴半、三轴联动加工曲面轮廓的区别和适用场合？

8. 什么是顺铣？什么是逆铣？数控机床的顺铣和逆铣各有什么特点？

四、编程题

1. 如图3-68所示，刀心起点为工件零点O，按“$O \to A \to B \to C \to D \to E$”顺序运动，写出$A$、$B$、$C$、$D$、$E$各点的绝对、增量坐标值(所有的点均在$XOY$平面内)。

2. 用$\phi 10$ mm的刀具铣图3-69所示的槽，刀心轨迹为虚线，槽深2 mm，试编程。

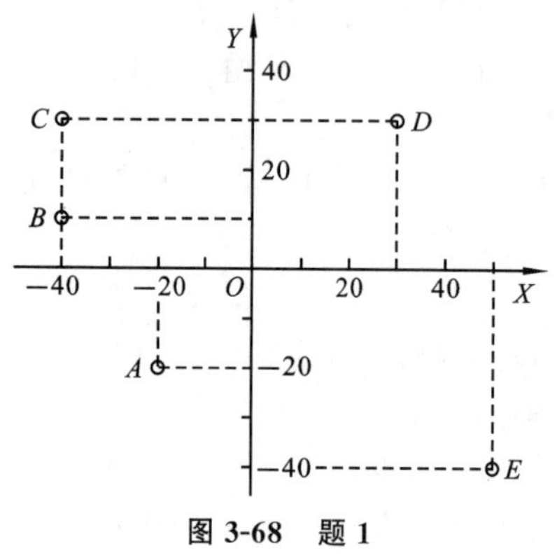

图3-68　题1

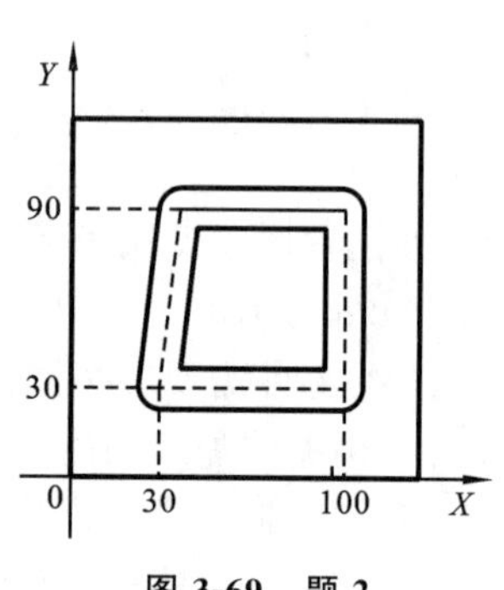

图3-69　题2

3. 用$\phi 6$ mm的刀具铣图3-70所示的三个字母，刀心轨迹为虚线(深2 mm)。

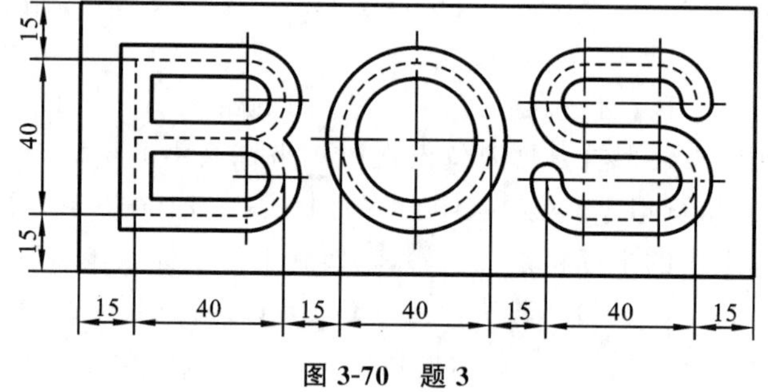

图3-70　题3

4. 铣图3-71(a)、图3-71(b)所示的外、内表面，刀具直径为$\phi 10$ mm，采用刀具半径补偿指令编程。

5. 铣图3-72所示轴对称零件。

6. 零件如图3-73所示，毛坯尺寸为80 mm×80 mm×22 mm，各表面已加工。现需铣出图中带圆弧的矩形内、外轮廓。

7. 已知零件毛坯为100 mm×120 mm×40 mm，采用$\phi 12$的立铣刀，加工图3-74所示凸轮形状的凸台，高为3 mm，以圆心为编程原点，则A、B点坐标为A(18.856, 36.667)、B(28.284,10.000)。

8. 图3-75所示零件上有多个平移分布的相同图形(槽)，毛坯尺寸为100 mm×100 mm×10 mm，各表面已加工，现需铣出图中的键槽。零件上有四个形状、尺寸相同的方槽，槽深3 mm，槽宽10 mm，未注圆角$R5$，试用子程序编程。

9. 用$\phi 8$ mm的刀具铣削图3-76所示4个对称凸块外侧面，凸块高度为3 mm，试用镜像加工和刀补指令编程。

10. 图3-77所示为四个方槽，由小至大槽深为0.5 mm、1 mm、2 mm、3 mm，试用图形缩放及子程序编程。

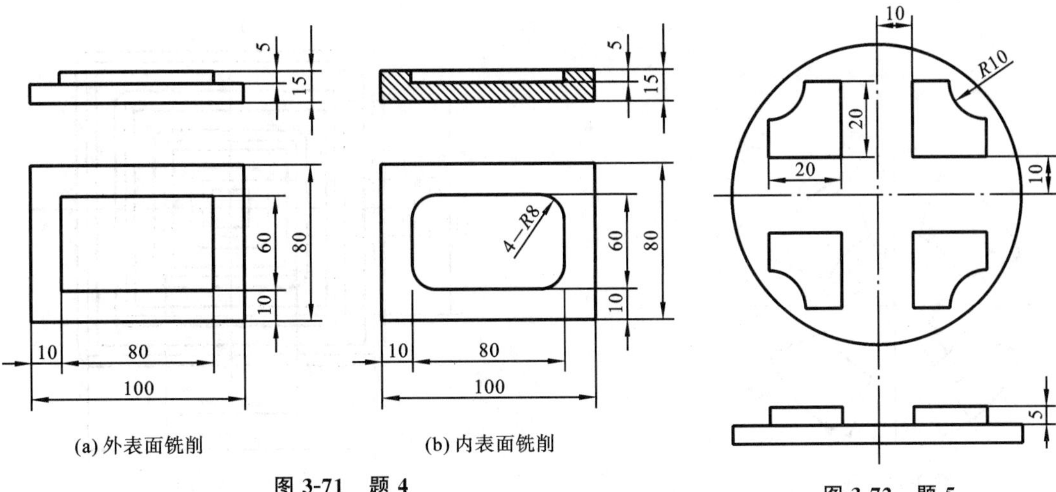

(a) 外表面铣削　　(b) 内表面铣削

图 3-71　题 4

图 3-72　题 5

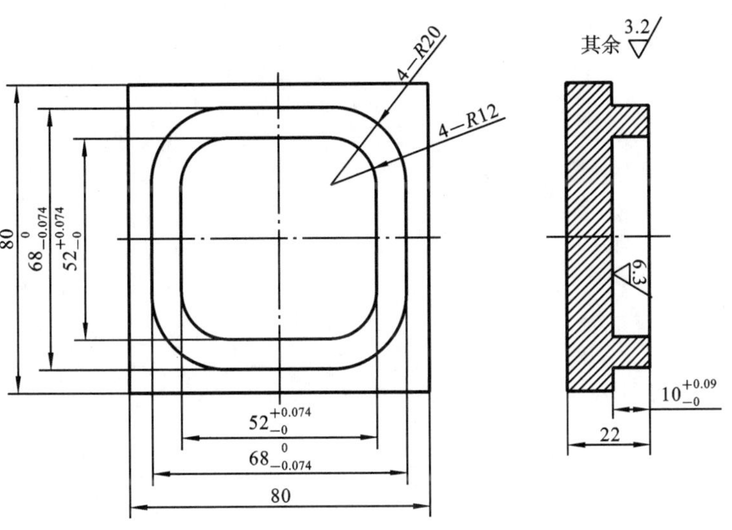

图 3-73　题 6

图 3-74　题 7

图 3-75　题 8

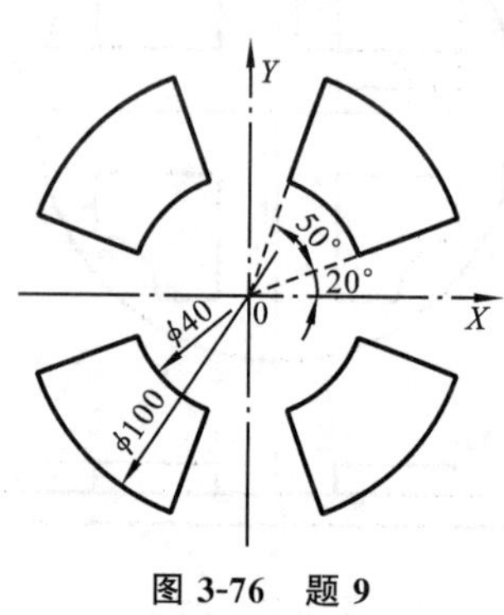

图 3-76　题 9

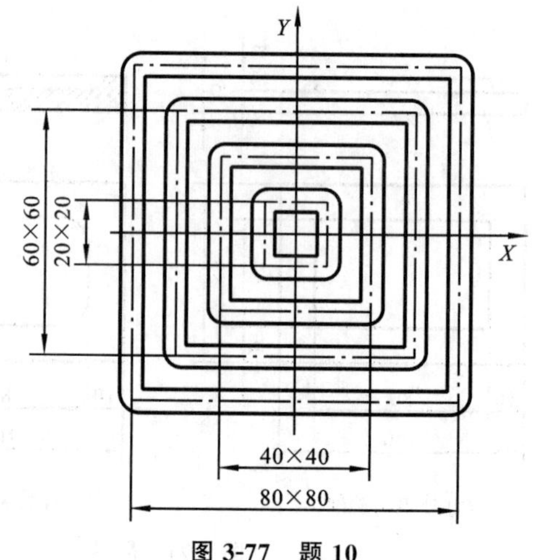

图 3-77　题 10

第4章 加工中心加工工艺与编程

4.1 加工中心概述

加工中心(machining center)简称 MC,是由机械设备与数控系统组成的使用于加工复杂形状工件的高效率自动化机床。

加工中心最初是从数控铣床发展而来的。与数控铣床相同的是,加工中心同样是由计算机数控系统(CNC)、伺服系统、机床本体、液压系统等各部分组成。但加工中心又不等同于数控铣床,加工中心与数控铣床的最大区别在于加工中心具有自动交换刀具的功能,通过在刀库安装不同用途的刀具,可在一次装夹中通过自动换刀装置改变主轴上的加工刀具,实现钻、镗、铰、攻螺纹、切槽等多种加工功能。它的出现打破了一台机床只能进行一种工序加工的传统观念,它利用机床刀库的多刀具和自动换刀能力,具有把几个不同的操作组合在一次装夹中并连续加工的能力,即集中工序加工。如 CNC 镗铣加工中心,对工件连续进行的钻削、镗削、背镗、加工螺纹、锪孔及轮廓铣削等加工都可编制为同一个 CNC 程序。加工中心因具有连续、自动、多工序加工的特点,因此,又称它为多工序数控机床。

4.1.1 加工中心加工的主要零件对象

数控加工中心机床是指具有刀库、自动换刀装置并能对工件进行多工序加工的数控机床。加工中心主要适用于加工形状复杂、工序多、精度要求高的工件。

1. 箱体类工件

箱体类零件一般具有一个以上的孔系,组成孔系的各孔本身有形状精度的要求,同轴孔系和相邻孔系之间及孔系与安装基准之间又有位置精度的要求。通常箱体类零件需要进行钻削、扩削、铰削、攻螺纹、镗削、铣削、锪削等工序的加工,工序多、过程复杂,还需用专用夹具装夹。这类零件在加工中心上加工,一次装夹可完成普通机床60%～95%的工序内容,并且精度一致性好、质量稳定。

2. 复杂曲面类工件

复杂曲面一般可以用球头铣刀进行三坐标联动加工,加工精度较高,但效率低。如果工件存在加工干涉区或加工盲区,就必须考虑采用四坐标或五坐标联动的机床。

3. 异形件

异形件是外形不规则的零件,大多需要点、线、面多工位混合加工。加工异形件时,采用普通机床加工或精密铸造无法达到预定的加工精度,而使用多轴联动的加工中心,配合自动编程技术和专用刀具,可大大提高其生产效率并保证曲面的形状精度。形状越复杂,精度要求越高,使用加工中心越能显示其优越性。如手机外壳等异形件可采用加工中心进行加工。

4. 盘、套、板类工件

这类工件包括带有键槽和径向孔,端面分布有孔系、曲面的盘套或轴类工件。

4.1.2 加工中心的分类

1. 按换刀形式分类

(1) 带刀库机械手的加工中心换刀装置由刀库、机械手组成,换刀动作由机械手完成。

(2) 无机械手的加工中心换刀通过刀库和主轴箱配合动作来完成换刀过程。

(3) 转塔刀库式加工中心一般应用于小型加工中心,主要以加工孔为主。

2. 按机床加工方式分类

1) 车削加工中心

车削加工中心以车削为主,主体是数控车床,机床上配备有转塔式刀库或由换刀机械手和链式刀库组成的大容量刀库。有些车削加工中心还配置有铣削动力头。

2) 镗铣加工中心

镗铣加工中心将数控铣床、数控镗床、数控钻床的功能聚集在一台加工设备上,且增设有自动换刀装置。镗铣加工中心是机械加工行业中应用最多的一类数控设备,其工艺范围主要是铣削、钻削和镗削。

3) 复合加工中心

在一台设备上可以完成车削、铣削、镗削和钻削等多种工序加工的加工中心称为复合加工中心,它可代替多台机床实现多工序的加工。复合加工中心以车、铣加工的加工中心为多。

3. 按机床形态分类

1) 卧式加工中心

卧式加工中心指主轴轴线为水平状态设置的加工中心,如图4-1所示。卧式加工中心一般具有3～5个运动坐标。常见的有三个直线运动坐标:X、Y、Z,外加一个回转工作台,它能够使工件一次装夹完成除安装面和顶面以外的其余四个面的加工。卧式加工中心较立式加工中心应用范围广,适宜复杂的箱体类零件如泵体、阀体等零件的加工。但卧式加工中心占地面积大、重量大、结构复杂、价格较高。

2) 立式加工中心

立式加工中心指主轴轴线为垂直状态设置的加工中心,如图4-2所示。立式加工中心一般有三个直线运动坐标:X、Y、Z,工作台具有分度和旋转功能,可在工作台上安装一个水平轴的数控转台用以加工螺旋线零件。立式加工中心多用于加工简单箱体、箱盖、板类零件和平面凸板。立式加工中心具有结构简单、占地面积小、价格低的优点。

3) 龙门加工中心

龙门加工中心的形状与数控龙门铣床相似,应用范围比数控龙门铣床更大。主轴多为

图 4-1　卧式加工中心

图 4-2　立式加工中心

垂直设置，除自动换刀装置以外，还带有可更换的主轴头附件，数控装置的功能也较齐全，能够一机多用，尤其适用于大型或形状复杂的工件加工。

4）万能加工中心

万能加工中心（又称五面体加工中心）一次装夹能完成除安装面外的所有面的加工，具有立式和卧式加工中心的功能。常见的万能加工中心有两种形式：一种是主轴可以旋转90°；另一种是主轴方向不改变，而工作台带着工件旋转90°完成对五个面的加工。在万能加工中心上，工件安装避免了二次装夹带来的安装误差，所以效率和精度高，但结构复杂、造价也高。

4.2　加工中心的加工工艺

4.2.1　加工中心的工艺特点

数控加工中心可以归纳出如下一些工艺特点。

1. 适合加工周期性复合投产的零件

有些产品的市场需求具有周期性和季节性，如果采用专门生产线则得不偿失，用普通设备加工效率又太低，质量不稳定，数量也难以保证。而采用加工中心首件试切完成后，程序和相关生产信息可保留下来，下次产品再生产时只要很短的准备时间就可以开始生产。

2. 适合加工高效、高精度工件

有些零件需求甚少，但属关键部件，要求精度高且工期短。用传统工艺需要多台机床协调工作，周期长、效率低。在长工序流程中，受人为影响易出废品，从而造成重大经济损失。采用加工中心进行加工，生产完全由程序自动控制，避免了长工艺流程，减少了硬件投资和人为干扰，具有生产效益高及质量稳定的优点。

3. 适合加工具有合适批量的工件

加工中心生产的柔性不仅体现在对特殊要求的快速反应上，而且可以快速实现批量生产，拥有并提高市场竞争能力。加工中心适合于中小批量生产，特别是小批量生产。在应用加工中心时，尽量使批量大于经济批量，以达到良好的经济效果。随着加工中心及辅具的不断发展，经济批量越来越小，对一些复杂零件，达到5～10件就可生产，甚至单件生产时也可考虑用加工中心。

4. 适合于加工形状复杂的零件

四轴联动、五轴联动加工中心的应用及CAD/CAM技术的成熟发展,使加工复杂零件的自动化程度大幅提高。DNC的使用使同一程序的加工内容足以满足各种加工要求,使复杂零件的自动加工变得非常容易。

5. 其他特点

加工中心还适合于加工多工位和工序集中的工件及难测量工件。另外,装夹困难或完全由找正定位来保证加工精度的工件不适合在加工中心上生产。

4.2.2 加工中心刀具系统

1. 加工中心对刀具的要求

加工中心对刀具的基本要求主要体现在以下几个方面。

(1) 良好的切削性能,能承受高速切削和强力切削并且性能稳定。

(2) 较高的精度,刀具的精度指刀具的形状精度和刀具与装夹装置的位置精度。

(3) 配备完善的工具系统,满足多刀连续加工的要求。

加工中心所使用刀具的刀头部分与数控铣床所使用的刀具基本相同,除铣刀以外,加工中心使用比较多的是孔加工刀具,包括加工各种大小孔径的麻花钻、扩孔钻、锪孔钻、铰刀、镗刀、丝锥及螺纹铣刀等。为了适应高效、高速、高刚性和大功率的加工发展要求,在选择刀具材料时,一般尽可能选用硬质合金刀具,精密镗孔等还可选用性能更好、更耐磨的立方氮化硼和金刚石刀具。这些孔加工刀具一般都采用涂层硬质合金材料,分为整体式和机夹可转位式两类,如图4-3所示。加工中心所使用刀具的刀柄部分与一般数控铣床所用刀柄部分不同,加工中心用刀柄带有夹持槽供机械手夹持。

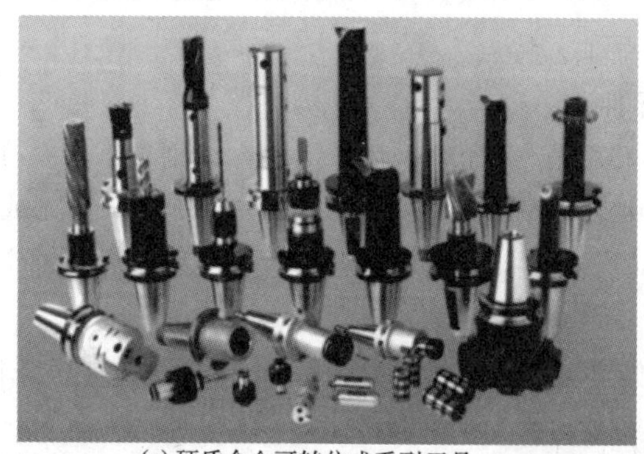

(a) 硬质合金可转位式系列刀具

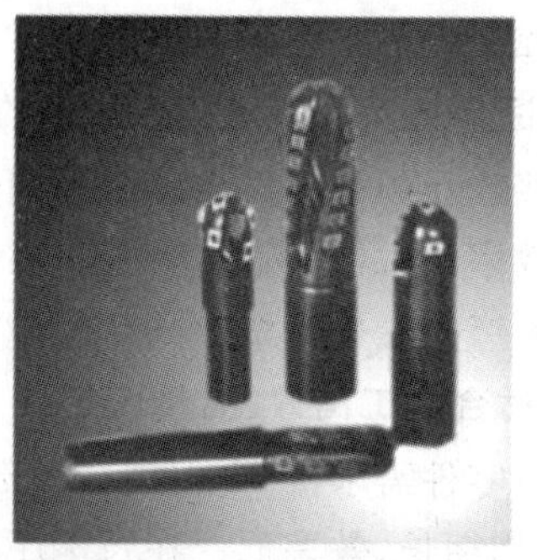

(b) 硬质合金可转位螺旋刃球刀

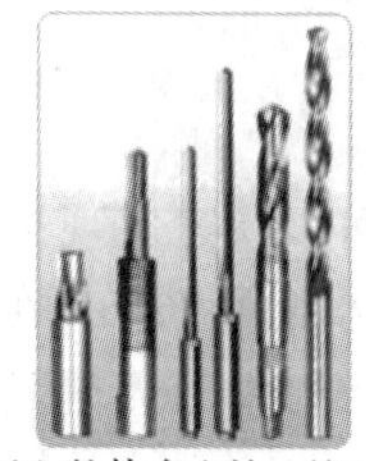

(c) 整体合金钻、铰刀

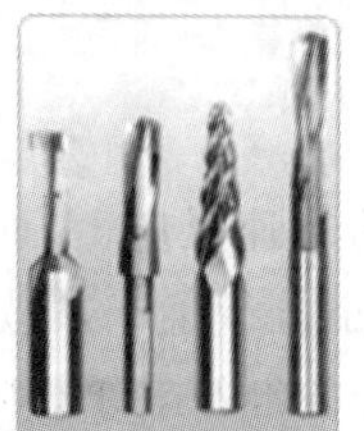

(d) 硬质合金整体式刀具

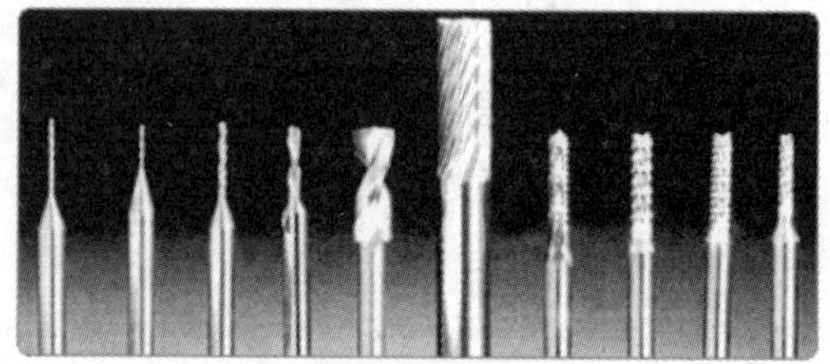

(e) 硬质合金微钻

图4-3 硬质合金整体式系列刀具和硬质合金可转位式系列刀具

2. 自动换刀装置

在加工中心加工零件的过程中,换刀动作是由自动换刀装置完成的。自动换刀装置应该满足换刀时间短、刀具重复定位精度高、刀具储存数量足够、结构紧凑、便于制造、便于维修、便于调整、有防屑防尘装置、布局应合理等要求。同时也应具有较好的刚性,冲击、振动及噪声小,运转安全可靠等特点。自动换刀系统由刀库、选刀机构、刀具交换机构(如机械手)、刀具在主轴上的自动装卸机构等部分组成。

自动换刀方式分为两大类:一是由刀库和主轴的相对运动实现刀具交换,用这种形式交换刀具时,主轴上用过的刀具送回刀库和从刀库中取出新刀,这两个动作不能同时进行,选刀和换刀由数控定位系统来完成,因此换刀时间长,换刀动作也较多;二是由机械手进行刀具交换。

3. 刀库与刀具管理

刀库的功能是储存加工工序所需的各种刀具,并按程序 T 指令,把将要用的刀具准确地送到换(取)刀位置,并接受从主轴送来的已用刀具。刀库的储存量一般在 8～64 把范围内,多的可达 100～200 把。

1) 刀库的形式

加工中心普遍采用盘式刀库和链式刀库,如图 4-4 和图 4-5 所示。密集型的鼓刀库或格子式刀库虽然占地面积小,但由于结构的限制,很少用于单机加工中心。密集型的固定刀库目前多用于 FMS 中的集中供刀系统。盘式刀库一般用于刀具容量较少的刀库,而链式刀库一般刀具数量在 30～120 把,刀具数量大时多采用链式刀库。

图 4-4　盘式刀库

图 4-5　链式刀库

2) 自动换刀的选刀方式

(1) 顺序选刀。将刀具按预定工序的先后顺序插入刀库的刀座中,使用时按顺序转到取刀位置。用过的刀具放回原来的刀座内,也可以按加工顺序放入下一个刀座内。顺序选刀的特点是不需要刀具识别装置,驱动控制也较简单,工作可靠。但刀库中每一把刀具在不同的工序中不能重复使用,为了满足加工需要只有增加刀具的数量和刀库的容量,这就降低了刀具和刀库的利用率。此外,装刀时必须十分谨慎,如果刀具不按顺序装在刀库中,将会产生严重的后果,这种方式现在已很少采用。

(2) 任意选刀方式。目前绝大多数的数控系统都具有任意选择刀具功能。刀库中，刀具的排列顺序与工件加工顺序无关，数控系统根据程序T指令的要求任意选择所需要的刀具，相同的刀具可重复使用。

任选刀具的换刀方式主要有刀具编码识别、刀套编码识别和软件记忆识别方式。

刀具编码或刀套编码都需要在刀具或刀套上安装用于识别的编码条，每把刀具(或刀座)一般都是根据二进制编码原理进行编码。自动换刀时，刀库旋转，每把刀具(或刀座)都经过刀具识别装置接受识别，如图4-6所示。当某把刀具的代码(如00000111)与数控指令的代码(如T07)相符合时，该把刀具被选中，刀库驱动，将刀具送到换刀位置，等待机械手来抓取。

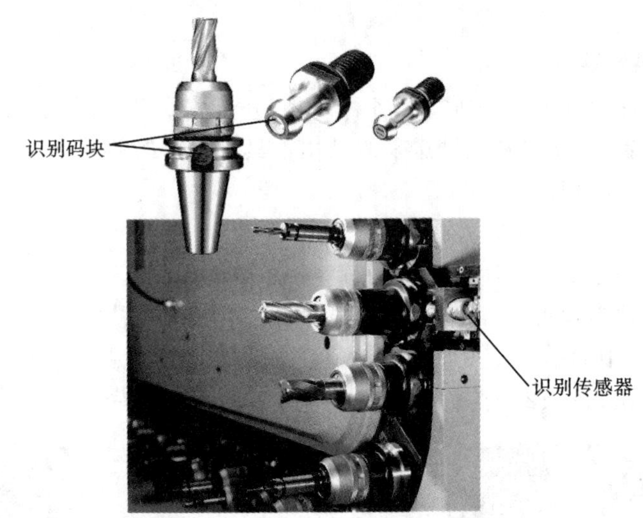

图4-6　刀具编码及编码识别结构

4.2.3　加工中心的加工工艺分析

1. 零件的工艺分析

1) 选择加工内容

加工中心最适合加工形状复杂、工序较多、要求较高的零件，这类零件常需使用多种类型的通用机床、刀具和夹具，经多次装夹和调整才能完成加工。

2) 检查零件图样

零件图样应表达正确，标注齐全。同时要特别注意，图样上应尽量采用统一的设计基准，从而简化编程，保证零件的精度要求。

例如，图4-7中所示零件图样。在图4-7(a)中，A、B两面均已在前面工序中加工完毕，在加工中心上只进行所有孔的加工。以A、B两面定位时，由于高度方向没有统一的设计基准，ϕ48H7孔和上方两个ϕ25H7孔与B面的尺寸是间接保证的，欲保证32.5±0.1和52.5±0.04尺寸，须在上道工序中对105±0.1尺寸公差进行压缩。若改为图4-7(b)所示标注尺寸，各孔位置尺寸都以A面为基准，基准统一，且工艺基准与设计基准重合，加工时各尺寸都容易得到保证。

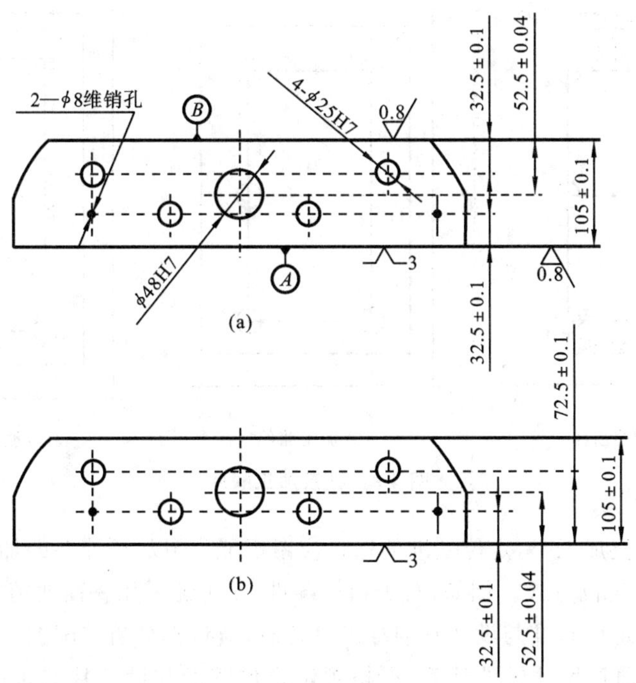

图 4-7　零件加工的基准统一

3）分析零件的技术要求

根据零件在产品中的功能，分析各项几何精度和技术要求是否合理；考虑在加工中心上加工，能否保证其精度和技术要求；选择哪一种加工中心最为合理。

4）审查零件的结构工艺性

分析零件的结构刚度是否足够，各加工部位的结构工艺性是否合理等。

2. 工艺过程设计

工艺设计时，主要考虑精度和效率两个方面，一般遵循“先面后孔、先基准后其他、先粗后精”的原则。加工中心在一次装夹中，尽可能完成所有能够加工表面的加工。对位置精度要求较高的孔系加工，要特别注意安排孔的加工顺序，安排不当，就有可能将传动副的反向间隙带入，直接影响位置精度。例如，安排图 4-8(a)所示零件的孔系加工顺序时，若按图 4-8(b)所示的路线加工，由于 5、6 孔与 1、2、3、4 孔在 Y 向的定位方向相反，Y 向反向间隙会使误差增加，从而影响 5、6 孔与其他孔的位置精度。按图 4-8(c)所示路线，可避免反向间隙的引入。

加工过程中，为了减少换刀次数，可采用刀具集中工序，即用同一把刀具把零件上相应的部位都加工完，再换第二把刀具继续加工。但是，对于精度要求很高的孔系，若零件是通过工作台回转确定相应的加工部位时，因存在重复定位误差，不能采取这种方法。

3. 零件的装夹

1）定位基准的选择

用加工中心加工时，零件的定位仍应遵循六点定位原则。同时，还应特别注意以下几点。

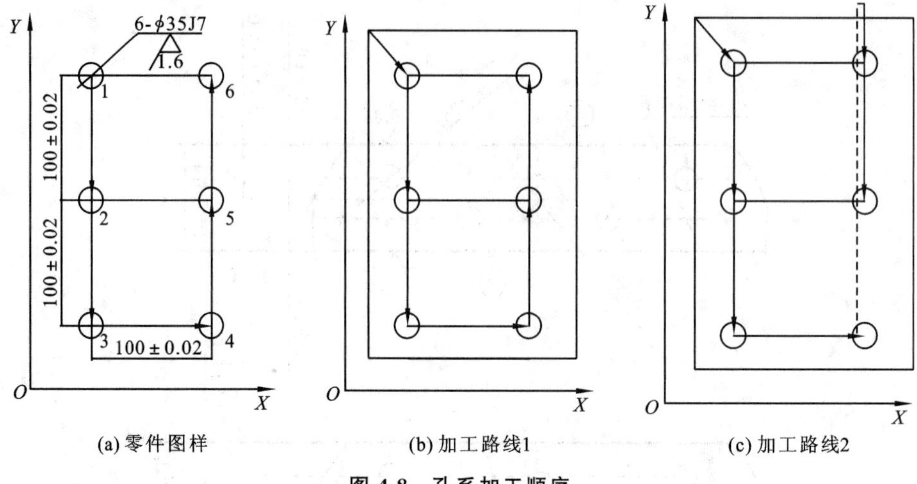

图 4-8 孔系加工顺序

(1) 进行多工位加工时,定位基准的选择应考虑能完成尽可能多的加工内容,便于各个表面都能被加工的定位方式。例如,对于箱体零件,尽可能采用一面两销的组合定位方式。

(2) 当零件的定位基准与设计基准难以重合时,应认真分析装配图样,明确该零件设计基准的设计功能,通过尺寸链的计算,严格规定定位基准与设计基准间的尺寸位置精度要求,确保加工精度。

(3) 编程原点与零件定位基准可以不重合,但两者之间必须要有确定的几何关系。编程原点的选择主要考虑便于编程和测量。如图 4-9 所示的零件,在加工中心上加工 ϕ80H7 孔和 4-ϕ25H7 孔,其中 4-ϕ25H7 都以 ϕ80H7 孔为基准,编程原点应选择在 ϕ80H7 孔的中心线上。当零件定位基准为 A、B 两面时,定位基准与编程原点不重合,但同样能保证加工精度。

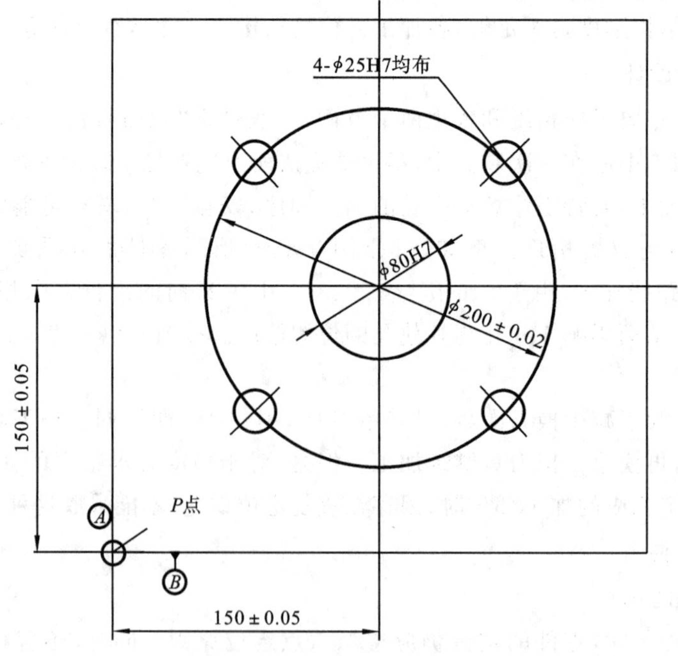

图 4-9 编程原点与定位基准

2）夹具的选用

在加工中心上，夹具的任务不仅是装夹零件，而且要以定位基准为参考基准，确定零件的加工原点。因此，定位基准要准确可靠。

3）零件的夹紧

在考虑夹紧方案时，应保证夹紧可靠，并尽量减少夹紧变形。

4. 典型零件加工中心加工工艺

下面以槽型凸轮零件为例，讲解其加工中心的加工工艺。

图 4-10 所示为槽形凸轮零件，在铣削加工前，该零件是一个经过加工的圆盘，圆盘直径为 ϕ280 mm，带有两个基准孔 ϕ35 mm 及 ϕ12 mm。ϕ35 mm 及 ϕ12 mm 为两个定位孔，X 面已在前面加工完毕，本工序是在铣床上加工槽。该零件的材料为 HT200，分析其数控加工工艺。

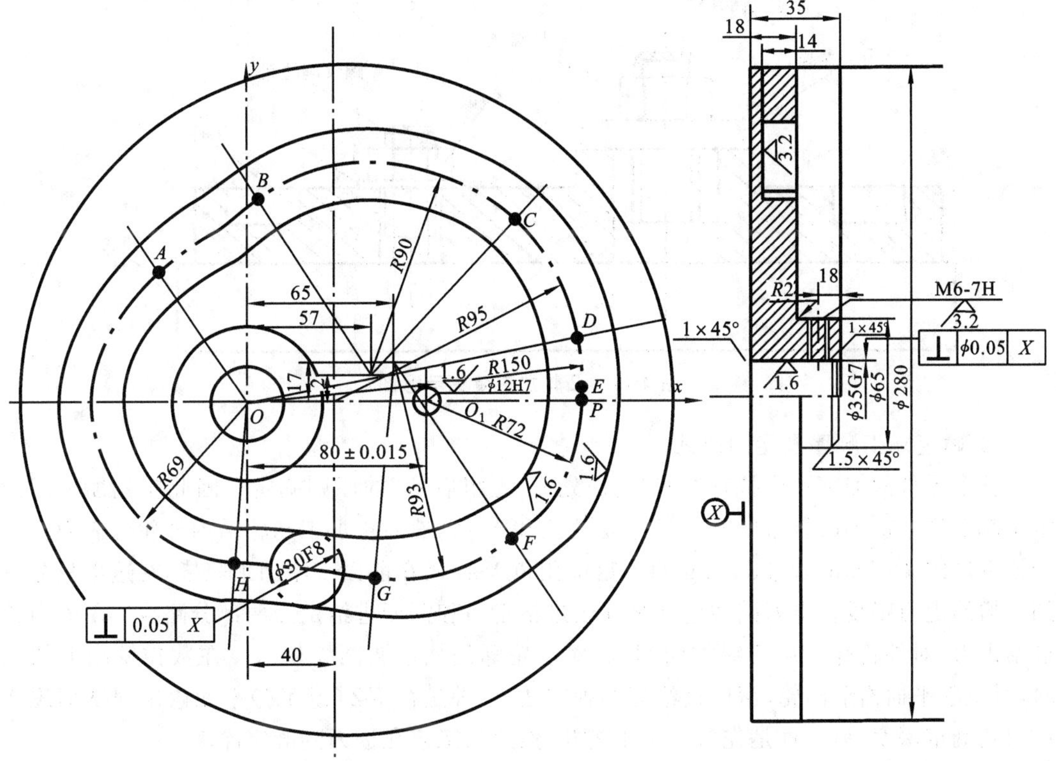

图 4-10　槽形凸轮零件

1）零件图工艺分析

该零件凸轮轮廓由 HA、BC、DE、FG 和直线 AB、HG 及过渡圆弧 CD、EF 所组成。组成轮廓的各几何元素关系清楚，条件充分，所需要基点坐标容易求得。凸轮内外轮廓面对 X 面有垂直度要求。材料为铸铁，切削工艺性较好。

根据分析，采取以下工艺措施：凸轮内外轮廓面对 X 面有垂直度要求，只要提高装夹精度，使 X 面与铣刀轴线垂直，即可保证。

2）选择设备

加工平面凸轮的数控铣削，一般采用两轴以上联动的数控铣床，首先要考虑的是零件的外形尺寸和质量，使其在机床的允许范围以内。其次考虑数控机床的精度是否能满足凸轮的设计要求。第三，看凸轮的最大圆弧半径是否在数控系统允许的范围之内。根据以上三条即可确定所要使用的数控机床为两轴以上联动的数控铣床或加工中心。

3）确定零件的定位基准和装夹方式

定位基准，采用"一面两孔"定位，即用圆盘 X 面和两个基准孔作为定位基准。

根据工件特点，用一块 320 mm×320 mm×40 mm 的垫块，在垫块上分别精镗 ϕ35 mm 及 ϕ12 mm 两个定位孔（当然要配定位销），孔距离 80±0.015 mm，垫板平面度为 0.05 mm，该零件在加工前，先固定夹具的平面，使两定位销孔的中心连线与机床 X 轴平行，夹具平面要保证与工作台面平行，如图 4-11 所示。

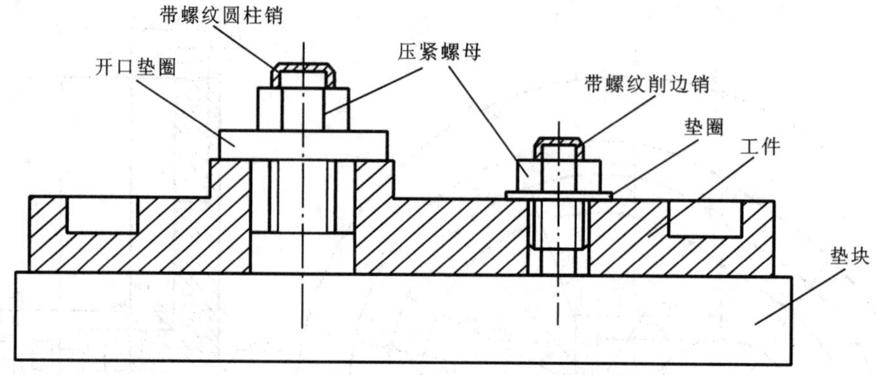

图 4-11　凸轮加工装夹示意图

4）确定加工顺序及走刀路线

整个零件的加工顺序拟订按照"基面先行、先粗后精"的原则确定。因此应先加工用做定位基准的 ϕ35 mm 及 ϕ12 mm 两个定位孔和 X 面，然后再加工凸轮槽内外轮廓表面。由于该零件的 ϕ35 mm 及 ϕ12 mm 两个定位孔和 X 面已在前面工序加工完毕，在这里只分析加工槽的走刀路线。走刀路线包括平面内进给走刀和深度进给走刀两部分路线。平面内的进给走刀，对外轮廓是从切线方向切入；对内轮廓是从过渡圆弧切入。在数控铣床上加工时，对铣削平面槽形凸轮，深度进给有两种方法：一种是在 XZ（或 YZ）平面内来回铣削逐渐进刀到既定深度；另一种是先打一个工艺孔，然后从工艺孔进刀到既定深度。

进刀点选在 P(150,0)点，刀具来回铣削，逐渐加深到铣削深度，当达到既定深度后，刀具在 XY 平面内运动，铣削凸轮轮廓。为了保证凸轮的轮廓表面有较高的表面质量，采用顺铣方式，即从 P 点开始，对外轮廓按顺时针方向铣削，对内轮廓按逆时针方向铣削。

5）刀具的选择

根据零件结构特点，铣削凸轮槽内、外轮廓（即凸轮槽两侧面）时，铣刀直径受槽宽限制，同时考虑铸铁属于一般材料，加工性能较好，选用 ϕ18 mm 硬质合金立铣刀，数控加工刀具卡片见表 4-1。

表 4-1　数控加工刀具卡片

产品名称或代号		×××		零件名称	槽形凸轮	零件图号	××
序号	刀具号	刀具规格名称/mm		数量	加工表面		备注
1	T01	ϕ18 硬质合金立铣刀		1	粗铣凸轮槽内外轮廓		
2	T02	ϕ18 硬质合金立铣刀		1	精铣凸轮槽内外轮廓		
编制		×××	审核	×××	批准 ×××	共　页	第　页

6）切削用量的选择

凸轮槽内、外轮廓精加工时留 0.2 mm 铣削用量，确定主轴转速与进给速度时，先查切削用量手册，确定切削速度与每齿进给量，然后利用公式 $v_c=\pi dn/1000$，计算主轴转速 n，利用公式 $v_f=nZf_z$，计算进给速度。

7）填写数控加工工序卡片（见表 4-2）

表 4-2　槽形凸轮的数控加工工序卡片

单位名称		×××	产品名称或代号			零件名称		零件图号	
			×××			槽形凸轮		×××	
工序号		程序编号	夹具名称			使用设备		车间	
×××		×××	螺旋压板			XK5025		数控中心	
工步号	工步内容			刀具号	刀具规格/mm	主轴转速/(r/min)	进给速度/(mm/min)	背吃刀量/mm	备注
1	来回铣削，逐渐加深铣削深度			T01	ϕ18	800	60		分两层铣削
2	粗铣凸轮槽内轮廓			T01	ϕ18	700	60		
3	粗铣凸轮槽外轮廓			T01	ϕ18	700	60		
4	精铣凸轮槽内轮廓			T02	ϕ18	1000	100		
5	精铣凸轮槽外轮廓			T02	ϕ18	1000	100		
编制	×××	审核	×××	批准	×××	年　月　日		共　页	第页

4.3　加工中心编程基础

4.3.1　加工中心编程的特点

加工中心是将数控铣床、数控镗床、数控钻床等机床的功能组合起来，并装有刀库和自动换刀装置的数控机床。立式加工中心主轴轴线（Z 轴）是垂直的，适合于加工盖板类零件及各种模具；卧式加工中心主轴轴线（Z 轴）是水平的，一般配备容量较大的链式刀库，机床带有一个自动分度工作台或配有双工作台，以便于工件的装卸，适合于工件在一次装夹后，自动完成多面多工序的加工，主要用于箱体类零件的加工。

由于加工中心机床具有上述功能,故在数控加工程序编制过程中,从加工工序的确定、刀具的选择、加工路线的安排,到数控加工程序的编制,都比其他数控机床要复杂一些。

加工中心编程具有以下几个特点。

(1) 首先应进行合理的工艺分析。由于零件加工工序多,使用的刀具种类多,甚至在一次装夹下,要完成粗加工、半精加工与精加工。周密合理地安排各工序加工的顺序,有利于提高加工精度和提高生产效率。

(2) 根据加工批量等情况,决定采用自动换刀还是手动换刀。一般情况下,对于加工批量在10件以上,而刀具更换又比较频繁时,以采用自动换刀为宜。但当加工批量很小而使用的刀具种类又不多时,把自动换刀安排到程序中,反而会增加机床调整时间。

(3) 自动换刀要留出足够的换刀空间。有些刀具直径较大或尺寸较长,自动换刀时要注意避免发生撞刀事故。

(4) 为提高机床利用率,尽量采用刀具机外预调,并将测量尺寸填写到刀具卡片中,以便于操作者在运行程序前,及时修改刀具补偿参数。

(5) 对于编好的程序,必须进行认真检查,并于加工前安排好试运行。从编程的出错率来看,采用手工编程比自动编程出错率要高,特别是在生产现场,为临时加工而编程时,出错率更高,认真检查程序并安排好试运行就更有必要。

(6) 尽量把不同工序内容的程序,分别安排到不同的子程序中。当零件加工工序较多时,为了便于程序的调试,一般将各工序内容分别安排到不同的子程序中,主程序主要完成换刀及子程序的调用。这种安排便于按每一工序独立地调试程序,也便于因加工顺序不合理而做出重新调整。

4.3.2 加工中心编程的基本指令

1. 换刀指令

由于加工中心的加工特点,在编写加工程序前,首先要注意换刀指令的应用。不同的加工中心,其换刀过程是不完全一样的,通常分选刀和换刀两个动作。只有换刀完毕启动主轴后,方可进行下面程序段的加工内容。选刀动作可与机床的加工重合起来,即利用切削时间进行选刀。多数加工中心都规定了固定的换刀点位置,各运动部件只有移动到这个位置,才能开始换刀动作。

刀具选择是把刀库上指定了刀号的刀具转到换刀位置,为下一次换刀做好准备,程序用T指令来实现。在此,用T指令直接更换刀具还是仅仅进行刀具的预选,这必须要在机床数据中确定。

用T指令直接更换刀具(例如铣床中常用的刀具转塔刀架),或者仅用T指令预选刀具,这一动作的实现要用换刀指令——M06指令才可进行刀具的更换。编程时可使用以下两种换刀指令。

1) G28　Z__　M06　T××

执行本程序段,首先执行G28指令,刀具沿 *Z* 轴自动返回参考点,然后执行主轴准停及换刀的动作。为避免执行T功能指令时占用加工时间,与M06写在一个程序段中的T指令是在换刀指令完成后再执行,在执行T功能的辅助时间和加工时间相重合。该程序段执

行后，本次所交换的为前段换刀指令执行后转换至换刀刀位的刀具，而本段指定的刀具 T××是在下一次交换时使用。

2）G28　Z__　T××　M06

执行本程序段，在 Z 轴自动返回参考点的同时，刀库也开始转位，然后进行刀具交换，换到主轴上的刀具就是本程序段中 T××号刀具。若刀具沿 Z 轴返回参考点的时间小于 T 功能的执行时间，则要等到刀库中相应的刀具转到换刀刀位以后才能执行 M06。这种方法占用时间较长。

CNC 加工中心使用 M06 进行换刀前，应满足必要的换刀条件，如机床原点复位、冷却液取消、主轴停及其他功能相关的程序功能等，换刀的条件也是换刀程序中不可或缺的部分，建立正确的换刀条件需要多个程序段。

2. 刀具长度补偿指令

当使用不同规格的刀具或刀具磨损后，可通过刀具长度补偿指令补偿刀具长度尺寸的变化，如图 4-12 所示。长度补偿只和 Z 坐标有关，它不像 X、Y 平面内的编程零点，因为刀具是由主轴锥孔定位而不改变，但对于 Z 坐标的零点就不一样了。每一把刀的长度都是不同的，例如，要钻一个深为 50 mm 的孔，然后攻丝深为 45 mm，分别用一把长为 250 mm 的钻头和一把长为 350 mm 的丝锥。先用钻头钻孔深 50 mm，机床已经设定工件零点，当换上丝锥攻丝时，如果两把刀都从设定零点开始加工，丝锥因为比钻头长而攻丝过长，损坏刀具和工件。如果设定刀具补偿，把丝锥和钻头的长度进行补偿，此时机床零点设定之后，即使丝锥和钻头长度不同，因补偿的存在，在调用丝锥工作时，零点 Z 坐标已经自动向 $Z+$（或 $Z-$）补偿了丝锥的长度，保证了加工零点的正确。

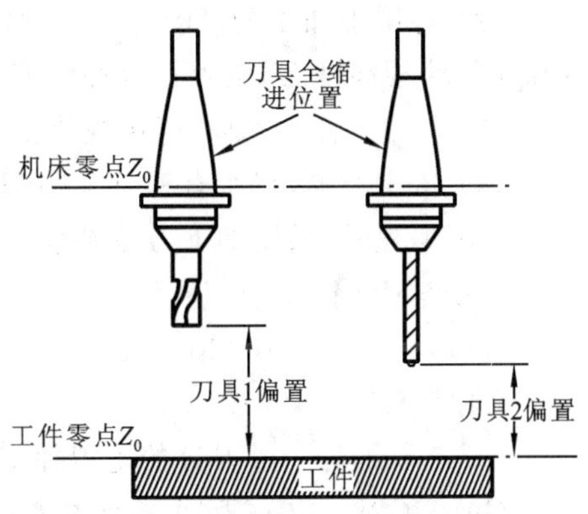

图 4-12　不同刀具的长度偏置

1）编程格式

对于 FANUC 系统，刀具长度补偿指令为 G43、G44、G49，G43 为刀具长度正补偿；G44 为刀具长度负补偿；G49 为撤销刀具长度补偿指令。

（1）刀具长度补偿指令的编程格式：

$$\text{G00}\quad(\text{G01})\quad\left.\begin{matrix}\text{G43}\\\text{G44}\end{matrix}\right\}\quad \text{Z}\_\_\quad \text{H}\_\_$$

Z__值为编程值，H 为长度补偿值的寄存器号码。偏置量与偏置号相对应，由 CRT/MDI 操作面板预先设置在偏置存储器中。

使用 G43、G44 指令时，无论用绝对尺寸还是增量尺寸编程，程序中指定的 Z 轴移动的终点坐标值，都要与 H 所指定的寄存器中的偏移量进行运算，用 G43 时相加，用 G44 时相减，然后把运算结果作为终点坐标值进行加工。G43、G44 均为模态代码。

执行 G43 时：Z 实际值＝Z 指令值＋(H××)

执行 G44 时：Z 实际值＝Z 指令值－(H××)

式中：H××是指编号为××寄存器中的刀具长度补偿量。

例如,程序段 N80 G43 Z56 H05 中,假如 05 存储器中值为 16,则表示终点坐标值为 56+16=72 mm。

(2) 刀具长度补偿取消的编程格式:

G00 (G01) G49 Z__ 或 G00 (G01) G43/G44 Z__ H00

注意:刀具长度补偿的建立和取消只有在移动指令下才能生效。

2) 加工中心用长度补偿指令设定 Z 向零点

对于加工中心,由于要用到多把刀具,各刀具长度不一样,刀具长度补偿指令可用于工件坐标系 Z 向零点设定,分为绝对对刀法和相对对刀法两种。

绝对对刀法是用刀具的实际长度作为刀长的补偿。具体操作过程如下。

(1) 用 G54 设定工件坐标系时,仅在 X、Y 方向进行零点偏置,而 Z 向不进行零点偏置,直接置零。

(2) 将用于加工的 T01 换上主轴,用块规找正 Z 向,松紧合适后读取机床坐标系 Z 值 Z1,扣除块规高度后,填入长度补偿值 H1 中。

(3) 将 T2 装上主轴,用块规找正,读取 Z2,扣除块规高度后填入 H2 中。

(4) 依次类推,将所有刀具 Ti 用块规找正,将 Zi 扣除块规高度后填入 Hi 中。

(5) 编程时,采用如下方法补偿:

```
T01   M06;
G90   G54   G00   X0   Y0;
G43   H1   Z100;
……(以下为一号刀具的走刀加工,直至结束)
G91   G28   Z0;(返回 Z 轴参考点换刀)
T02   M06;
G90   G54   G00   X0   Y0;
G43   H2   Z100;
……(二号刀的全部加工内容)
……;
```

如图 4-13 所示,在主轴上安装好各刀具,将各刀具的刀位点移动到工件坐标系的 $Z0$ 处,将此时显示的机床坐标值输入到各刀具对应的长度补偿存储器中去,作为该刀具的长度补偿值。

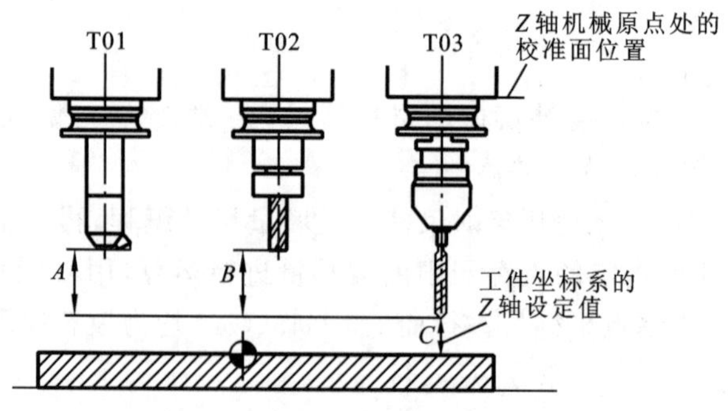

图 4-13 绝对对刀法和相对对刀法

相对对刀法是通过对刀依次确定每把刀具与工件在机床坐标系中的相互位置关系，具体操作过程如下。

(1) 将刀具长度进行比较，找出最长的刀作为基准刀，进行 Z 向对刀，并把此时的对刀值 C 作为工件坐标系的 Z 值，此时 H03＝0。

(2) 把 T01、T02 号刀具依次装上主轴，通过对刀确定 A、B 的值，作为长度补偿值。

(3) 把确定的长度补偿值填入设定页面，正、负号由程序中的 G43、G44 来确定，当采用 G43 时，长度补偿为负值。

这种对刀方法的对刀效率和精度较高，投资少，但工艺文件编写不便，对生产组织有一定影响。

思考：如果 H01＝6，刀具当前在工件坐标系 Z＝10 处，则运行程序段 G91G43G00Z-15H01 和 G90G43G00Z-15H01 后，刀具的终点位置有何不同？其实际移动距离各是多少？

3) 加工中心长度补偿指令应用举例

【例 4-1】　加工图 4-14 所示的两条槽，槽深均为 2 mm，用刀具长度补偿指令编程。

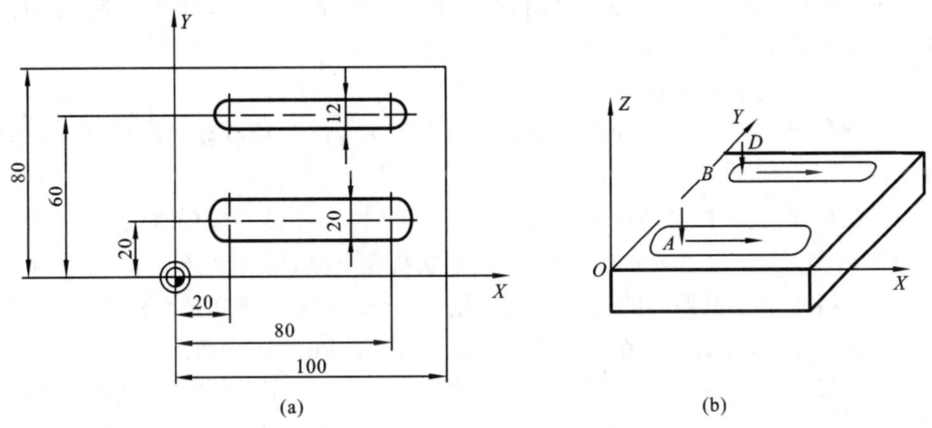

图 4-14　绝对对刀法和相对对刀法应用举例

(1) 确定编程原点位置在工件左下角上表面处。

(2) 确定刀具，选用 1 号刀具：直径 $\phi12$，长 120 mm；2 号刀具：直径 $\phi20$，长 100 mm，不设半径补偿。按刀具参数设置方法，将 1 号刀具作为基准刀，长度补偿值设为 H01＝0，2 号刀具相对于 1 号标准刀的长度差值 H02＝－20，将以上数值输入刀具数据库中。

(3) 编写程序

```
……
T01  M06;                  (选用 1 号刀具 φ12)
……
G43  G00  Z30.0  H01;      (对 1 号刀具进行长度补偿，H01=0)
G01  Z-2.0  F100;          (下刀到加工深度)
X80.0;                     (加工宽 12 mm 的槽)
G00  Z150.0;
G49  G53  Z0.0;            (1 号刀具长度补偿取消，回机床原点准备换 2 号刀具)
M05;                       (主轴停)
```

```
T02  M06;              (选用1号刀具φ20)
G54;                   (返回工件坐标系)
……
G43  G00  Z30.0  H02;  (对1号刀具进行长度补偿,H02=-20)
G01  Z-2.0  F100.;
X80.0;                 (加工宽20 mm的槽)
……
```

长度补偿指令G43、G44：加工中心刀具长度补偿指令.MP4

4.3.3 钻、镗固定循环指令

1. 孔加工概述

孔加工是最常见的零件结构加工之一,孔加工工艺内容广泛,包括钻削、扩孔、铰孔、锪孔、攻丝、镗孔等工艺方法。

在CNC铣床和加工中心上加工孔时,孔的形状和直径由刀具选择来控制,孔的位置和加工深度则由程序来控制。

孔加工的主要技术要求有以下几点。

(1) 尺寸精度,配合孔的尺寸精度要求控制在IT6~IT8,精度要求较低的孔一般控制在IT11。

(2) 形状精度,孔的形状精度主要是指圆度、圆柱度及孔轴心线的直线度,一般应控制在孔径公差以内。对于精度要求较高的孔,其形状精度应控制在孔径公差的1/2~1/3。

(3) 位置精度,指各孔距间的误差、各孔的轴心线对端面的垂直度允差和平行度允差等。

(4) 表面粗糙度,孔的表面粗糙度要求一般在Ra12.5~0.4之间。

加工一个精度要求不高的孔很简单,往往只需一把刀具一次切削即可完成;对精度要求高的孔则需要几把刀具多次加工才能完成;加工一系列不同位置的孔需要计划周密、组织良好的定位加工方法。对给定的孔或孔系加工,选择适当的工艺方法显得非常重要。

2. 孔加工固定循环

孔加工是数控加工中最常见的加工工序,加工中心通常都具有能完成钻孔、镗孔、铰孔和攻丝等,动作包括孔位平面定位、快速引进、工作进给、快速退回等,这样一系列典型的加工动作预先编好程序,存储在内存中,用称为固定循环的一个G代码即可完成,该类指令为默态指令,使用其他编程加工孔时,只需给出第一个孔加工的所有参数,接着加工的孔凡是与第一个孔相同的参数均可省略,这样可极大地提高编程效率,从而简化编程工作,也使程序变得简单易读。

FANUC系统加工中心配备的固定循环功能,主要用于孔加工,包括钻孔、镗孔、攻螺纹等,孔加工固定循环指令见表4-3。

表4-3 孔加工固定循环指令

G代码	加工动作(−Z方向)	孔底动作	退刀动作(+Z方向)	用　途
G73	间歇进给		快速进给	高速深孔加工
G74	切削进给	暂停、主轴正转	切削进给	攻左旋螺纹

续表

G代码	加工动作(−Z方向)	孔底动作	退刀动作(+Z方向)	用　途
G76	切削进给	主轴准停	快速进给	精镗
G80				取消固定循环
G81	切削进给		快速进给	钻孔
G82	切削进给	暂停	快速进给	钻、镗阶梯孔
G83	间歇进给		快速进给	深孔加工
G84	切削进给	暂停、主轴反转	切削进给	攻右旋螺纹
G85	切削进给		切削进给	镗孔
G86	切削进给	主轴停	快速进给	镗孔
G87	切削进给	主轴正转	快速进给	反镗孔
G88	切削进给	暂停、主轴停	手动	镗孔
G89	切削进给	暂停	切削进给	镗孔

1）孔加工的动作

孔加工通常包括下列六个基本动作。

动作一：X、Y 轴定位，使刀具快速移动到孔加工的位置。

动作二：定位到 R 点。

动作三：孔加工，以切削进给的方式执行孔加工的动作。

动作四：孔底的动作，包括暂停、主轴准停、刀具移位等。

动作五：退回到 R 点，继续加工其他孔。

动作六：快速返回到初始点，孔加工完成后返回起始点。

固定循环的数据表达形式，可以用绝对坐标(G90)和相对坐标(G91)表示，如图 4-15 所示，其中图 4-15(a)是采用 G90 表示，图 4-15(b)是采用 G91 表示。用 G90 方式时，R 与 Z 一律取相对 Z 向零点的绝对坐标值；用 G91 方式时，则 R 是指自初始面到 R 面的距离，Z

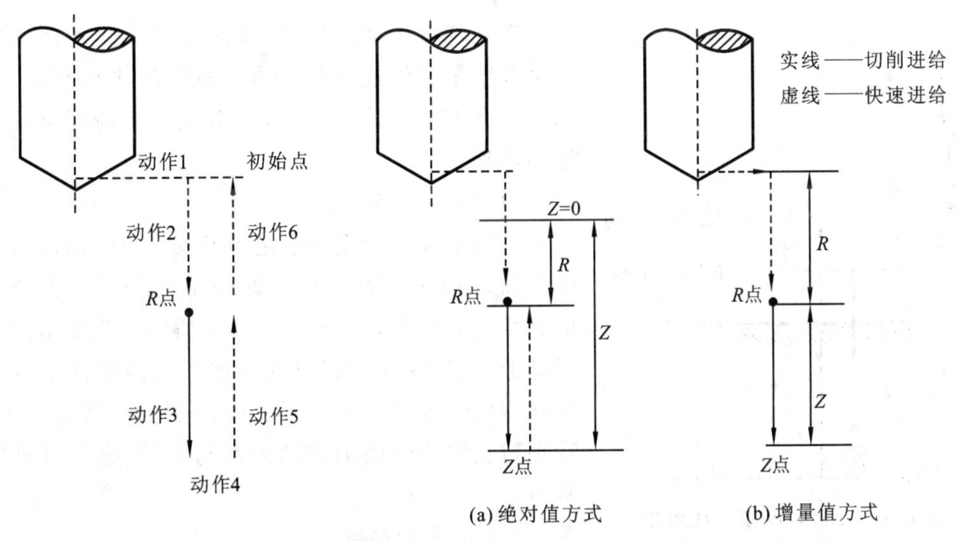

图 4-15　孔加工固定循环动作

是指自 R 点所在面到孔底平面的 Z 向距离。

2）孔加工固定循环的通用格式

$$\begin{Bmatrix}G90\\G91\end{Bmatrix}\begin{Bmatrix}G98\\G99\end{Bmatrix}\quad G\_\ X\_\ Y\_\ Z\_\ R\_\ P\_\ Q\_\ F\_\ L\_;$$

其中G98是加工完毕后返回初始点,G99是返回 R 点,如图4-16所示。多孔加工时一般加工最初的孔用G99,最后的孔用G98。

G __是固定循环代码,主要有G73、G74、G76、G81～G89等,属于模态代码。

X __和Y __是孔加工坐标位置。

Z __是孔底位置。G90方式时,表示终点坐标值;G91方式时,Z 是指自 R 点到孔底平面上 Z 向的距离。

R __是加工时快速进给到工件表面之上的参考点。G91方式时,R 是指自初始点到 R 点的距离;G90方式时,表示终点坐标值。

P __指在孔底的延时时间,G76、G82、G89时有效,P1000为1 s。

Q __指在G73、G83中为每次切削深度;在G76、G87中为孔底移动距离。

F __是切削进给速度。

L __是循环次数,L 仅在被指定的程序段内有效,表示对等间距孔进行重复钻孔。不写 L 时视为只加工一次。

并不是每一种孔加工循环的编程都要用到孔加工循环通用格式的所有代码。以上格式中,除L代码外,其他所有代码都是模态代码,只有在循环取消时才被清除。因此,这些指令一经指定,在后面的重复加工中不必重新指定。取消孔加工循环采用代码G80。当固定循环指令不再使用时,应用C80指令取消固定循环,而回复到一般基本指令状态(G01、G02、G03等),此时固定循环指令中的孔加工数据(如 Z 点、R 点值等)也被取消。另外,如在孔加工循环中出现01组的G代码(如G00、G01),则孔加工方式也会被自动取消。

3）孔加工固定循环的高度平面

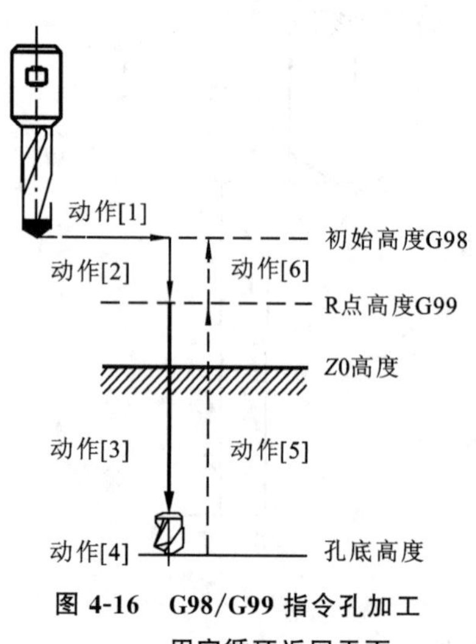

图4-16　G98/G99指令孔加工固定循环返回平面

在孔加工运动过程中,刀具运动涉及 Z 向坐标的三个高度平面位置:初始平面高度、R 平面高度、钻削深度。孔加工工艺设计时,要对这三个高度位置进行适当选择。

(1) 初始平面高度。

初始平面是为安全点定位及安全下刀而规定的一个平面,用G98指令指定,如图4-16所示。安全平面的高度应能确保它高于所有的障碍物。当使用同一把刀具加工多个孔时,刀具在初始平面内的任意点定位移动应能保证刀具不会与夹具、工件凸台等发生干涉,特别防止快速运动中切削刀具与工件、夹具及机床的碰撞。

(2) R 平面高度。

R 平面为刀具切削进给运动的起点高度,即从 R

平面高度开始刀具处于切削状态，用 G99 指令指定，如图 4-16 所示。

对于所有的循环指令都应该仔细选择 R 平面的高度，通常选择在 $Z0$ 平面上方（1～5 mm）处。考虑到批量生产时，同批工件的安装变换等原因可能引起 $Z0$ 面高度变化的因素，此时有必要对 R 点高度重新进行设置。

（3）孔切削深度。

固定循环中必须包括切削深度，到达这一深度时刀具将停止进给。在循环程序段中以 Z 地址来表示深度，Z 值表示切削深度的终点。

编程中，固定循环中的 Z 值一定要使用通过精确计算得出的 Z 向深度，Z 向深度计算必须考虑的因素有以下几点：图样标注的孔的直径和深度；绝对或增量编程方法；切削刀具类型和刀尖长度；加工通孔时的工件材料厚度和加工盲孔时的全直径孔深要求；工件上方间隙量和加工通孔时在工件下方的间隙量等。

3．一般定点钻孔循环指令 G81

指令格式：G81　X＿Y＿Z＿R＿F＿；

G81 主要用于中心钻加工定位孔和一般孔加工，切削进给执行到孔底，然后刀具从孔底快速移动退回，如图 4-17 所示。

4．带停顿的钻孔循环指令 G82

G82 主要用于锪孔、镗阶梯孔。

指令格式：G82　X＿Y＿Z＿R＿P＿F＿；

G82 动作类似于 G81，只是在孔底增加了进给后的暂停动作，如图 4-17 所示。因此，在盲孔加工中，可减小孔底表面粗糙度值。该指令常用于引正孔加工、锪孔加工。

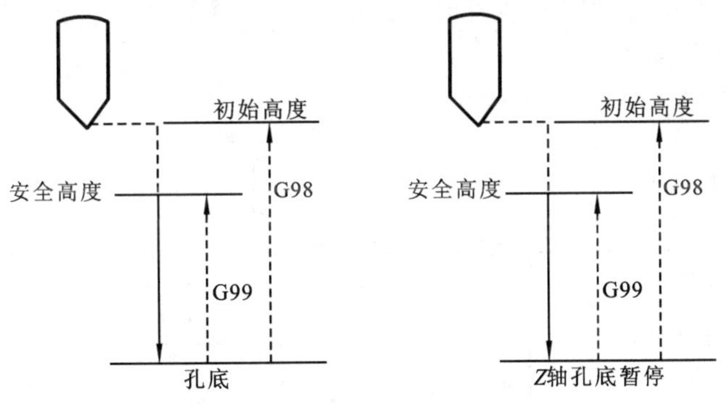

图 4-17　G81/G82 指令动作分解

5．高速啄式钻孔循环指令 G73

指令格式：G73 X＿Y＿Z＿R＿Q＿F＿；

每次切深为 q 值，快速后退为 d 值，变为切削进给继续切入，直至孔底。Z 轴方向间歇进给，便于断屑排屑。退刀量 d 由参数设置。

G73 固定循环指令适用于深孔加工，用于 Z 轴的间歇进给，如图 4-18 所示。

6．深孔加工循环指令 G83

指令格式：G83　X＿Y＿Z＿R＿Q＿F＿；

第一次切入 q 值，以快速退回到 R 点平面，从第二次以后切入时，先以快速进给到距上

次切入位置 d 值后，变为切削进给，切入 q 值后，以快速进给退回到 R 点平面，直到孔底。

引入量 d 值由参数设定。G83 指令动作分解如图 4-18 所示。

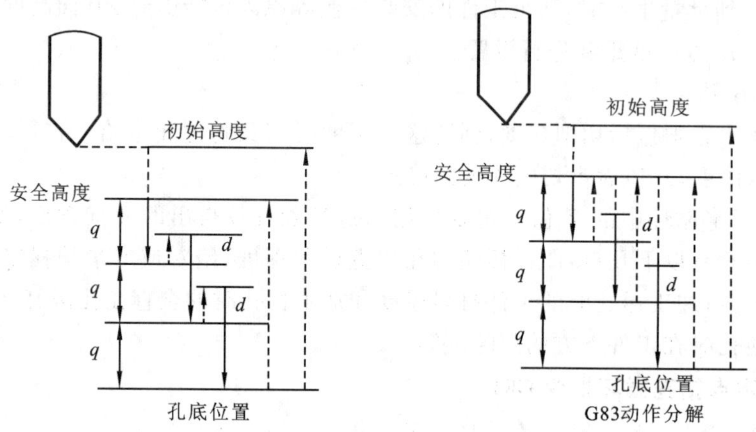

图 4-18　G73/G83 指令动作分解

7. 螺纹加工循环指令 G74、G84

1）左旋攻螺纹循环 G74

指令格式：G74　X＿Y＿Z＿R＿F＿；

左旋攻螺纹(攻反螺纹)时主轴反转，到孔底时主轴正转，然后工进速度退回。

2）右旋攻螺纹循环 G84

指令格式：G84　X＿Y＿Z＿R＿F＿；

与 G74 类似，从 R 点到 Z 点攻丝时刀具正向进给，主轴正转。到孔底部时，主轴反转，刀具以反向进给速度退出。

G74/G84 指令动作分解如图 4-19 所示。

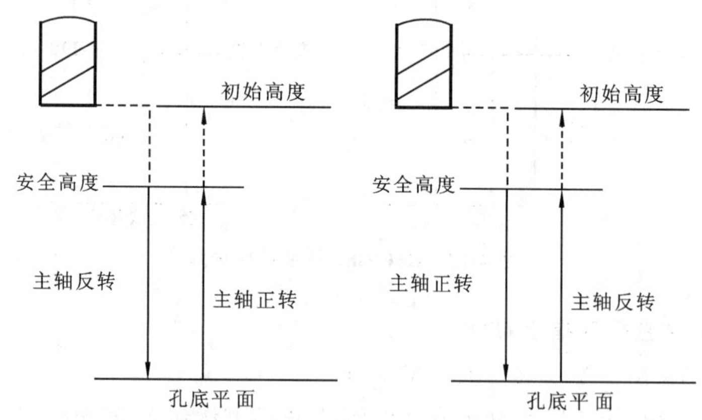

图 4-19　G74/G84 指令动作分解

8. 镗孔循环指令 G85、G86

1）粗镗循环 G85

指令格式：G85　X＿Y＿Z＿R＿F＿；

与 G81 类似，但返回行程中，从 Z～R 段为切削进给，该指令属于一般孔镗削加工固定

循环指令。

2）半精镗循环 G86

指令格式：G86 X_Y_Z_R_F_；

与 G82 类似，进给到孔底，暂停，主轴停转，然后重新转动主轴，快速返回。

常用于精度或粗糙度要求不高的镗孔加工。

9. 精镗循环指令 G76

指令格式：G76 X_Y_Z_R_Q_P_F_；

该指令使主轴在孔底准停，主轴停止在固定的回转位置上，向与刀尖相反的方向位移，如图 4-20 所示，然后退刀，这样不擦伤加工表面，实现高效率、高精度镗削加工。到达返回点平面后，主轴再移回，并起动主轴。

用地址 Q 指定位移量，Q 值必须是正值，即使用负值，负号也不起作用。位移方向由系统参数设置决定。

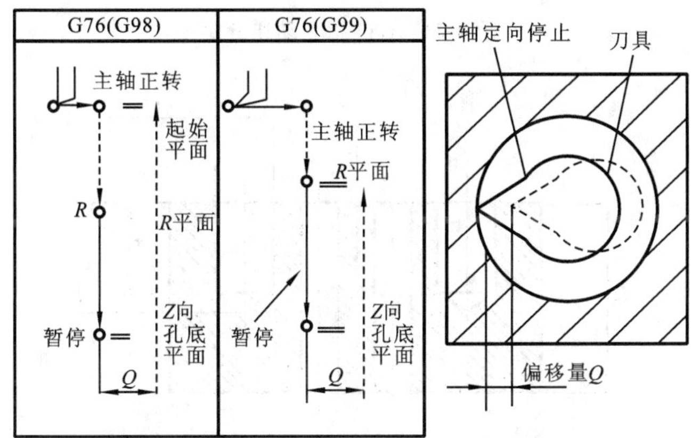

图 4-20 G76 指令动作分解

10. 反(背)镗循环指令 G87

指令格式：G87 X_Y_Z_R_Q_F_；

在孔位定位后，主轴定向停止，然后向刀尖相反方向位移，用快速进给至孔底（R 点）定位，在此位置，主轴返回前面的位移量，回到孔中心，主轴正转，沿 Z 轴正方向加工到 Z 点。在此位置，主轴再次定向停止，然后向刀尖相反方向位移，刀具从孔中退出。刀具返回到初始平面，再返回一个位移量，回到孔中心，主轴正转，进行下一个程序段动作。

孔底的位移量和位移方向，与 G76 完全相同。G87 指令动作分解如图 4-21 所示。

11. 孔固定循环指令应用举例

加工如图 4-22 所示工件四个孔，工件坐标系如图设定。试用固定循环指令编写孔加工程序。

孔加工设计如下。

① 引正孔：ϕ4 中心孔钻打引正孔，用 G82 孔加工循环——T01；

② 钻孔：用 ϕ10 麻花钻头钻通孔，用 G81 孔加工循环——T02；

③ 钻孔：用 ϕ16 麻花钻头钻盲孔，用 G82 孔加工循环——T03。

孔加工程序编制如下：

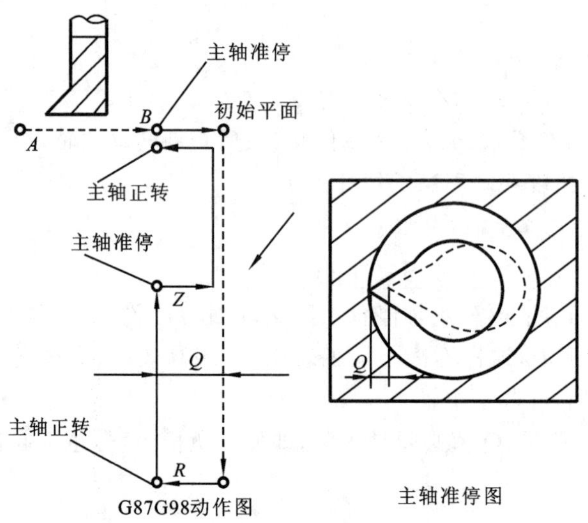

图 4-21　G87 指令动作分解

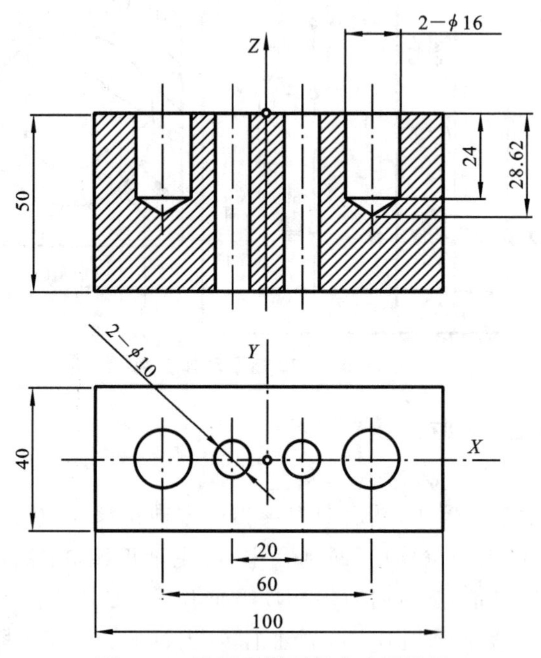

图 4-22　孔固定循环指令应用举例

```
O4001;
G54  G21  G17  G40  G80;                       (程序初始化)
T01  M06;                                      (T01——ϕ4 中心孔钻打引正孔)
M03  S1200;
G90  G00  X-30.0  Y0;                          (定位最左边 ϕ16 孔)
G43  Z50.0  H01  M08;                          (刀具长度补偿)
G99  G82  R5.0  Z-9.0  P100  F35;              (G82 钻第一个 ϕ4 孔)
X-10.0;                                        (G82 钻第二个 ϕ4 孔)
```

```
X10.0;                                  (G82 钻第三个 φ4 孔)
X30.0;                                  (G82 钻第四个 φ4 孔)
G80  Z50.0  M09;                        (钻孔循环取消)
G91  G49  G28  Z0  M05;
M00;
T02  M06;                               (T02——φ10 麻花钻头钻通孔)
M03  S650;
G90  G54  G00  X-10.0  Y0;              (左边 φ10 孔定位)
G43  Z50.0  H02  M08;
G99  G81  R5.0  Z-55.0  F55;            (G81 钻第一个 φ10 孔)
X10.0;                                  (G81 钻第二个 φ10 孔)
G80  Z50.0  M09;
G91  G49  G28  Z0  M05;
M00;
T03  M06;                               (T03——用 φ16 麻花钻头钻盲孔)
S300  M03;
G90  G54  G00  X-30.0  Y0;
G43  Z50.0  H03  M08;
G99  G82  R5.0  Z-29.0  P100  F40;      (G82 钻第一个 φ16 孔)
X30.0;                                  (G82 钻第二个 φ16 孔)
G80  Z50.0  M09;
G91  G49  G28  Z0  M05;
M30;
```

上例中，ϕ10 孔也可用 G73 或 G83 深孔循环来实现。

麻花钻头钻 ϕ10 通孔 G73 编程：

```
……
G99  G73  R5.0  Z-55.0  Q5  F80;
X10;
……
```

4.4　加工中心综合编程实例

如图 4-23 所示凸台零件图，毛坯是经过预先铣削加工过的规则合金铝材，尺寸为 96 mm×96 mm×50 mm。按图样要求加工 90 mm×90 mm、五边形、4×ϕ10 孔、$\phi 40^{+0.02}_{0}$ 孔。

1）工艺分析

本例中毛坯较为规则，采用平口钳装夹即可，选择 4 种刀具进行加工(见表 4-4)，该零件加工路线如下：加工 90 mm×90 mm×15 mm 的四边形—加工五边形—加工 ϕ40 内圆—精加工四边形、五边形、ϕ40 内圆—加工 4×ϕ10 孔。

各轮廓进退刀加工路线如图 4-24 所示。

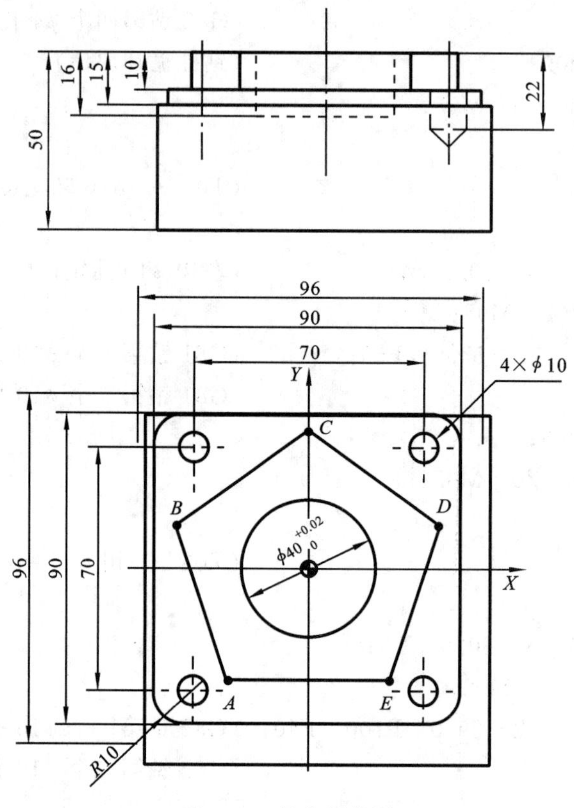

图 4-23 凸台零件图

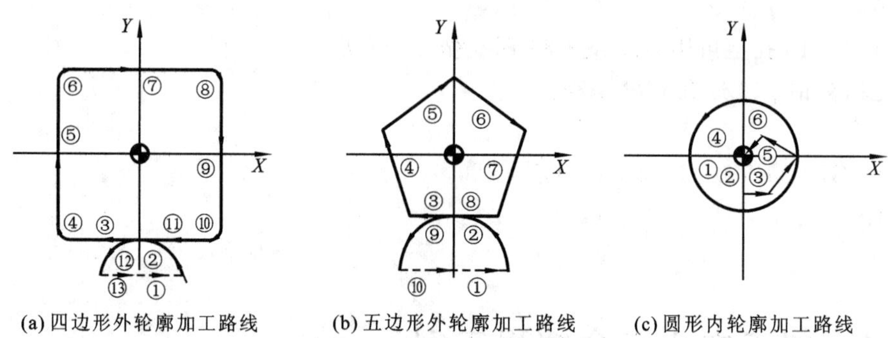

(a) 四边形外轮廓加工路线 (b) 五边形外轮廓加工路线 (c) 圆形内轮廓加工路线

图 4-24 加工路线

2）刀具选择

表 4-4 中对同一刀具采用了不同的半径补偿值是为了逐步切除加工余量，这是加工中心常采用的一种切削方法。对于钻头类刀具，不需要测定直径方向的值，但要注意两切消刃是否对称。将表 4-4 中的数值输入数控装置内存的刀补表（OFFSET）中，以备切削加工时使用。

表 4-4　选择的 4 种刀具

刀具号码	刀具名称	刀长测定值/mm	刀径测定值/mm	刀长补偿码	刀长补偿值/mm	刀径补偿码	刀径补偿值/mm
T01	ϕ20 二刃铣刀	145.85	ϕ20.005	H01	145.85	D11 D12	10.002 22.0
T02	ϕ16 四刃铣刀	170.51	ϕ16.036	H02	170.51	D21 D22	8.018 8.038
T03	ϕ3 中心钻	150.15		H03	150.15		
T04	ϕ10 钻头	240.55		H04	240.55		

3）确定加工坐标原点

加工坐标原点定为零件中心上表面。

4）数据查询

利用 CAD 软件查询基点坐标可知，各基点坐标分别如下：*A*（−23.512，−31.944）、*B*（−37.82，12.36）、*C*（0，40）、*D*（37.82，12.36）、*E*（23.512，−31.944）。

5）编写加工程序

```
O4002;                  (主程序)
T01;                    (选用 1 号刀具)
M98  P4003;             (调 O4003 号子程序：交换刀具子程序)
G00  G17;               (粗加工)
M03  S800  H01  T02;
M98  P4004;             (调 O4004 号子程序：刀具接近加工子程序)
Y-60.0;
Z5.0;
G01  Z-14.8  F200;
D11  F200;
M98  P4005;             (调 O4005 号子程序：加工四边形子程序)
Z-9.8
D12;
M98  P4006;             (调 O4006 号子程序：加工五边形子程序)
Z10.0;
X0  Y0;
G01  Z-15.8  F200;      (加工圆)
X9.8  F318;
G03  I-9.8;
G01  X0;
G00  Z100.0;
M98  P4003;             (调 O4003 号子程序：交换刀具子程序)
M03  S1194  H02  T03;   (精加工)
M98  P4004;             (调 O4004 号子程序：刀具接近加工子程序)
```

```
Y-60.0;
Z5.0;
G01  Z-15.0  F200;
D21  F239;
M98  P4005;                  (调 O4005 号子程序:加工四边形子程序)
Z-9.9;
D22;
M98  P4006;                  (调 O4006 号子程序:加工五边形子程序)
Z-10.0;
D21;
M98  P4006;
Z10.0;
X0  Y0;
G01  Z-15.9  F200;
D22;
M98  P4007;                  (调 O4007 号子程序:加工圆形子程序)
Z-16.0;
D21;
M98  P4007;
G00  Z100.0;
M98  P4003;
M03  S3135  H03  T04;        (中心孔加工)
M98  P4004;
G90  G98  G81  X-35.0  Y-35.0  Z-18.0  R-5.0  F200;
Y35.0;
X35.0;
Y-35.0;
G80  X0  Y0;
M98  P4003;
M03  S1659  H04  T99;        (孔加工)
M98  P4003;
G90  G98  G73  X-35.0  Y-35.0  Z-25.0  R-5.0  Q5.0  F200;
Y35.0;
X35.0;
Y-35.0;
G00  G80  X0  Y0;
M05  M30;                    (程序结束)

O4005;                       (四边形子程序,加工路线如图 4-24(a)所示)
G90  G00  G41  X15.0;
```

```
G03  X0  Y－45.0  R15.0；
G01  X－35.0；
G02  X－45.0  Y－35.0  R10.0；
G01  Y35.0；
G02  X－35.0  Y45.0  R10.0；
G01  X35.0；
G02  X45.0  Y35.0  R10.0；
G01  Y－35
G02  X35  Y－45  R10；
G01  X0；
G03  X－15.0  Y－60.0  R15.0；
G00  G40  X0；
M99；

O4006；                      （五边形子程序，加工路线如图 4-24(b)所示）
G90  G00  G41  X28.056；
G03  X0  Y－31.944  R28.056；
G01  X－23.512；
X－37.82  Y12.36；
X0  Y40；
X37.82  Y12.36；
X23.512  Y－31.944；
X0；
G03  X－28.056  Y－60.0  R28.056；
G00  G40  X0；
M99；

O4007；                      （圆形子程序，加工路线如图 4-24(c)所示）
G90  G01  G41  X9.0  Y－10.0  F239；
X10.0；
G03  X20  Y0  R10；
I－20.0；
X10.0  Y10.0  R10.0；
G01  G40  X0  Y0；
M99；

O4004；                      （刀具接近加工子程序）
G90  G54  X0  Y0；
G43  Z30.0  M08；
M99；
```

```
O4003;                    (交换刀具子程序)
M09;
G91  G28  Z0  M05;
G49  M06;
M99;
```

习　题

一、判断题

1. 固定循环功能中的K指重复加工次数，一般在增量方式下使用。　(　　)
2. 立式加工中心与卧式加工中心相比，加工范围较宽。　(　　)
3. 数控加工中心必须配备刀库。　(　　)
4. 加工中心自动换刀需要主轴准停控制。　(　　)
5. 刀具补偿寄存器内只允许存入正值。　(　　)
6. 数控加工中心的工艺特点之一就是“工序集中”。　(　　)

二、选择题

1. 加工中心与数控铣床的主要区别是(　　)。

A. 有无自动换刀系统　　B. 机床精度不同
C. 数控系统复杂程度不同　　D. 程序指令不同

2. 加工中心编程与数控铣床编程的主要区别是(　　)。

A. 指令格式　　B. 换刀程序　　C. 子程序　　D. 指令功能

3. Z轴方向尺寸相对较小的零件加工，最适合用(　　)加工。

A. 立式加工中心　　B. 卧式加工中心　　C. 卧式数控铣床　　D. 车削加工中心

4. FANUC系统中，孔加工时，选择(　　)方式，则R是指自初始点到R点的距离。

A. G90　　B. G91　　C. G98　　D. G99

5. 在(20,50)坐标点，钻一个深10 mm的孔，Z轴坐标零点位于零件表面上，则指令为(　　)。

A. G85　X20.0　Y50.0　Z−10.0　R0　F50
B. G81　X20.0　Y50.0　Z−10.0　R0　F50
C. G81　X20.0　Y50.0　Z−10.0　R5.0　F50
D. G83　X20.0　Y50.0　Z−10.0　R5.0　F50

6. 在FANUC数控铣床系统中，运行“G90 G00 G43 H01 Z88.”程序段后，工件坐标系的Z坐标值为77，此时，H01中的值为(　　)。

A. 11　　B. −11　　C. 0　　D. 无法确定

7. 加工中心在返回参考点进行换刀时，合理的程序段为(　　)。

A. G28　G91　Z0　　B. G28　X0　Y0　Z0
C. G28　G90　Z0　　D. G90　G28　X0　Y0

8. Fanuc系统中，已知H01中的值为11，执行程序段G90 G44　Z−18.0　H01后，刀具实际运动到的位置是(　　)。

A. Z −18.0　　B. Z −7.0　　C. Z −29.0　　D. Z −25.0

三、简答题

1. 加工中心的编程与数控铣床的编程主要有何区别？

2. 加工中心如何分类？其主要特点有哪些？

3. 加工中心上的孔系加工必须遵循哪些操作规程？

4. 加工中心的编程有哪些特点？

四、编程题

1. 编程练习。加工图 4-25 所示的阶梯台零件图，毛坯为 ϕ50 铝棒料。

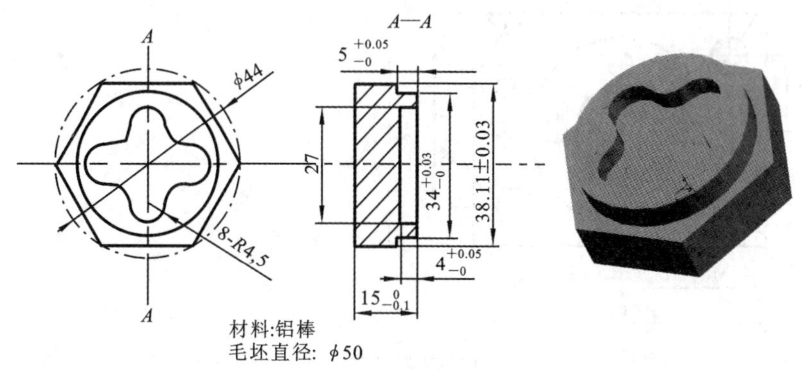

图 4-25　题 1

2. 在图 4-26 所示的零件图样中，材料为 45＃，技术要求见图。试完成以下工作：

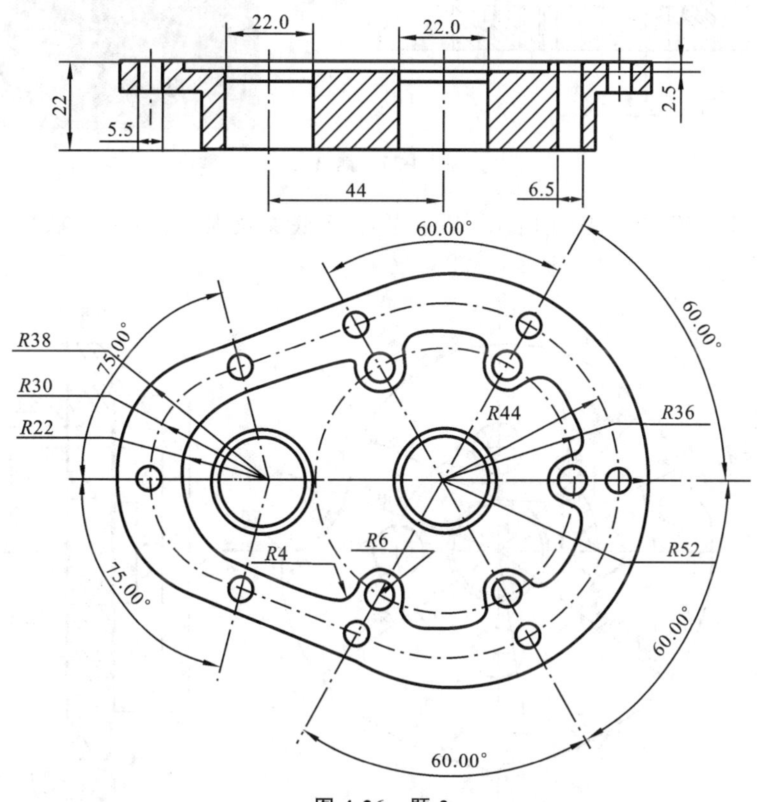

图 4-26　题 2

（1）分析零件加工要求及工装要求；

（2）编制工艺卡片；

（3）编制加工程序，并请提供尽可能多的程序方案。

3. 毛坯 100 mm×80 mm×27 mm 的方形坯料，材料 45＃钢，且底面和四个轮廓面均已加工好，要求在立式加工中心上加工顶面、孔及沟槽，如图 4-27 所示。

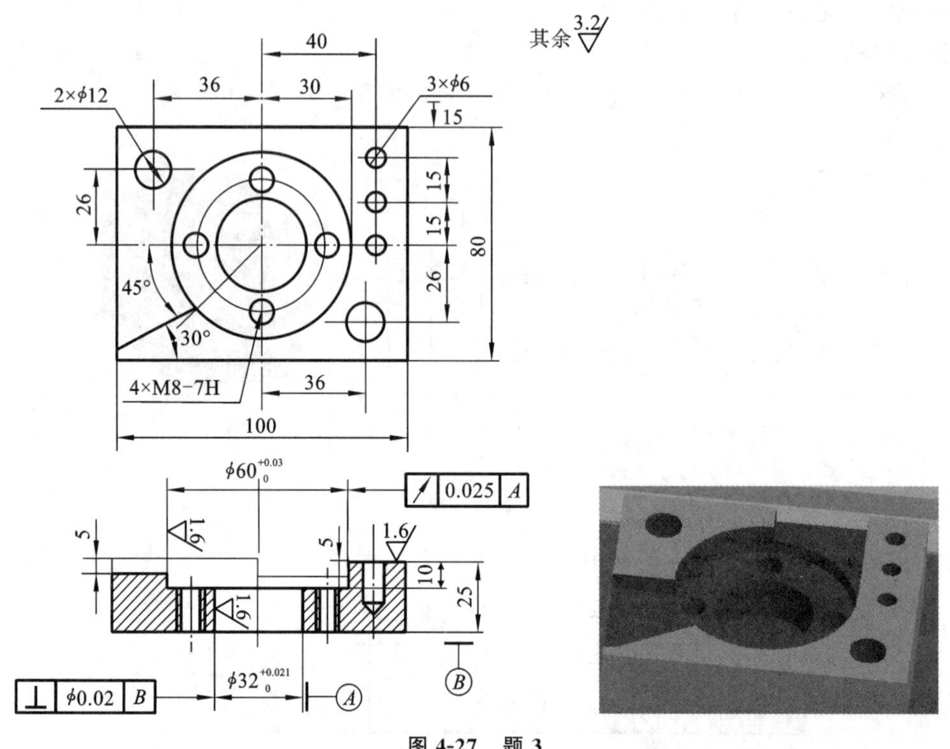

图 4-27　题 3

4. 平面凸轮零件如图 4-28 所示，工件的上、下底面及内孔、端面已加工。完成凸轮轮廓的程序编制。

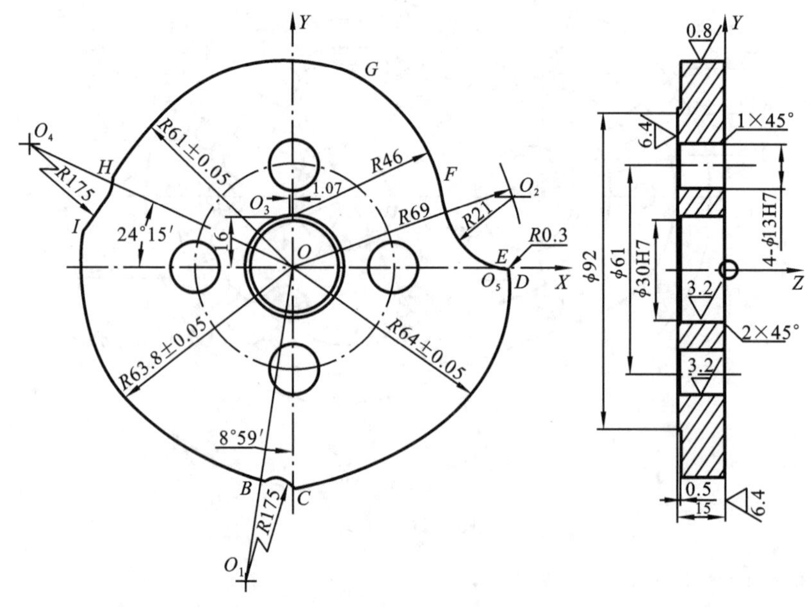

图 4-28　题 4

第5章 数控仿真加工系统与机床操作

5.1 斯沃数控仿真加工系统概述

5.1.1 数控仿真软件系统介绍

斯沃数控加工仿真系统是由南京斯沃软件技术有限公司研制开发的，目前最新版本为6.31版（有中文版、英文版、韩文版、土耳其语版），可对FANUC、SIEMENS(SINUMERIK)、MITSUBISHI、FAGOR、美国哈斯(HAAS、PA)、广州数控(GSK)、华中世纪星(HNC)、北京凯恩帝(KND)、大连大森(DASEN)、南京华兴(WA)、江苏仁和(RENHE)、南京四开、天津三英、成都广泰(GREAT)等15大类、65个系统、119个控制面板的机床和加工中心进行仿真，能很好地满足目前国内数控技术教学和培训的需求，通过该软件可以使学生达到实物操作训练的目的，又可大大减少昂贵的设备投入费用。

该软件功能强大、效果逼真，学生通过在微机上操作该仿真系统，能在很短的时间内掌握各系统数控车、数控铣及加工中心的操作，教师通过该软件的教学，可随时获得学生当前操作信息及其对数控机床的操作掌握程度，同时该软件还具备手动编程、导入程序、模拟加工、考试、练习及广播等强大功能。

5.1.2 数控仿真软件功能介绍

斯沃数控仿真软件功能强大，是国内第一款能自动免费下载更新的数控仿真软件。主要有如下几个功能。

(1) 真实感的三维数控机床和操作面板。

(2) 动态旋转、缩放、移动、全屏显示等功能的实时交互操作方式。

(3) 支持ISO-1056准备功能码(G代码)、辅助功能码(M代码)及其他指令代码。

(4) 支持各系统自定义代码以及固定循环。

(5) 直接调入UG、PRO-E、MasterCAM等CAD/CAM后置处理文件模拟加工。

(6) 支持Windows系统的宏录制和回放、AVI文件的录制和回放。

(7) 支持工件选放、装夹、换刀机械手、四方刀架、八方刀架等。

(8) 支持基准对刀、手动对刀、零件切削，带加工冷却液、加工声效、铁屑等。

(9) 支持寻边器、塞尺、千分尺、卡尺等工具。

(10) 采用数据库管理的刀具和性能参数库、内含多种不同类型的刀具、支持用户自定义刀具功能。

(11) 加工后的模型进行三维测量功能。

5.2 数控车床仿真加工及其操作

5.2.1 FANUC 0iT 数控车床仿真系统面板介绍

1. FANUC 0iT 数控机床面板

机床操作面板位于窗口的右下侧,如图 5-1 所示,主要用于控制机床运行状态,由模式选择按钮、运行控制开关等多个部分组成,每一部分的详细说明如下。

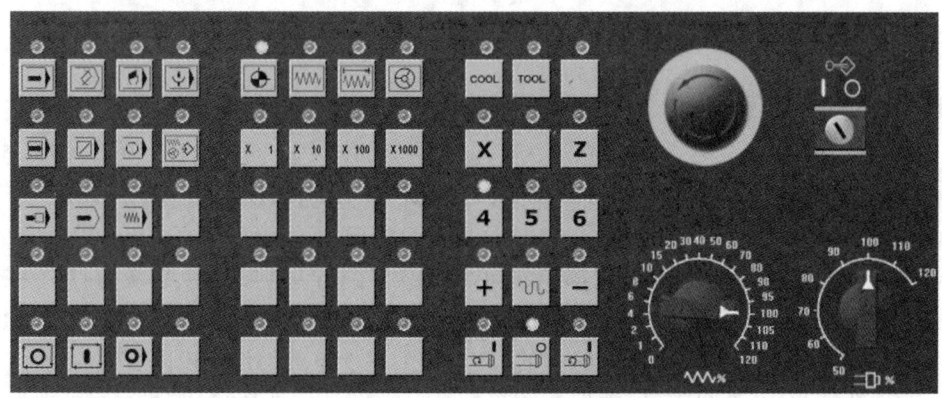

图 5-1 FANUC 0iT(车床)机床面板

1) 程序编辑开关

EDIT:程序编辑模式,用于直接通过操作面板输入数控程序和编辑程序。

MDI:手动数据、程序输入。

2) 程序运行控制开关

AUTO:程序自动加工模式。

程序运行开始:模式选择按钮在"AUTO"和"MDI"位置时按下有效,其余时间按下无效。

循环停止:在程序运行中,按下此按钮停止程序运行。

可选择暂停:程序运行中,M00 停止。

单步:每按一次程序启动执行一条程序指令。

程序段跳过:自动模式下,按下此键,跳过程序段开头带有"/"的程序段。

程序编辑锁定开关:置于" "位置,可编辑或修改程序。

程序重启动：由于刀具破损等原因自动停止后，程序可以从指定的程序段重新启动。

程序停止：在自动方式下，遇有 M00 程序停止。

手动示教。

3）机床主轴运动控制

REF：回参考点。

JOG：手动模式，手动连续移动机床。

手动主轴正转。

手动主轴停止。

手动主轴反转。

在手动进给模式下，各轴快速移动开关。

INC：增量进给。

增量进给模式下，进给倍率选择按钮：每一步的距离，×1 为 0.001 mm，×10 为 0.01 mm，×100 为 0.1 mm，×1000 为 1 mm。

HND：手轮模式移动机床。

机床空运行开关：在自动方式下，按下"空运行"开关，CNC 处于空运行状态，程序中编制的进给率被忽略，坐标轴以最大快移速度移动。空运行不做实际切削，目的在确定切削路径及程序正确性。

机床锁定开关：在自动运行开始前，按下"机床锁定"开关，再按"循环启动"开关，系统继续执行程序，显示屏上的坐标轴位置信息变化，但不输出伺服轴的移动指令，因此机床停止不动，用于校验程序。

紧急停止按钮：机床运行时，在危险或紧急情况下按下"急停"按钮，CNC 进入急停状态，进给及主轴运动立即停止工作。

4）其他

主轴转速（S）倍率调节按钮：调节主轴转速，调节范围为 0～120%。

进给率（*F*）调节按钮：调节进给速度，调节范围为 0～120%。

冷却液开关：按下此键，冷却液开；再按一下，冷却液关。

在刀库中选刀：按下此键，在刀库中选刀，在手动模式下，更换加工刀具。

DNC：用 RS232 电缆线接 PC 机和数控机床，选择程序传输加工。

2. FANUC 0iT 数控系统面板

系统操作键盘在视窗的右上角，其左侧为显示屏，右侧是编程面板，如图 5-2 所示。

各按键的功能如下。

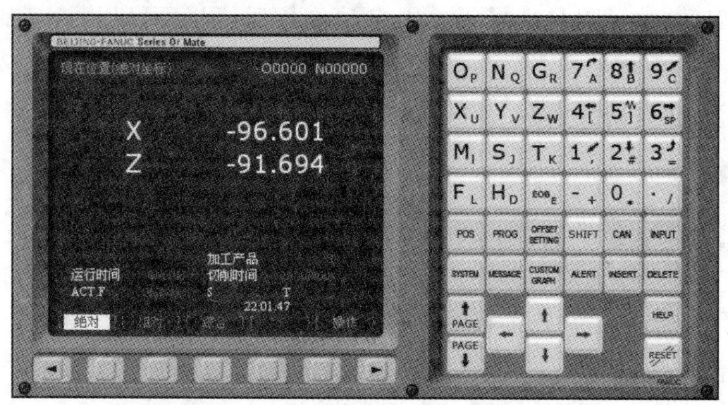

图 5-2　FANUC 0iT 数控系统 CRT-MDI 面板

1）数字/字母键

:用于输入数据到输入区域,系统自动判别取字母还是数字。字母和数字键通过“SHIFT”键切换输入,例如,M-I、8-B。

2）程序编辑键

替换键:用输入的数据替换光标所在的数据。

删除键:删除光标所在的数据;或者删除一个程序或者删除全部程序。

插入键:把输入区之中的数据插入到当前光标之后的位置。

取消键:消除输入区内的数据。

上挡键。

3）页面切换键

程序显示与编辑页面。

位置显示页面:位置显示有三种方式,用 PAGE 按钮选择。

参数输入页面:按第一次进入坐标系设置页面,按第二次进入刀具补偿参数页面。进入不同的页面以后,用 PAGE 按钮切换。

系统参数页面。

信息页面:如“报警”。

图形参数设置页面。

系统帮助页面。

复位键。

向上翻页。

向下翻页。

4）其他

向上移动光标。

向下移动光标。

向左移动光标。

向右移动光标。

输入键：把输入区内的数据输入参数页面。

5.2.2　FANUC 0iT 数控车床仿真系统的基本操作

1. 复位

系统上电进入软件操作界面时，系统的工作方式为“急停”，为控制系统运行，需点击操作台右边的“急停”按钮，使系统复位。

2. 回参考点

(1) 置模式按钮在位置。

(2) 选择 X Z 按钮，即回参考点。此时机床面板上显示“X 0.000，Z 0.000”。

3. 选择刀具

在操作工具条内选择刀具库管理，点击打开对话框，如图 5-3 所示。

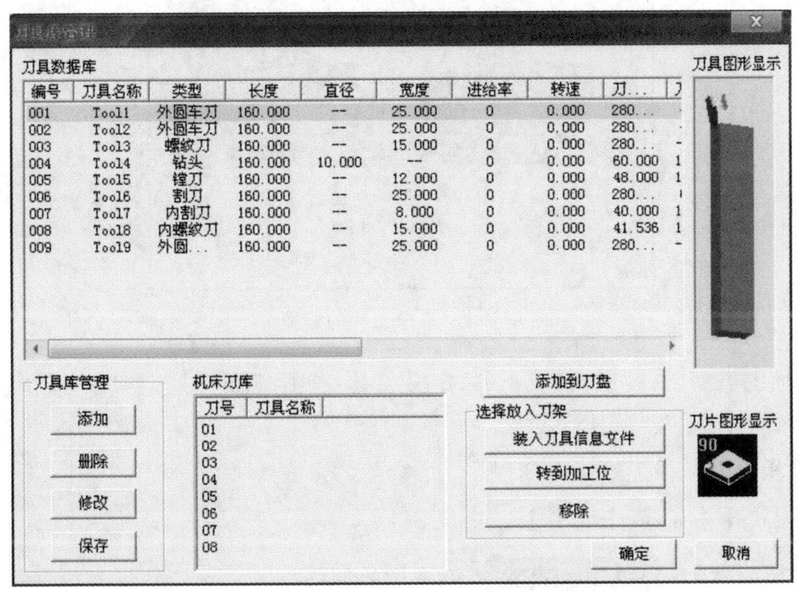

图 5-3　车床刀库管理

刀具添加到刀架上：

(1) 在刀具数据库里选择所需要的刀具，如 00 号 1 刀具；

(2) 按住鼠标左键拉到机床刀库上；

(3) 添加到刀架上，按“确定”。

刀具添加：

(1) 选择刀库管理对话框左下方的 添加 按钮；

(2) 输入刀具号、刀具名称,根据加工的需要选择外圆车刀、割刀、内割刀、钻头、镗刀、丝攻、螺纹刀等,可自定义各种刀片、刀片边长、厚度,选择确定即可添加到刀具管理库。

4. 毛坯的设置

在操作工具条内选择 按钮,点击打开“设置毛坯”,如图5-4所示。

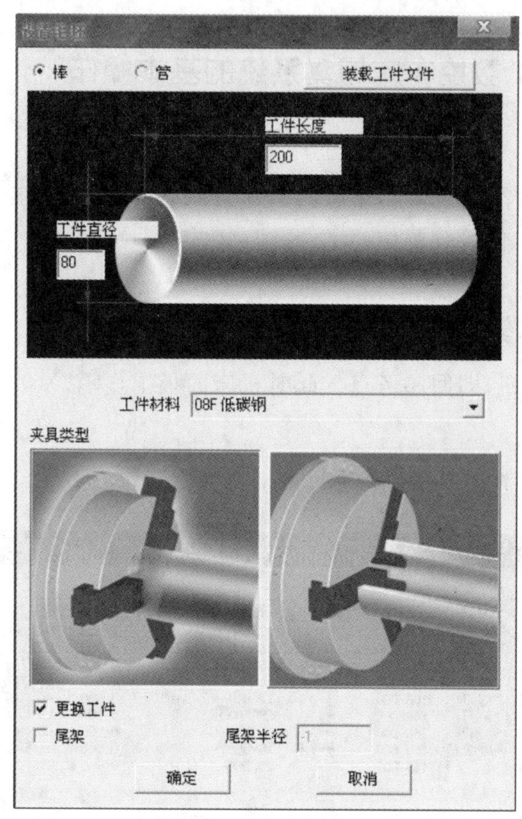

图5-4 车床工件的设置

定义毛坯的类型、长度、直径及材料;定义夹具;点击“确定”。

5. 程序输入

1) 通过操作面板手工输入NC程序

(1) 置模式开关在 EDIT上。

(2) 按 PROG 键,再按 DIR 进入程序页面。

(3) 再输入程序名称(输入的程序名不可以与已有程序名重复)。

(4) 按 EOB 键,然后按 INSERT 键,开始程序输入。

2) 从计算机输入一个程序

NC程序可编写并存放在计算机上一个新的文本文件,把文本文件.txt后缀名改为.nc或.cnc。

(1) 选择EDIT模式,按 PROG 键切换到程序页面。

(2) 新建程序名“Oxxxx”,按 INSERT 键进入编程页面。

(3) 按 INSERT 键打开计算机目录下的文本文件,程序显示在当前屏幕上。

6. 程序的编辑

(1) 模式置于 EDIT 上。

(2) 按下 PROG 键。

(3) 输入被编辑的 NC 程序名如"O1234",按 INSERT 键即可编辑。

(4) 移动光标。

方法一:按 PAGE,选择 ↑PAGE 或 PAGE↓ 翻页,按 CURSOR,选择 ↑ 或 ↓ 移动光标。

方法二:用搜索一个指定的代码的方法移动光标。

7. 删除一个程序

(1) 选择模式在 EDIT 上。

(2) 按 PROG 键输入字母"O",输入要删除的程序的号码。

(3) 按 DELETE 键,程序即被删除。

8. 试运行程序

试运行程序时,机床和刀具不切削零件,仅运行程序。

(1) 置在模式上。

(2) 选择一个程序如"O0001"后按 ↓ 键调出程序。

(3) 按程序启动按钮。

5.2.3　数控车床对刀操作

数控程序一般按工件坐标系进行编程,对刀的过程实际上就是建立工件坐标系与机床坐标系之间关系的过程。下面具体介绍数控车床对刀的方法,将工件右端面中心点设为工件坐标系原点,采用试切的方法进行对刀。

试切法设置刀具偏移量对刀:T01 刀(外圆刀)对刀。

选择视图工具栏中的二维显示按钮,方便对刀,启动主轴,点击操作面板上的按钮,然后选择或,使其指示灯亮,主轴启动。在试切对刀的时候,如果发现通过机床面板上的主轴正反转按钮不能使得主轴启动的情况下,就必须在 MDI 模式下编程指令启动主轴,过程如下:

按键,切换到"MDI"模式→按 PROG 键→ MDI →EOB→INSERT→"M03S500"→EOB→INSERT 程序被输入→按程序启动按钮。

试切端面,Z 轴对刀:手动模式→按下 X 和 Z 轴,使刀具快速移动到试切端面的初始位置,当刀具快接近工件时,可以选择增量进给,通过倍率调整按钮 X 1 X 10 X 100 X1000 减慢速度→按下 X 及 − 切削端面(如图 5-5 所示)→Z 方向刀具不移动,沿 X 正方向退刀(如图 5-6 所示)→按 OFFSET SETTING 键→进入参数输入界面(如图 5-7 所示)。

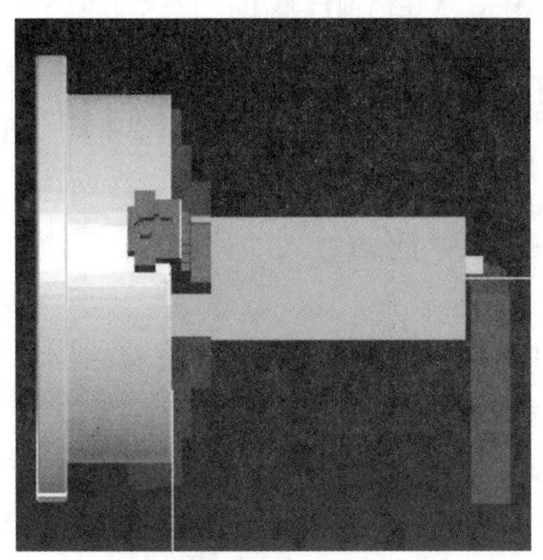

图 5-5　试切端面

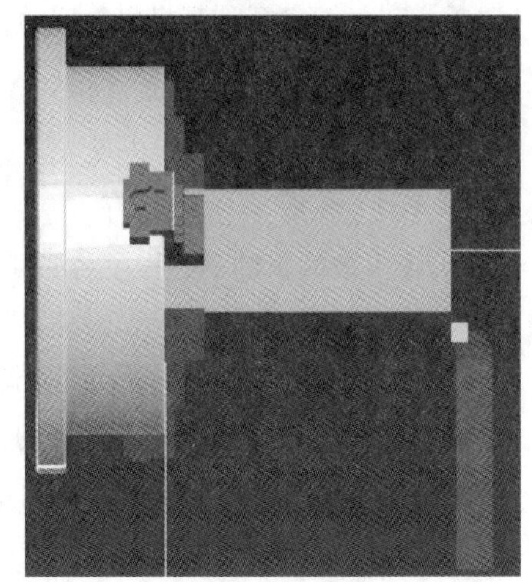

图 5-6　X 方向退刀

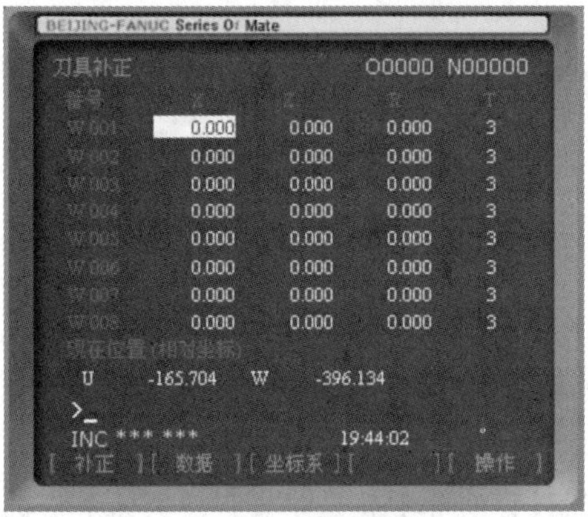

图 5-7　参数输入界面

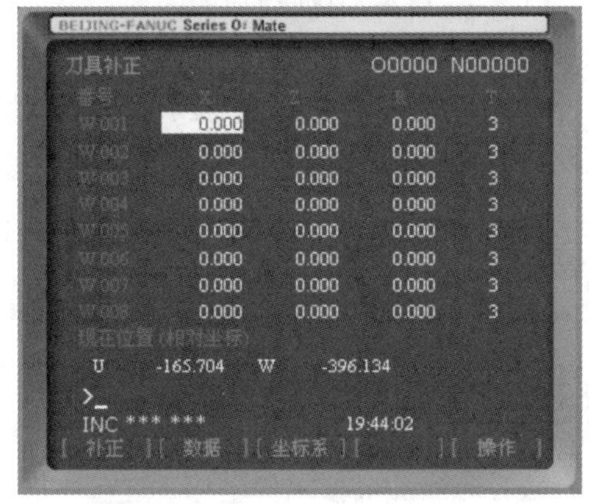

图 5-8　Z 轴对刀完毕

按 补正 →按 形状 →输入 Z0→ 测量 T01 刀 Z 轴对刀完毕(如图 5-8 所示)。

试切外圆,X 轴对刀:手动模式→ 按下 X 或 Z ,+ 或 - ,使刀具快速移动到试切端面的初始位置如图 5-9 所示,按下 Z 及 - 切削外圆→X 方向刀具不移动,沿 Z 方向退刀→停止主轴→用测量工具测量直径(假设测量直径为 ϕ76.368)→按 OFFSET SETTING 键→进入参数输入界面→按 补正 →按 形状 →输入测量的直径 X 76.368→按 测量 ,T01 刀 X 轴对刀完毕(如图 5-10 所示)。

对刀完成后可以通过手动输入程序检测对刀是否正确,方法如下:

选择手动输入方式 →按 PROG 键→按 MDI →按 EOB →按 INSERT →“T0101”→按 EOB →按 INSERT →“G00X0Z0”→按 EOB →按 INSERT →程序被输入→按 程序启动按钮。目测看刀具是否移动到工件坐标系原点。

图 5-9　试切端面初始位置

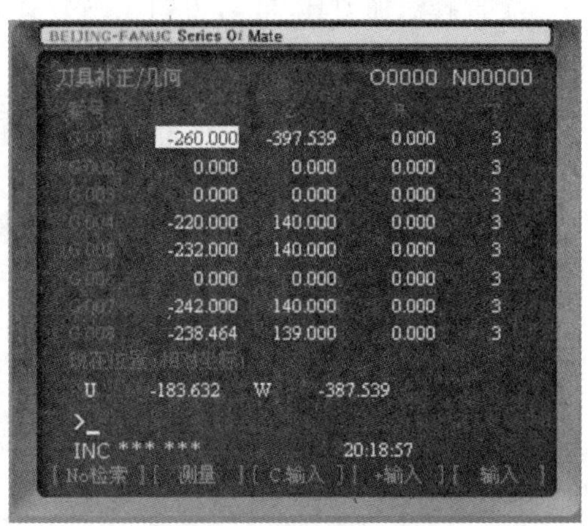

图 5-10　X 轴对刀完毕

5.2.4　数控车床仿真加工实例

1. 数控车床仿真加工步骤

(1) 分析工件，编制工艺，并选择刀具，在草稿上编辑好程序。

(2) 打开仿真软件中 FANUC 0iT 车床系统，进行以下操作。

① 回零(回参考点)。

REF：回参考点→按 X 和 +，X 轴回零→按 Z 和 +，Z 轴回零→回参考点完毕。

② 选择工件毛坯。

③ 选择添加刀具。

④ 对刀：假设工件坐标系的原点设置在工件右端面的中心，按照前面讲到的对刀方法进行对刀。

⑤ 程序输入。

EDIT→按 PROG 键→按 DIR →输入新建程序名“O1234”→按 EOB→按 INSERT→将编辑好的程序输入，每输完一段程序按 EOB→按 INSERT 键换行后再继续输入。

⑥ 加工零件。

选择 自动模式→按 程序启动按钮→程序自动运行直到完毕。

⑦ 测量工件。

⑧ 工件模拟加工完成。

2. 数控车床仿真加工实例

下面以第 2 章 2.6 节车床综合编程实例来说明，在斯沃仿真软件中，仿真加工的步骤。

(1) 进入仿真软件中 FANUC 0iT 车床系统。

(2) 车床复位、回零操作。

(3) 选择工件毛坯，毛坯尺寸为 $\phi35$ 的棒料，材质为 45 钢，长度选取 150 mm。

(4) 选择添加刀具。1 号刀：T0101，75°外圆车刀，用于粗加工。2 号刀：T0202，35°外圆车刀，用于精加工。3 号刀：T0303，宽 4 mm 切槽及其切断刀，用于切槽、切断加工。4 号刀：T0404，60°螺纹车刀，用于车螺纹。根据刀具所要求的参数进行添加，如图 5-11 和图 5-12 所示。

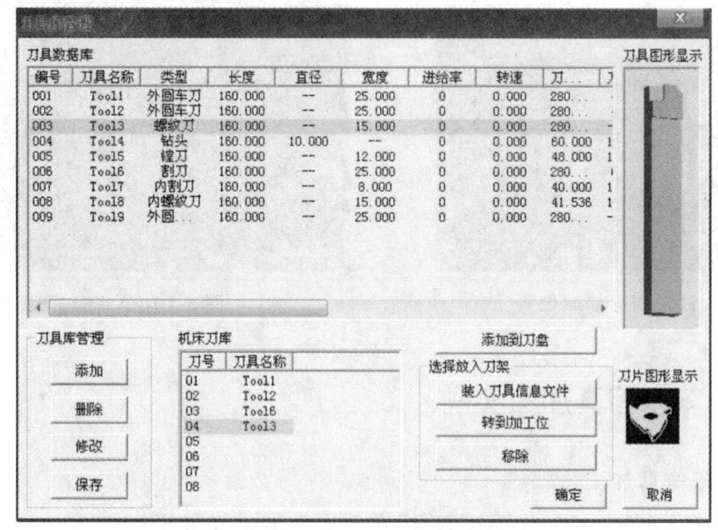

图 5-11　刀具添加

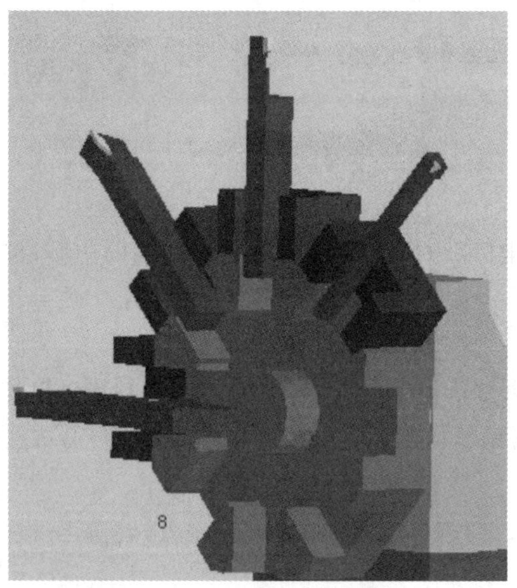

图 5-12　4 把刀装夹在刀盘上

(5) 对刀，按照 5.2.3 中的试切对刀法进行操作。

① T01 刀(外圆刀，粗加工)对刀，步骤略。对刀完成后通过手动输入程序检测后进行下一步操作。

② T02 刀(外圆刀，精加工)对刀。

选择 ，按下 TOOL 换 T02 号刀→用同样的方法，使刀具碰工件端面→刀具 Z 方向不动，沿 X 方向退刀→按 OFFSET SETTING →进入参数输入界面→按 补正 →按 形状 →光标移动到 2 号刀补 Z→输入 Z0→按 测量 →T02 刀 Z 轴对刀完毕。

移动刀具使刀位点碰到 T01 刀试切后的工件外圆→X 方向刀具不动，沿 Z 方向退刀→ OFFSET SETTING →进入参数输入界面→按 补正 →按 形状 →光标移动到 2 号刀补 X→输入之前 1 号刀试切后的外圆直径 X 34.394→按 测量 →T02 刀 X 轴对刀完毕。

③ T03 刀(切槽刀)对刀。方法同 T02 号刀。

④ T04 刀(螺纹刀)对刀。方法同 T02 号刀。

(6) 程序输入。

方法一(适合程序已经用电子文档编写好的情况)：

在电脑桌面上新建一个文本文档→把编写好的程序粘贴到文本文档(如图 5-13 所示)→保存→文件另存为(如图 5-14 所示)，保存类型改为所有文件，文件名用数字命名，后缀为.cnc→保存→在仿真界面中新建一个程序名→置模式开关在 EDIT→按 PROG 键，再按 DIR 进入程序页面→再输入程序名称“O5566”→按 EOB ，然后按 INSERT 键→选择视图工具栏上方的“文件”→打开→出现一个是否保存当前文件的对话框，选择否→在打开的对话框里面选择文件类型后缀为.cnc，找到之前保存的文件(如图 5-15 所示)→打开→程序就导入到了系统界面上(如图 5-16 所示)。

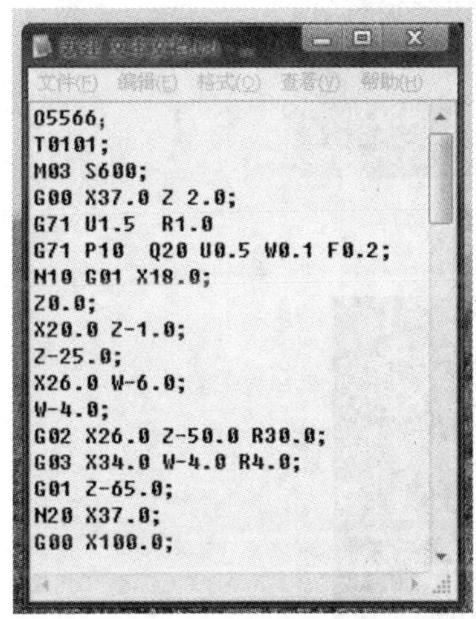

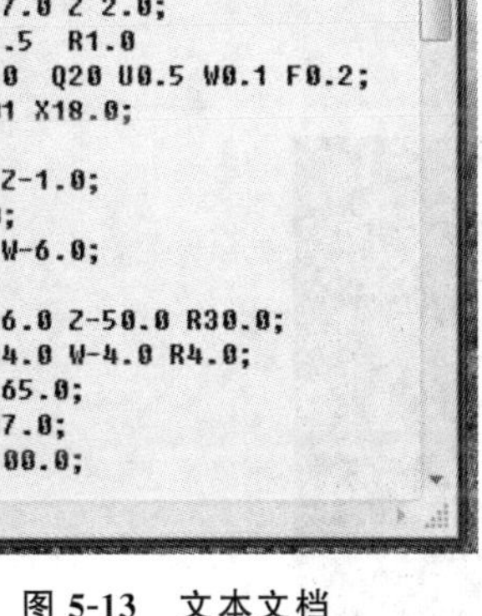

```
O5566;
T0101;
M03 S600;
G00 X37.0 Z 2.0;
G71 U1.5  R1.0
G71 P10  Q20 U0.5 W0.1 F0.2;
N10 G01 X18.0;
Z0.0;
X20.0 Z-1.0;
Z-25.0;
X26.0 W-6.0;
W-4.0;
G02 X26.0 Z-50.0 R30.0;
G03 X34.0 W-4.0 R4.0;
G01 Z-65.0;
N20 X37.0;
G00 X100.0;
```

图 5-13　文本文档

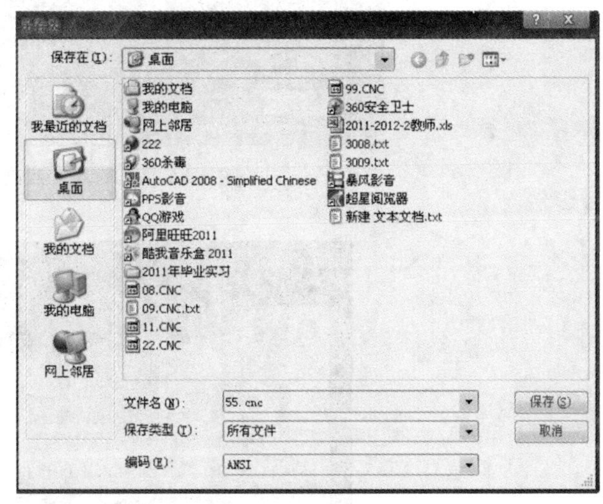

图 5-14　文件另存

方法二：直接通过系统右边的操作面板输入程序。

(7) 加工零件。

选择 自动模式→按 程序启动按钮→程序自动运行直到完毕(如图 5-17 所示)。

(8) 测量工件。

(9) 工件模拟加工完成。

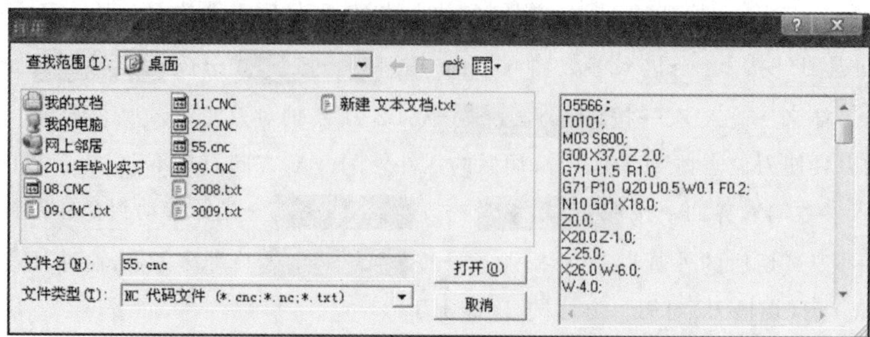

图 5-15　打开后缀为.cnc 文档

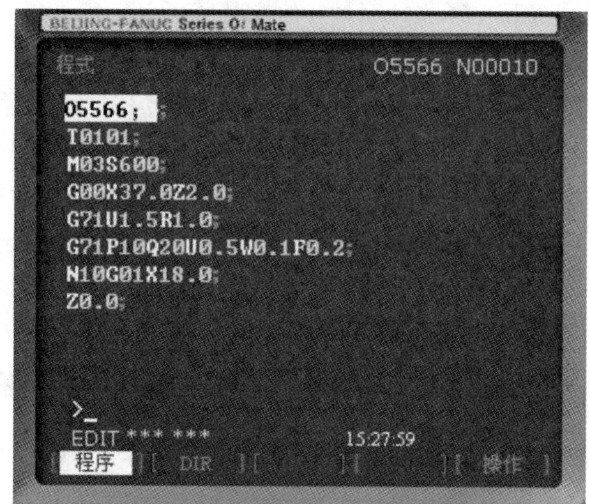

图 5-16　程序调入系统界面

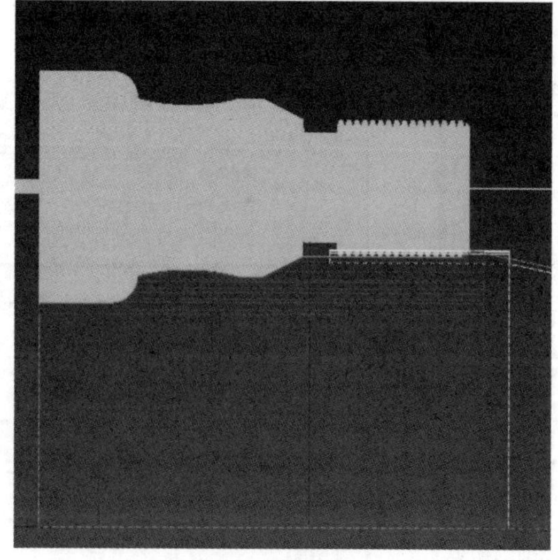

图 5-17　加工的工件

5.3　数控铣床及加工中心仿真加工及其操作

5.3.1　FANUC 0iM 数控铣床及加工中心仿真系统的面板介绍

1. FANUC 0iM 数控机床面板

机床操作面板位于窗口的右下侧，如图 5-18 所示，主要用于控制机床运行状态，由模式选择按钮、运行控制开关等多个部分组成，每一部分的详细说明如下。

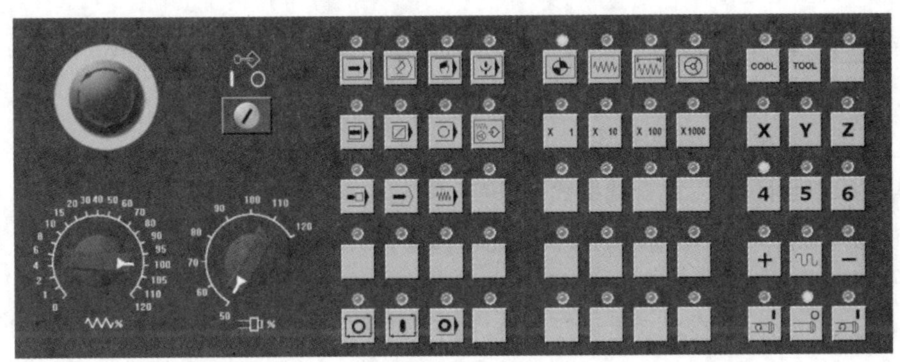

图 5-18　FANUC 0iM(铣床)机床面板

1）程序编辑开关

EDIT：程序编辑模式，用于直接通过操作面板输入数控程序和编辑程序。

MDI：手动数据、程序输入。

2）程序运行控制开关

AUTO：程序自动加工模式。

程序运行开始：模式选择按钮在“AUTO”和“MDI”位置时按下有效，其余时间按下无效。

循环停止：在程序运行中，按下此按钮可停止程序运行。

可选择暂停：程序运行中，M00 停止。

单步：每按一次程序启动，执行一条程序指令。

程序段跳过：自动模式下，按下此键，跳过程序段开头带有“/”的程序。

程序编辑锁定开关：置于“ ”位置，可编辑或修改程序。

程序重启动：由于刀具破损等原因自动停止后，程序可以从指定的程序段重新启动。

程序停止：在自动模式下，遇有 M00 程序停止。

手动示教。

3）机床主轴运动控制

REF：回参考点。

JOG：手动模式，手动连续移动机床。

手动主轴正转。

手动主轴停止。

手动主轴反转。

在手动进给模式下，各轴快速移动开关。

INC：增量进给。

X 1 X 10 X 100 X1000 增量进给模式下，进给倍率选择按钮。每一步的距离：×1 为 0.001 mm，×10 为 0.01 mm，×100 为 0.1 mm，×1000 为 1 mm。

HND：手轮模式移动机床。

机床空运行开关：在自动模式下，按下"空运行"开关，CNC 处于空运行状态，程序中编制的进给率被忽略，坐标轴以最大快移速度移动。空运行时不作实际切削，目的在确定切削路径及程序正确性。

机床锁定开关：在自动运行开始前，按下"机床锁定"开关，再按"循环启动"开关，系统继续执行程序，显示屏上的坐标轴位置信息变化，但不输出伺服轴的移动指令，因此机床停止不动，用于校验程序。

紧急停止按钮：机床运行时，在危险或紧急情况下按下"急停"按钮，CNC 进入急停状态，进给及主轴运动立即停止工作。

4）其他

主轴转速(S)倍率调节按钮：调节主轴转速，调节范围为 0～120%。

进给率(*F*)调节按钮：调节进给速度，调节范围为 0～120%。

COOL 冷却液开关：按下此键，冷却液开；再按一下，冷却液关。

TOOL 在刀库中选刀：按下此键，在刀库中选刀，在手动模式下，更换加工刀具。

DNC：用 RS232 电缆线接 PC 机和数控机床，选择程序传输加工。

2. FANUC 0iM 数控系统面板

系统操作键盘在视窗的右上角，其左侧为显示屏，右侧为编程面板，如图 5-19 所示。

各按键的功能如下。

1）数字/字母键

:用于输入数据到输入区域，系统自动判别是取字母还是数字。字母和数字键通过"SHIFT"键切换输入，例如，M-I，8-B。

2）程序编辑键

ALERT 替换键：用输入的数据替换光标所在的数据。

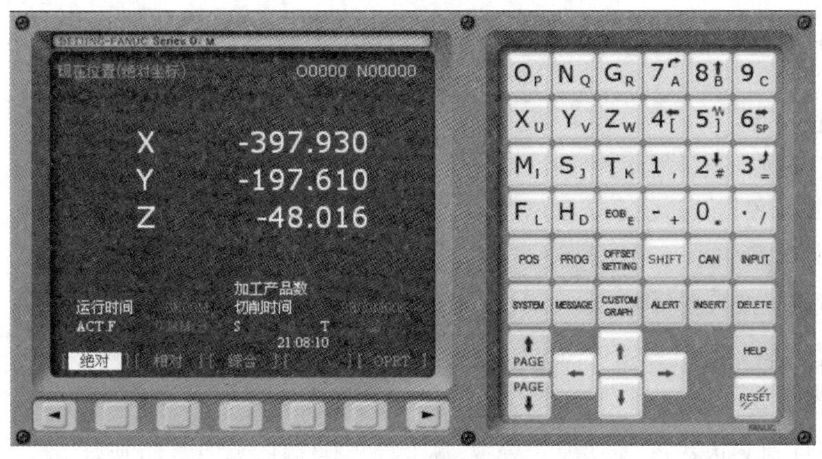

图 5-19　FANUC 0iM 数控系统 CRT-MDI 面板

删除键：删除光标所在的数据；或者删除一个程序或者删除全部程序。

插入键：把输入区内的数据插入到当前光标之后的位置。

取消键：消除输入区内的数据。

上挡键。

3）页面切换键

程序显示与编辑页面。

位置显示页面：位置显示有三种方式，用 PAGE 按钮选择。

参数输入页面：按第一次进入坐标系设置页面，按第二次进入刀具补偿参数页面。进入不同的页面后，用 PAGE 按钮切换。

系统参数页面。

信息页面：如“报警”。

图形参数设置页面。

系统帮助页面。

复位键。

向上翻页。

向下翻页。

4）其他

向上移动光标。

向下移动光标。

向左移动光标。

向右移动光标。

输入键：把输入区内的数据输入到参数页面。

5.3.2 FANUC 0iM 数控铣床及加工中心仿真系统的基本操作

1. 复位

系统上电进入软件操作界面时，系统的工作方式为“急停”，为控制系统运行，需点击操作台右边的“急停”按钮，使系统复位。

2. 回参考点

(1) 置模式按钮在 位置上。

(2) 选择 X、Y、Z 按钮，即回参考点，此时机床面板上显示“X 0.000，Y 0.000，Z 0.000”。

3. 选择刀具

在操作工具条内选择 刀具库管理，点击打开对话框，如图 5-20 所示。

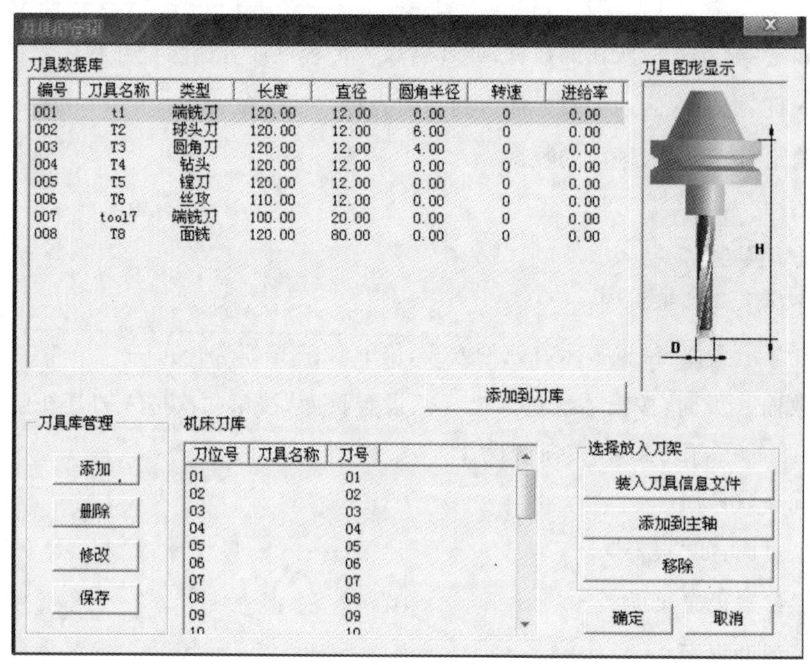

图 5-20 铣床刀库管理

将刀具添加到刀架上：

(1) 在刀具数据库里选择所需要的刀具，如 001 刀；

(2) 按住鼠标左键拉到机床刀库上；

(3) 添加到刀架上，点击“确定”。

刀具添加：

(1) 选择刀库管理对话框左下方的 添加 按钮，如图 5-21 所示；

(2) 输入刀具号、刀具名称，根据加工的需要选择端铣刀、球头刀、圆角刀、钻头、镗刀等。可自定义各种刀具的直径及刀杆长度，选择“确定”即可添加到刀具管理库中。

4. 毛坯的设置

在操作工具条内选择按钮，点击打开“设置毛坯”，如图 5-22 所示。

定义毛坯的类型、长、宽、高及材料，点击“确定”。

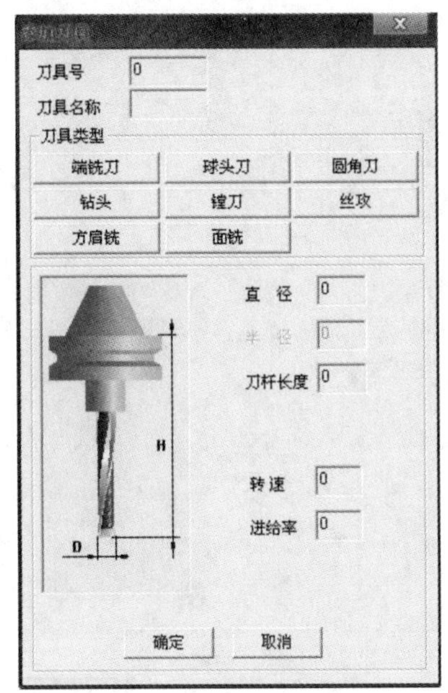

图 5-21　铣床刀具添加

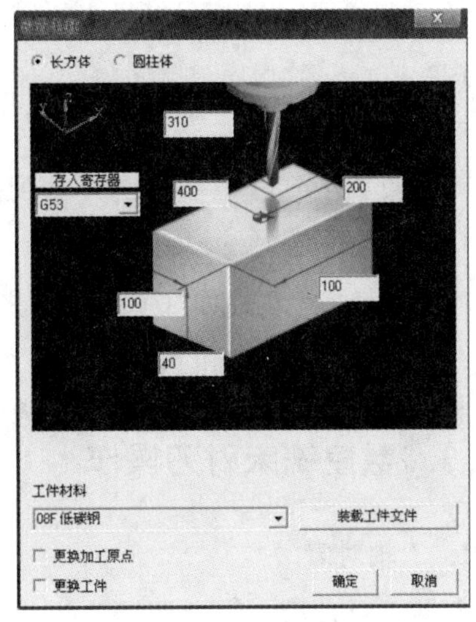

图 5-22　铣床工件的设置

5. 程序输入

1) 通过操作面板手工输入 NC 程序

(1) 置模式按钮在 EDIT 上。

(2) 按 PROG 键，再按 DIR 进入程序页面。

(3) 再输入程序名称(输入的程序名不可以与已有程序名重复)。

(4) 按 EOB 键，然后按 INSERT 键，开始程序输入。

2) 从计算机输入一个程序

NC 程序可编写并存放在计算机的一个新的文本文件中，把文本文件的. txt 后缀名改为. nc 或. cnc。

(1) 选择 EDIT 模式，按 PROG 键切换到程序页面。

(2) 新建程序名“O××××”，按 INSERT 键进入编程页面。

(3) 按 INSERT 键打开计算机目录下的文本文件，程序显示在当前屏幕上。

6. 程序的编辑

(1) 置模式按钮于 EDIT 上。

(2) 选择 PROG 。

(3) 输入被编辑的 NC 程序名，如“O1234”，按 INSERT 键即可编辑。

(4) 移动光标。

方法一:按 PAGE,选择 ↑PAGE 或 PAGE↓ 翻页;按 CURSOR,选择 ↑ 或 ↓ 移动光标。

方法二:用搜索一个指定的代码的方法移动光标。

7. 删除一个程序

(1) 选择模式在 EDIT 上。

(2) 按 PROG 键输入字母“O”,输入要删除的程序的号码。

(3) 按 DELETE 键,程序被删除。

8. 试运行程序

试运行程序时,机床和刀具不切削零件,仅运行程序。

(1) 选择模式于 上。

(2) 选择一个程序如“O0001”后,按 ↓ 调出程序。

(3) 按程序启动按钮 。

5.3.3 数控铣床对刀操作

1. Z 轴对刀

Z 轴:移动刀具,使刀具与工件上表面相切,如图5-23所示,按 OFFSET SETTING,点击 坐标系 后移动光标至G54～G59坐标系中的一处;如图5-24所示,输入刀具当前的刀位点在所要建立的工件坐标系中的 Z 坐标轴,点击 测量 后,此时即找到工件坐标系 Z 轴的零点位置。

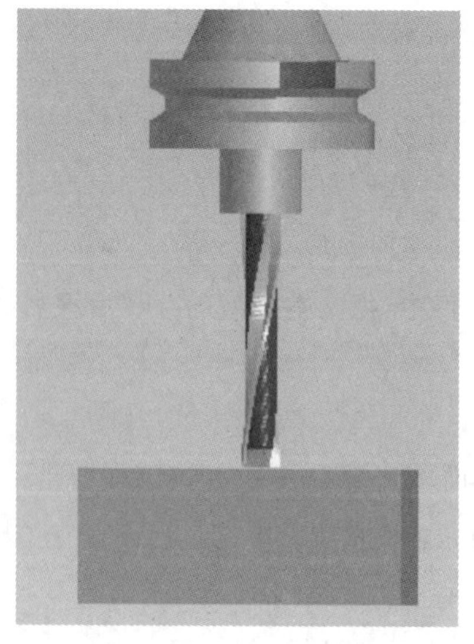

图 5-23　刀具与工件上表面相切

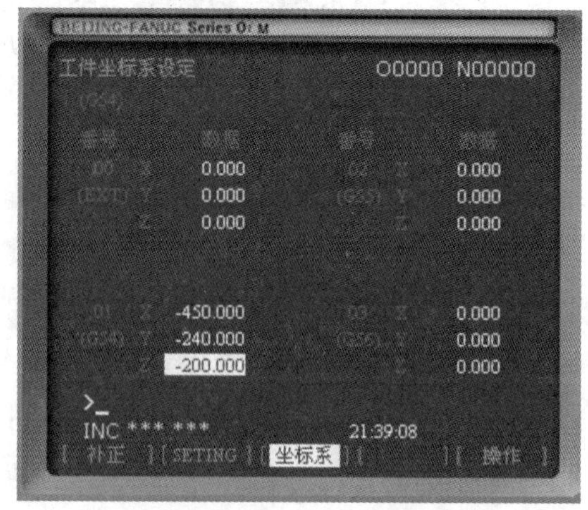

图 5-24　工件坐标系设定

例如:设置工件坐标系 Z 轴的零点位置在工件上表面的上方5 mm时,输入Z5→点击 测量 即可。

设置工件坐标系 Z 轴零点位置在工件上表面的下方 5 mm 时，输入 Z−5，点击 测量 即可。

设置工件坐标系 Z 轴零点位置在工件上表面时，输入 Z0，点击 测量 即可。

2. X 轴对刀

X 轴：移动刀具，使刀具在 X 轴方向与工件相切，如图 5-25 所示，按 OFFSET SETTING，点击 坐标系 后移动光标至 G54～G59 坐标系中的一处，输入刀具当前的刀位点在所要建立的工件坐标系中的 X 坐标轴（需要根据刀具半径、毛坯大小进行计算），点击 测量 后，此时即找到工件坐标系 X 轴的零点位置。

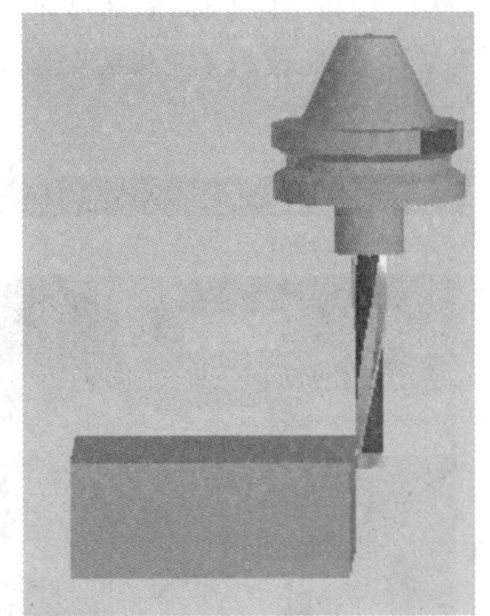

图 5-25　刀具在 X 轴方向与工件相切

3. Y 轴对刀

Y 轴的对刀方式同 X 轴。

5.3.4　数控铣床及加工中心仿真加工实例

1. 数控铣床仿真加工步骤

（1）分析工件，编制工艺，并选择刀具，在草稿纸上编辑好程序。

（2）打开仿真软件中的 FANUC 0i 铣床系统。

① 回零（回参考点）。

REF：回参考点，按 X，X 轴回零，按 Y，Y 轴回零，按 Z，Z 轴回零，回参考点完毕。

② 选择工件毛坯及装夹方式。

③ 选择添加刀具。

④ 对刀。按照前面讲到的对刀方法进行对刀。

⑤ 程序输入。

将模式置于 EDIT 上，按 PROG 键，按 DIR，输入新建程序名“O1234”，按 EOB，按 INSERT，将编辑好的程序输入，每输完一段程序按 EOB，按 INSERT 键换行后再继续输入。

⑥ 加工零件。

选择自动模式，按程序启动按钮，程序自动运行直到完毕。

⑦ 测量工件。

⑧ 工件模拟加工完成。

2. 数控铣床及加工中心仿真加工实例

下面以第 3 章 3.5 节“铣床综合编程实例”来说明，在斯沃仿真软件中仿真加工的步骤。

（1）进入仿真软件中的 FANUC 0iM 铣床系统。

（2）铣床复位、回零操作。

(3) 选择工件毛坯,毛坯尺寸为 70 mm×70 mm×18 mm 板材,如图 5-26 所示。修改工艺装夹方式,改为工艺板装夹,如图 5-27 所示。

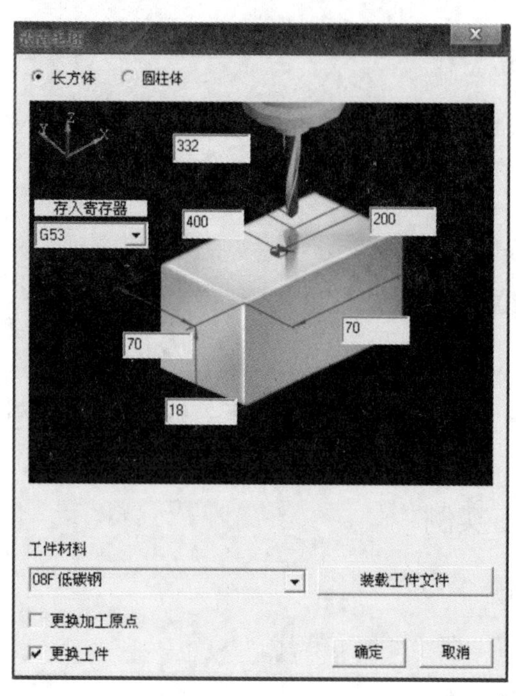

图 5-26　选择毛坯

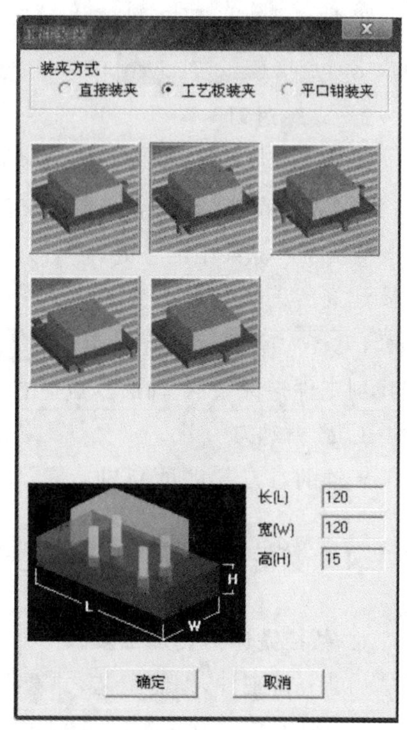

图 5-27　装夹方式

(4) 选择添加刀具,采用 ϕ12 mm 的平底立铣刀,定义为 T01,将刀具添加到主轴上。

(5) 对刀。

① X 轴对刀:选择视图工具栏中的 [按钮图标] 按钮,隐藏机床外壳,只剩下刀具和工件,方便对刀→切换到手动方式,借助“视图”菜单中的动态旋转、放大、动态平移等工具,使刀具移动到可切削零件右端面的大致位置→主轴正转→采用增量方式,通过 [X 1] [X 10] [X 100] [X1000] 调节倍率,使铣刀碰工件右端面(如图 5-28 所示),点击 [坐标系] 后移动光标至 G54,如图 5-29 所示,输入刀具当前的刀位点在所要建立的工件坐标系中的 X 轴坐标值,经过计算为工件长的一半 35,再加上刀具半径 6,即为 41,输入 X41,选择 [测量] ,X 轴对刀完毕。

② Z 轴对刀:移动刀具使刀具在工件上表面相切,点击 [坐标系] 后移动光标至 G54,输入 Z0,选择 [测量] ,Z 轴对刀完毕。

③ Y 轴对刀:移动刀具使其与工件前端面相切,点击 [坐标系] 后移动光标至 G54,输入 Y41(即工件宽的一半加上刀具半径),选择 [测量] ,Y 轴对刀完毕。

对刀完成后可以通过手动输入程序,检验对刀是否正确。

(6) 程序输入。

根据 5.2.4 节中介绍的方法分别将主程序和子程序输入系统中。

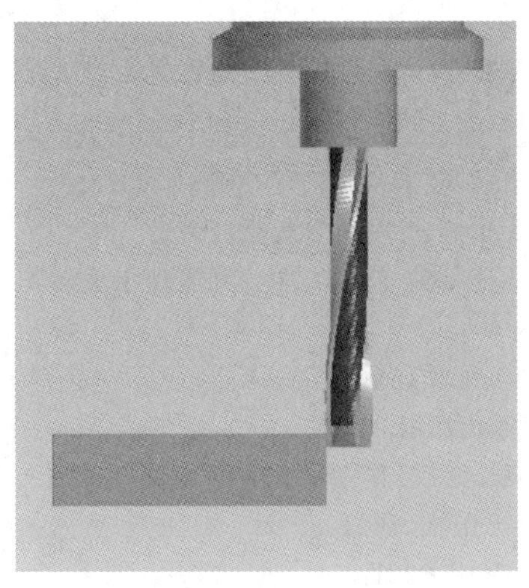

图 5-28　碰工件右端面

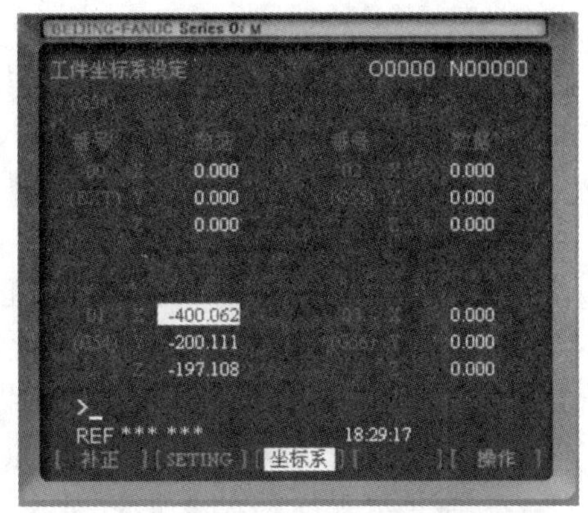

图 5-29　工件坐标系设定

(7) 加工零件。

选择 自动模式,按程序启动按钮 ,程序自动运行直到完毕(如图 5-30 所示)。

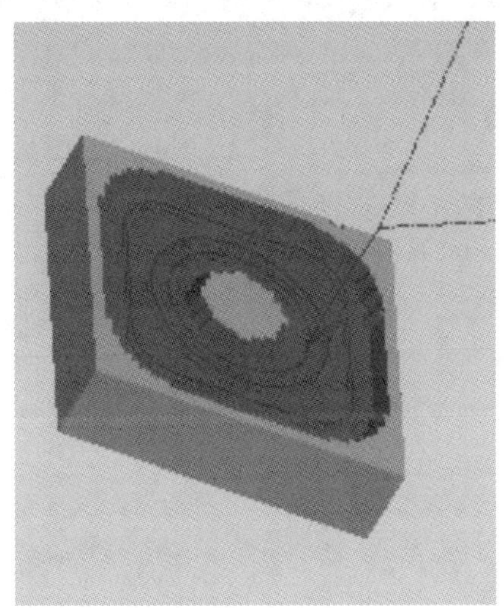

图 5-30　加工的工件

(8) 测量工件。

(9) 工件模拟加工完成。

参 考 文 献

[1] 朱伟，汪永成.数控车床编程与加工技术[M].北京:电子科技大学出版社,2018.

[2] 王世猛，王群，祝辛梅.数控车加工技术[M].郑州:郑州大学出版社,2021.

[3] 李桂云，李茹.数控铣床/加工中心操作工技能认证[M].2版.大连:大连理工大学出版社,2014.

[4] 郑向周.数控编程与加工技术[M].北京:北京理工大学出版社,2018.

[5] 李东君，吕勇.数控加工技术[M].北京:机械工业出版社,2018.

[6] 孙海亮，张帅.华中数控系统编程与操作手册[M].武汉:华中科技大学出版社,2018.

[7] 裴旭明.现代机床数控技术[M].北京:机械工业出版社,2021.

[8] 潘冬.数控编程技术[M].北京:北京理工大学出版社,2021.

[9] 李锋，朱亮亮.数控加工工艺与编程[M].北京:化学工业出版社,2019.

[10] 杨丰，邓元山.数控加工工艺与编程[M].2版.北京:国防工业出版社,2020.

[11] 卢万强，饶小创.数控加工工艺与编程[M].北京:机械工业出版社,2020.

[12] 涂志标，张子园，郑宝增.斯沃 V7.10 数控仿真技术与应用实例详解[M].2版.北京:机械工业出版社,2016.